国家出版基金项目
NATIONAL PUBLICATION FOUNDATION

"十三五"国家重点出版物出版规划项目
偏振成像探测技术学术丛书

偏振信息测量及其成像处理技术

胡浩丰 刘铁根 李校博 著

科学出版社
北　京

内 容 简 介

本书针对偏振信息测量和偏振信息处理这两个偏振成像技术的核心环节，基于作者及其研究团队多年的研究成果，详细介绍了偏振信息测量技术的原理以及最新的优化测量方法，并介绍了偏振信息处理技术的算法原理及其在偏振图像去雾、偏振图像去噪等领域的应用和相关的最新研究进展。本书内容包含理论、方法、系统、应用四个层次，具体内容包括：偏振光学、偏振测量、偏振成像的发展历史；偏振信息的分析方法；偏振信息的测量方法；典型的偏振测量系统的标定方法；典型偏振成像系统的介绍；偏振信息成像处理在各类复杂环境成像中的应用等。

本书可作为从事偏振光学、偏振测量、光学成像方面工作的研究人员和工程技术人员的参考资料，也可作为高等院校、科研院所的光学工程、光电信息相关学科的专业用书，还可作为一般读者了解偏振成像技术的参考读物。

图书在版编目（CIP）数据

偏振信息测量及其成像处理技术 / 胡浩丰，刘铁根，李校博著. —北京：科学出版社，2022.11
　（偏振成像探测技术学术丛书）
　"十三五"国家重点出版物出版规划项目　国家出版基金项目
　ISBN 978-7-03-073944-5

Ⅰ. ①偏…　Ⅱ. ①胡…　②刘…　③李…　Ⅲ. ①偏振光–光学测量 ②偏振光–成像处理　Ⅳ. ①TB96 ②TN911.73

中国版本图书馆 CIP 数据核字（2022）第 221595 号

责任编辑：孙伯元 / 责任校对：王　瑞
责任印制：师艳茹 / 封面设计：陈　敬

科学出版社 出版
北京东黄城根北街 16 号
邮政编码：100717
http://www.sciencep.com
中国科学院印刷厂 印刷

科学出版社发行　各地新华书店经销

*
2022 年 11 月第 一 版　开本：720×1000　B5
2022 年 11 月第一次印刷　印张：14 3/4
字数：281 000

定价：128.00 元
（如有印装质量问题，我社负责调换）

"偏振成像探测技术学术丛书"序

信息化时代大部分的信息来自图像，而目前的图像信息大都基于强度图像，不可避免地存在因观测对象与背景强度对比度低而"认不清"，受大气衰减、散射等影响而"看不远"，因人为或自然进化引起两个物体相似度高而"辨不出"等难题。挖掘新的信息维度，提高光学图像信噪比，成为探测技术的一项迫切任务，偏振成像技术就此诞生。

我们知道，电磁场是一个横波、一个矢量场。人们通过相机来探测光波电场的强度，实现影像成像；通过光谱仪来探测光波电场的波长(频率)，开展物体材质分析；通过多普勒测速仪来探测光的位相，进行速度探测；通过偏振来表征光波电场振动方向的物理量，许多人造目标与背景的反射、散射、辐射光场具有与背景不同的偏振特性，如果能够捕捉到图像的偏振信息，则有助于提高目标的识别能力。偏振成像就是获取目标二维空间光强分布，以及偏振特性分布的新型光电成像技术。

偏振是独立于强度的又一维度的光学信息。这意味着偏振成像在传统强度成像基础上增加了偏振信息维度，信息维度的增加使其具有传统强度成像无法比拟的独特优势。

(1) 鉴于人造目标与自然背景偏振特性差异明显的特性，偏振成像具有从复杂背景中凸显目标的优势。

(2) 鉴于偏振信息具有在散射介质中特性保持能力比强度散射更强的特点，偏振成像具有在恶劣环境中穿透烟雾、增加作用距离的优势。

(3) 鉴于偏振是独立于强度和光谱的光学信息维度的特性，偏振成像具有在隐藏、伪装、隐身中辨别真伪的优势。

因此，偏振成像探测作为一项新兴的前沿技术，有望破解特定情况下光学成像"认不清""看不远""辨不出"的难题，提高对目标的探测识别能力，促进人们更好地认识世界。

世界主要国家都高度重视偏振成像技术的发展，纷纷把发展偏振成像技术作为探测技术的重要发展方向。

近年来，国家 973 计划、863 计划、国家自然科学基金重大项目等，对我国偏振成像研究与应用给予了强有力的支持。我国相关领域取得了长足的进步，涌现出一批具有世界水平的理论研究成果，突破了一系列关键技术，培育了大批富有创新意识和创新能力的人才，开展了越来越多的应用探索。

　　"偏振成像探测技术学术丛书"是科学出版社在长期跟踪我国科技发展前沿、广泛征求专家意见的基础上，经过长期考察、反复论证后组织出版的。一方面，丛书汇集了本学科研究人员关于偏振特性产生、传输、获取、处理、解译、应用方面的系列研究成果，是众多学科交叉互促的结晶；另一方面，丛书还是一个开放的出版平台，将为我国偏振成像探测的发展提供交流和出版服务。

　　我相信这套丛书的出版，必将对推动我国偏振成像研究的深入开展起到引领性、示范性的作用，在人才培养、关键技术突破、应用示范等方面发挥显著的推进作用。

王家骐

二〇一九年十一月廿八日

前　言

作为光波的基本物理信息之一，偏振信息可以提供其他光波信息所不能提供的被测物信息，如目标的材质、形貌、表面特性等，是光学成像探测新的信息维度。偏振成像技术对所测得的物场偏振信息进行数字化处理，可以有效减少光线传播环境中的干扰因素，从而弥补成像效果受环境影响较大的缺陷，提高目标的成像质量，增强对目标特性的识别与感知，对于国防、海洋、遥感、公共安全、生物医学等关系国计民生的重大领域皆具有重要的意义。多个领域对于高质量偏振成像探测的需求，催生了对偏振成像探测技术中偏振信息获取与处理理论、方法与技术的更高要求。

近十年来，作者所在课题组以国防和民用领域在复杂环境下高质量成像探测的重大需求为导向，聚焦偏振成像技术中的偏振信息测量和偏振信息处理这个两大核心，以"测得准、看得清"为目标，深入开展偏振成像技术的基础理论、技术和应用研究。课题组注重以理论研究为基础，以工程应用为目标，研究内容包括偏振信息测量、复杂环境偏振成像技术、偏振成像系统仪器化开发及应用等方面，尤其是在偏振信息高精度测量方法、偏振系统精准标定、复杂环境偏振成像信息处理方面取得了一些突破性进展。基于上述技术，课题组研发了水下偏振成像系统、偏振去雾成像系统、微光偏振成像系统等多类型偏振成像工程化样机，服务于多家重点单位。本书的研究内容是作者承担的国家自然科学基金面上项目、国家自然科学基金青年科学基金、军委科技委创新特区项目等研究项目中，对于偏振信息测量、偏振成像系统标定、偏振成像信息处理技术的部分研究成果的总结和提炼。

感谢西安交通大学朱京平教授对本书提供的技术支持和宝贵建议。感谢课题组的博士和硕士研究生张燕彬、李嘉琦、林洋、王辉、王洪远、齐鹏飞、刘贺东、韩宜霖、金慧烽、许珈诺等做出的科研工作，以及在本书编辑、制图和排版等工作中认真细致的付出。

由于作者水平有限，书中难免有不足之处，敬请读者批评指正。

目　　录

第1章 偏振光学的发展历史

光波的基本信息包括：振幅(光强)、频率(波长)、相位和偏振态。一直以来，在光学探测领域人们尝试着获取尽可能丰富的光学信息，从而提高光学探测的本领，拓展光学探测的功能。作为光波的基本物理信息之一，偏振信息可以提供其他光波信息所不能提供的被测物信息，包括物体的内应力、材质及其表面形貌、形状、纹路、粗糙度和表面光学特性等。基于光波的偏振现象，进行偏振信息的获取和处理，可实现独特的探测和识别功能。目前，偏振光学已经在国防、天文、工业生产、交通、海洋、基础研究等多个领域得到了广泛的应用，包括应力测量、偏振遥感、偏振成像探测、椭偏测量、3D电影、液晶显示等，由此，偏振光学也与我们的生活密切相关。

偏振是指横波的振动矢量(垂直于波的传播方向)偏于某些方向的现象[1]。振动方向对于传播方向的不对称性称为偏振，它是横波区别于其他纵波的一个最明显的标志。光波电矢量振动的空间分布对于光的传播方向失去对称性的现象称为光的偏振。在垂直于传播方向的平面内，包含一切可能方向的横振动，且平均说来任一方向上都具有相同的振幅，这种横振动对称于传播方向的光称为自然光(非偏振光)[1-3]。这种振动失去对称性的光统称为偏振光。偏振与振幅、波长、相位并称为电磁波的四大基本属性。

偏振光学的发展具有悠久的历史，但与许多其他基本发现一样，无法追溯何时由谁首次观察到或使用了偏振光。一位丹麦考古学家在1967年提出，维京人使用晶体作为导航辅助设备，即使在阴天也能观察偏振的天空以确定太阳的位置。目前，人们已经提出了反对这种维京理论的论据[3]。

1669年，丹麦科学家巴多林(Erasmus Bartholin)报道了光束通过冰洲石(Iceland spar)时会出现双折射现象，假设向冰洲石照射光束，则这光束会被折射为两道光束，一道光束遵守普通的折射定律，称为"寻常光"，另外一道光束不遵守普通的折射定律，称为"非常光"[4]。巴多林无法解释这种现象的物理机制。

惠更斯(Christiaan Huygens)注意到这一奇特现象，他在1690年的著作《光论》里，对这一现象有很详细的论述。他认为，空间可能存在有两种不同物质，所以才会出现两道光束，它们分别对应于两个不同的波前以不同的速度传播于空间，所以，这不是很稀有的现象，但是，惠更斯又发现，这两道光束与原本光束的性质大不相同，将其中任何一道光束照射于第二块冰洲石，折射出来的两道光束辐照度会因为绕着光束轴旋转冰洲石而改变，如图 1.1 所示，有时候甚至只会剩下一道光束。惠更斯猜想光波是纵波，他的简单波动理论并不能解释这种现象。牛顿(Isaac Newton)猜测，双折射现象意味着组成光束的粒子具有侧面(垂直于移动方向)性质[4]。

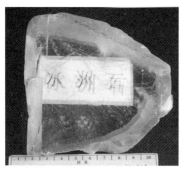

图 1.1　冰洲石产生的双折射现象

图 1.2　偏振光学之父
马吕斯

马吕斯(Étienne-Louis Malus)(图 1.2)通过实验观察发现，日光照射于卢森堡宫的玻璃窗，被玻璃反射出来的光束，假若入射角度达到某特定数值，则反射光与惠更斯观察到的折射光具有类似的性质，他称这一性质为"偏振"。他猜想，组成光束的每一道光线都具有某种特别的不对称性，当这些光线具有相同的不对称性时，则光束具有偏振性；当这些光线的不对称性随机指向不同方向时，则光束具有非偏振性；当在这两种情况之间时，则光束具有部分偏振性[5]。不单是玻璃，任何透明的固体或液体都会产生这种现象。马吕斯在观察反射光时发现，旋转晶体会使观察到的光通量发生变化，而变化量与偏振方向和偏振器(方解石)的透光轴之间的夹角的余弦平方成正比。马吕斯在 1809 年发表了这一发现，这种余弦平方关系就是马吕斯定律[6]。马吕斯因此荣获 1810 年法兰西学术院物理奖。马吕斯对于偏振现象做出诸多贡献，被尊称为偏振光学之父。

后来，菲涅耳(Augustin-Jean Fresnel)与阿拉戈(Dominique François Jean Arago)合作研究偏振对于杨氏干涉实验的影响，他们认为光波是纵波，呈纵向振荡，但是这纵波的概念无法合理解释实验结果。阿拉戈告诉杨(Thomas Young)这一问题，杨建议，假若光波是横波，呈横向振荡，则光波可以分解为两个相互垂直的分量，或许这样做可以对实验结果给出解释。这一建议清除了很多疑点。1817 年，菲涅耳与阿拉戈将实验结果定性总结为菲涅耳-阿拉戈定律(Fresnel-Arago law),表述处于不同偏振态的光束彼此之间的干涉性质[2]。之后,菲涅耳试图进一步定量表述这个实验,他发展出的波动理论是一种振幅表述,主要是用光波的振幅与相位来做分析;振幅表述能够定量地解释偏振光的物理性质;但非偏振光或部分偏振光不具有稳定的振幅与相位,无法用振幅表述给予解释[6]。

1852 年,英国数学家和物理学家斯托克斯(George Gabriel Stokes)(图 1.3)提出一种强度表述,能够描述偏振光、非偏振光与部分偏振光的物理行为;只需要使用四个参数,就可以描述任何光束的偏振态,后来称为 Stokes 参数(Stokes parameter)。这四个参数可以直接测量获得[2]。

图 1.3　斯托克斯

庞加莱(Jules Henri Poincaré)是法国著名数学家,他在数学、天文学和物理学的许多领域都做出了贡献。在偏振光学中,他的名字与庞加莱球有关。庞加莱球是一个可在其上表示任何偏振态的三维表面。1892 年,庞加莱在他的著作 *Théorie Mathématique de la Lumière* 中描述了这种表示形式。显然,庞加莱并不了解 Stokes 参数,因为他没有在直角坐标系中用 Stokes 参数表示球面,而后者是我们今天经常使用的一种表示方式。

琼斯(R. Clark Jones)(图 1.4(a))在 1941 年～1956 年的 *Journal of the Optical Society of America* 上发表的八篇论文中,提出了以他的名字命名偏振元件矩阵形式的数学框架,奠定了以琼斯矢量(Jones vector)和琼斯矩阵(Jones matrix)对偏振光的描述方式[7]。

偏振数学中的 Mueller 矩阵(Mueller matrix)是以麻省理工学院的物理学教授缪勒(Hans Mueller)(图 1.4(b))的名字命名的。舒克利夫(Shurcliff)认为缪勒在 1943 年的课程笔记和之前的政府报告中发明了 Mueller-Stokes 形式。缪勒的一名学生 Parke 在 1949 年的一篇论文中提到了 Mueller 矩阵,这也许是这种命名法的首次使用[8]。

偏振光学在光学的发展史中具有举足轻重的地位。拉姆福德奖章于 1800 年由皇家学会发起,在偶数年颁发,也有些年份并没有设置奖项。皇家学会颁发的拉姆福德奖章的声明如下:拉姆福德奖章每两年(甚至数年)颁发一次,以表彰最近在欧洲工作的科学家完成的在物质的热学或光学性质领域的重要发现。拉姆福德关注能够造福人类的公认发现。这一奖项表彰了偏振研究历史上重要的八个人。下面列出了从马吕斯到麦克斯韦等八位科学家的获奖名单。斯托克斯因定义了

Stokes 参数之后的工作而获得了该奖[9]。

(a) 琼斯　　　　　　　　　　　　　　(b) 缪勒

图 1.4　偏振光学发展史中的两位重要人物

1810 年(第 4 届)马吕斯。为了表彰其在 *Memoires d'Arcueil* 第二卷中发现的反射光的某些新特性。

1818 年(第 7 届)布儒斯特。为了表彰其与光的偏振有关的发现。

1824 年(第 8 届)菲涅耳。为了表彰其对应用于偏振光现象的波动理论的发展，以及其在物理光学领域的许多重要发现。

1840 年(第 12 届)毕奥。为了表彰其在光的圆偏振方面和相关的研究。

1846 年(第 14 届)法拉第。为了表彰其发现的由磁体和电流在某些透明介质中作用而产生的光学现象，相关细节发表在他的电学实验研究的第 19 系列中，并插入在 1845 年的 *Philosophical Transactions* 和 *Philosophical Magazine* 中。

1850 年(第 16 届)阿拉戈。为了表彰其对偏振光的实验研究。

1852 年(第 17 届)斯托克斯。为了表彰其发现的光的可折射性变化。

1860 年(第 21 届)麦克斯韦。为了表彰其对色彩组成和其他光学领域论文的研究工作。

偏振光研究是光学研究发展中的重要组成部分。从偏振光学在 1669 年首次报道至今的 300 多年里，偏振中使用的大多数工具和理论公式都已完备。过去 50 年见证了探测器技术、电子学、光纤和集成光学技术、制造技术和计算机的发展，当下可以被视为数据收集和应用的时代。随着科学研究的不断深入，偏振光的原理及应用越来越受到人们的关注，对社会发展和进步起到越来越重要的作用。

偏振信息作为光波的四大基本信息之一，包含着独特的物理信息，对偏振信息的高精度测量在诸多领域有着广泛的应用。偏振光学应用的核心基于偏振信息的测量和处理。因此，在偏振光技术领域的研究，集中在偏振信息测量和偏振成像信息处理这两个核心环节。在偏振信息测量领域，高测量精度是始终的追求。

在偏振成像信息处理领域，以提升成像质量为目标的偏振信息优化处理方法是主要的发展方向。本书将针对偏振测量和偏振成像这两大环节，介绍其基本理论和最新的研究进展。

参 考 文 献

[1] 廖廷彪. 偏振光学[M]. 北京: 科学出版社, 2003.

[2] Goldstein D H. Polarized Light[M]. New York: CRC Press, 2017.

[3] Pye J D. Polarised Light in Science and Nature[M]. New York: CRC Press, 2015.

[4] Whittaker E T. A History of the Theories of Aether and Electricity from the Age of Descartes to the Close of the Nineteenth Century[M]. New York: Longmans, Green and Company, 1910.

[5] Driggers R G. Encyclopedia of Optical Engineering[M]. New York: CRC Press, 2003.

[6] Buchwald J Z, Robert F. The Oxford Handbook of the History of Physics[M]. London: OUP Oxford Press, 2013.

[7] Yeh P. Extended Jones matrix method[J]. JOSA, 1982, 72(4): 507-513.

[8] Parke N G. Optical algebra[J]. Journal of Mathematics and Physics, 1949, 28(1-4): 131-139.

[9] 李多, 杨婷, 刘大禾. 从诺贝尔物理学奖看光学的发展[J]. 大学物理, 2006, 25(5): 42.

第 2 章　偏振信息的测量方法

　　作为测量偏振参数的基本仪器和系统，偏振仪通过光强度的测量实现偏振参数/信息的获取[1,2]。然而，噪声的存在，降低了偏振参数的获取精度。偏振仪由强度测量装置与前置的滤波片、偏振片及相位延迟器(波片、液晶延迟器等)等光学器件构成，这些光学器件对强度的调制特性用测量矩阵表示，自然光通过偏振片后，强度只有入射光的一半，滤波片只能让特定波长的光线通过，偏振片与滤波片的存在，使得强度测量装置获取的强度信息信噪比进一步降低。运用含噪的光强测量值构造估计量实现对偏振参数的估计，噪声通过求解测量矩阵的逆矩阵(或伪逆矩阵)传递到偏振参数的估计中。因此噪声的影响不可忽略，其影响程度与测量矩阵有关。本章从噪声和测量矩阵对偏振信息测量的影响出发，介绍 Stokes 矢量测量和 Mueller 矩阵测量的优化测量方法，并针对不同的噪声类型，分别提出对应的最优测量策略。

2.1　偏振信息测量精度的影响因素

　　大部分的偏振信息可由测量 Stokes 矢量和 Mueller 矩阵推导得到，因此本质上是有关 Stokes-Mueller 信息的获取和应用[3,4]。偏振成像技术及其应用是将对象物体(或场景)对应的光束偏振特性图像化表示，高精度的偏振测量技术，即获取高精度的 Stokes 矢量和 Mueller 矩阵是必要的基础和前提。但噪声的干扰降低了 Stokes 矢量和 Mueller 矩阵测量对应的各类偏振参数的获取精度，直接影响了应用效果的真实性和可靠性[4]。具体来说，噪声对偏振信息的测量精度的影响主要体现在两个方面。

2.1.1　噪声的影响

　　无论是 Stokes 矢量，还是 Mueller 矩阵及相关的其他偏振参数，其测量均是通过光的强度值反解得到，而光强在探测和采集过程中受到随机噪声的干扰。这些噪声主要包括两类[5,6]。①高斯加性噪声(Gaussian additive noise，GAN)，服从均值为 0，方差固定的高斯(正态)分布，且方差与光强值无关。在光强度较低或工作环境温度较高条件下，传感器的暗噪声、热噪声、电路电流噪声等高斯型噪声占主导[7]。②泊松散粒噪声(Poisson shot noise，PSN)，又称光子噪声(photon noise)，服从均值和方差相等的泊松分布，与光强值成正比，是光强水平较高的环境中的主要噪声类型。其来源主要是光电转化效率中的光子涨落噪声[8]。高斯噪声与泊松噪声造成测量结果与真实值的偏离称作随机误差。

除此之外，还有一类误差被称作系统误差[9,10]，是由偏振片及波片等光学器件的光学性质及其朝向偏离标称值引起，在旋转偏振片或波片的时序型偏振仪中尤为突出[9]，在旋转过程中，偏振光学器件的朝向每次偏离标称位置具有随机性，因此，对于这种类型的偏振仪，其系统误差也是随机的。文献[9]针对旋转偏振片或波片的时序型偏振仪，考虑随机误差与随机的系统误差同时存在时，为实现Stokes 矢量的最优估计，研究了 Stokes 偏振仪测量矩阵的最优结构问题，结果表明，实现系统误差最小化与实现随机误差最小化的测量矩阵是不同的。然而，随着偏振测量技术的发展，出现了基于可变相位延迟器(variable retarder)的时序型偏振仪，且分时测量逐步向同时测量发展，如分振幅型、分孔径型及分焦平面型偏振仪。在这些偏振仪中，无须旋转偏振器件，对于这类偏振仪，可认为其系统误差是固定的，在经过精确校准及标定后，可消除系统误差，但随机的高斯噪声以及泊松噪声无法消除，始终伴随测量过程，因此本章的研究主要针对高斯与泊松噪声干扰下的偏振参数估计。

2.1.2　测量矩阵的影响

Stokes 或 Mueller 偏振仪包含偏振生成器(polarization state generation，PSG)和/或偏振分析器(polarization state analysis，PSA)，PSG 和 PSA 由强度测量装置与前置的滤波片、偏振片及相位延迟器(波片、液晶延迟器等)等光学器件构成。这些光学器件对强度的调制特性用测量矩阵表示；另一方面，这些光学元件对光强的调制作用可由其对应的测量矩阵表征[7-9]。运用含噪光强测量值构造估计量实现对偏振参数的估计,通过测量矩阵求逆反解光强值可实现 Stokes 矢量和 Mueller矩阵的估测，因此光强的波动性通过测量矩阵的调制传递到偏振参数的测量上[7]。换句话说，通过优化测量矩阵，即优化 PSG 和 PSA 中光学元件的配置可以调控噪声对偏振参数估计的影响，从而实现高精度、低误差的估计。

2.2　Stokes 矢量测量方法

2.2.1　Stokes 矢量传统的测量方法

传统的 Stokes 偏振仪，即 Stokes 矢量的测量主要是利用 PSA 分析入射光束的偏振特性，确定待测光束的 Stokes 矢量。任意特定偏振态下的 PSA 得到的光强值 I_q，可由 PSA 对应的 Mueller 矩阵第一行，即 $A_q = \begin{bmatrix} a_{q,0} & a_{q,1} & a_{q,2} & a_{q,3} \end{bmatrix}^{\mathrm{T}}$ 和入射光的 Stokes 矢量计算得到：

$$I_q = A_q S \tag{2.1}$$

Stokes 偏振仪的一般结构如图 2.1 所示。

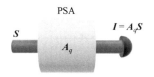

图 2.1　Stokes 偏振仪的一般结构

当 PSA 有 N 个偏振特征态时，探测器获取的一系列光强可以用下面的线性方程组表示：

$$I = \begin{bmatrix} I_1 \\ I_2 \\ \vdots \\ I_N \end{bmatrix} = WS = \begin{bmatrix} a_{1,0} & a_{1,1} & a_{1,2} & a_{1,3} \\ a_{2,0} & a_{2,1} & a_{2,2} & a_{2,3} \\ \vdots & \vdots & \vdots & \vdots \\ a_{N,0} & a_{N,1} & a_{N,2} & a_{N,3} \end{bmatrix} \begin{bmatrix} S_0 \\ S_1 \\ S_2 \\ S_3 \end{bmatrix} \tag{2.2}$$

其中，W 表示偏振仪的测量矩阵，其行向量对应 PSA N 次测量时的偏振特征态。根据 PSA 的一般构成可知式(2.2)满足 $a_{i,0} = 1/2$。根据测量矩阵 W 的秩 rank[W] 的不同，Stokes 矢量的估计有以下两种情况：当 rank[W]<4 时，偏振仪是不完全的，最多只能测量其中 3 个 Stokes 参数；当 rank[W] = 4 时，偏振仪是完全的，可实现所有 Stokes 参数的测量。第二种情况下，光强的测量次数满足 $N \geqslant 4$，通过反解光强值获取全 Stokes 矢量的估计量：

$$S = W^+ I \tag{2.3}$$

考虑当测量次数 $N > 4$ 时，测量矩阵 W 是奇异矩阵，反解的时候可用伪逆运算 W^+ 取代传统的求逆运算 W^{-1}：

$$W^+ = \left(W^T W \right)^{-1} W^T \tag{2.4}$$

设计测量系统时，只需要得到最优化的测量矩阵 W，即可通过 PSA 偏振光学元件的组合方式及其 Mueller 矩阵得到最优测量方法对应的元件的旋转角度、延迟器的相位延迟量等设置。常见的 PSA 组合方式如图 2.2 所示[1]，为便于读者理解，结构对应可测的 Stokes 矢量亦在右侧标识。

偏振测量中最常见的两类噪声分别为 GAN 和 PSN[11]。

GAN 噪声多出现在光强较弱的测量环境，光强测量值为随机变量：

$$I = WS + N \tag{2.5}$$

其中，噪声 N 服从均值为 0、方差为 σ^2 的高斯(正态)分布，其对应的概率分布函数为[11]

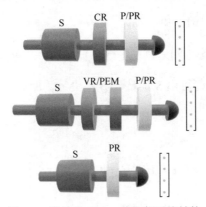

图 2.2 常见的 Stokes 偏振仪系统结构

P-偏振片；PR-可旋转偏振片；CR-可旋转延迟器；VR-可变相位延迟器；PEM-光弹调制器；S-样品

$$f(x) = \frac{1}{\sigma\sqrt{2\pi}} \mathrm{e}^{-\frac{x^2}{2\sigma^2}} \tag{2.6}$$

PSN 多出现在光强充足的测量环境，光强的波动性主要来自探测器接收到光子的涨落，服从均值和方差为等于光强均值 $\langle I \rangle$ 的泊松分布，其对应的概率分布函数为[12,13]

$$\langle \Delta S \rangle = W^+ \langle N \rangle = 0 \tag{2.7}$$

其中，λ 表示泊松参数且有 $\lambda = \langle I \rangle$。

当光强测量次数 $N \geqslant 4$ 时，根据式(2.5)可知，通过测量矩阵的调控，噪声对 Stokes 矢量估计的影响满足以下关系：

$$\widehat{S} = S + \Delta S = W^+(I + N) \tag{2.8}$$

其中，$\Delta S = W^+ N$ 表示因噪声传递带来的估计误差。因为

$$\langle \Delta S \rangle = W^+ \langle N \rangle = 0 \tag{2.9}$$

表明该误差均值为零。这就意味着对于 Stokes 矢量的估计是一个无偏估计。

衡量参数 S 测量(估计)精度的最常见指标是均方误差(mean square error, MSE)，定义如下[12,13]：

$$\mathrm{MSE}\left(\widehat{X}\right) = \left\langle \left(\widehat{X} - X\right)^2 \right\rangle = \mathrm{Var}\left[\widehat{X}\right] + \left(\langle\widehat{X}\rangle - X\right)^2 \tag{2.10}$$

MSE 在统计意义上反映了测量(估计)值与真实值之间的差异程度：MSE 值越小表明估计误差越小，测量精度越高。根据式(2.10)可知，对于无偏估计，项 $\left(\langle\widehat{X}\rangle - X\right)^2$ 等于零，MSE 仅与估计方差项 $\mathrm{Var}\left[\widehat{X}\right]$ 有关，因此其测量精度可由估计方差决定[13]。

根据式(2.8)和式(2.10)可知:

$$\mathrm{MSE}\left(\widehat{S}\right) = \mathrm{Var}\left[\widehat{S}\right] + \left(\langle\widehat{S}\rangle - S\right)^2 = \mathrm{Var}\left[\widehat{S}\right] \tag{2.11}$$

因此,S 的测量精度可由 $\widehat{S}$ 的估计方差决定,而估计方差可根据光强测量的协方差矩阵 $\boldsymbol{\Gamma_I}$ 计算得到:

$$\mathrm{Var}\left[\widehat{S}\right] = \begin{bmatrix} \gamma_0 \\ \gamma_1 \\ \gamma_2 \\ \gamma_3 \end{bmatrix} = \boldsymbol{W}^+ \boldsymbol{\Gamma_I} \left[\boldsymbol{W}^+\right]^\mathrm{T} = \boldsymbol{W}^+ \begin{bmatrix} \sigma_{1,1}^2 & 0 & \cdots & 0 \\ 0 & \sigma_{2,2}^2 & \cdots & 0 \\ \vdots & \vdots & & \vdots \\ 0 & 0 & \cdots & \sigma_{N,N}^2 \end{bmatrix} \left[\boldsymbol{W}^+\right]^\mathrm{T} \tag{2.12}$$

其中,γ_i 分别表示 Stokes 参数 S_i 的估计方差;$\sigma_{i,i}^2$ 表示第 i 次光强测量的方差。具体来说,当噪声类型为方差为 σ^2 的 GAN 时,$\sigma_{i,i}^2 = \sigma^2$,为 PSN 时,$\sigma_{i,i}^2 = \langle I \rangle_i$。

根据式(2.12)可获得各个偏振参数的估计方差。事实上,由于测量矩阵的不同,噪声对每个分量参数的影响是不同的。

当 Stokes 矢量的所有参数对于研究来说是同等重要的时候,提出一种等权方差(equally weighted variance,EWV),一般也称为估计总方差的评价标准。这个标准等于各个参数的估计方差之和,即[7,8]

$$\mathrm{EWV} = \sum_{j=1}^{4} \gamma_j^2 \tag{2.13}$$

其中,γ_j^2 表示第 j 个偏振参数的估计误差。

当测量矩阵 $\boldsymbol{W}$ 趋近于奇异矩阵时,EWV 的值发散趋于无穷,因此,越好的偏振测量仪对应的 EWV 的值越小。EWV 可以用来研究测量次数变化对测量和估计精度的影响。但值得注意的是,最小化 EWV 对应的最优化的测量策略只是针对整体的估计误差而言,因此可能会造成个别偏振参数对应的估计误差较大。

根据式(2.12)可知,EWV 的值由光强测量对应的协方差矩阵和测量矩阵共同决定。这意味着不同的噪声类型对应的 EWV 值的表达式不同。

(1) GAN 噪声干扰的环境下,光强测量的协方差矩阵的各个主对角元素均等于噪声的方差 σ^2,即

$$\boldsymbol{\Gamma_I} = \begin{bmatrix} \sigma^2 & 0 & \cdots & 0 \\ 0 & \sigma^2 & \cdots & 0 \\ \vdots & \vdots & & \vdots \\ 0 & 0 & \cdots & \sigma^2 \end{bmatrix} \tag{2.14}$$

代入式(2.13)可得各个参数的估计方差,进而求得 EWV 值:

$$\text{EWV} = \sigma^2 \sum_{j=1}^{R} \left[\boldsymbol{W}^{\mathrm{T}} \boldsymbol{W} \right]_{jj}^{-1} \tag{2.15}$$

(2) PSN 干扰的环境下,光强测量的协方差矩阵的各个主对角元素等于各次光强的测量值$\langle I_i \rangle$,即

$$\boldsymbol{\Gamma}_I = \begin{bmatrix} \langle I_1 \rangle & 0 & \cdots & 0 \\ 0 & \langle I_2 \rangle & \cdots & 0 \\ \vdots & \vdots & & \vdots \\ 0 & 0 & \cdots & \langle I_N \rangle \end{bmatrix} \tag{2.16}$$

代入式(2.13)可得各个参数的估计方差,进而求得 EWV 值:

$$\text{EWV} = \sum_{k=0}^{3} \sum_{n=1}^{N} \left[\boldsymbol{W}_{in}^{+} \right]^2 \boldsymbol{W}_{nj} \boldsymbol{S}_k \tag{2.17}$$

根据式(2.15)和式(2.17)可知,GAN 干扰下的 EWV 与待测的 Stokes 矢量无关,但 PSN 干扰下却受待测真实值的影响。Goudail[9]研究发现,对于 GAN 影响下的 Stokes 偏振仪,最优测量矩阵对应的最小 EWV 值等于$40/m$倍(m表示光强测量次数)的噪声方差。PSN 影响下,通过引入"Minmax"评价标准,得到的最优测量矩阵对应的 EWV 值等于$20/m$倍的噪声方差,且最优的测量策略与待测 Stokes 矢量的真实值无关。具体各个 Stokes 参数的估计方差在不同类型噪声和不同光强测量次数下的值如表 2.1 所示。

表 2.1　不同噪声干扰下,全 Stokes 矢量各偏振分量的估计量方差

分量方差	高斯噪声	泊松散粒噪声
S_0	$4\sigma^2 / N$	$2S_0 / N$
S_1	$12\sigma^2 / N$	$6S_0 / N$
S_2	$12\sigma^2 / N$	$6S_0 / N$
S_3	$12\sigma^2 / N$	$6S_0 / N$

注:高斯噪声需满足测量次数$N \geqslant 3$,泊松散粒噪声$N \geqslant 4$

2.2.2　Stokes 矢量物理限制最大似然估计方法

对于偏振信息测量,提升测量精度是最为重要的发展方向。如何更充分地利用先验信息,是提高偏振信息测量精度的重要思路。影响偏振信息测量精度的根本因素之一就是噪声。测量过程中的噪声,虽然是随机变化的,但是依然遵循一定的统计规律。按照噪声的统计规律,可以把噪声分为高斯噪声、泊松噪声、伽

马噪声等。对于偏振信息测量而言，如果能够进一步考虑测量过程中噪声的统计规律，则有望进一步提升测量的精度。最大似然估计方法考虑了所测量的统计规律，有助于提升测量精度。

最大似然估计(maximum likelihood estimate，MLE)也称为极大似然估计，是求估计的另一种方法。该方法于 1821 年首先由德国数学家高斯(C. F. Gauss)提出，但是这个方法通常归功于英国的统计学家费希尔(R. A. Fisher)，他在 1922 年的论文"On the mathematical foundations of theoretical statistics, reprinted in Contributions to Mathematical Statistics"中再次提出了这个思想，并且首先探讨了这种方法的一些性质，极大似然估计这一名称也由费希尔给出。最大似然估计法的思想很简单：在已经得到实验结果的情况下，应该寻找使这个结果出现的可能性最大的那个作为真的估计。

另一方面，偏振信息的物理可行性也是偏振信息测量过程中重要的考量因素。例如，对于 Stokes 矢量而言，其偏振度的取值范围是[0,1]，其第一个元素 S_0(即光强)的取值范围是大于等于 0。如果违背了上述物理可能性条件，则 Stokes 矢量是非物理的。在噪声比较大的时候，通过测量所得的光强反演 Stokes 矢量，是可能出现偏振度小于 0 或大于 1，甚至 S_0 小于 0 的情况的。此时，测量所得的 Stokes 矢量即为非物理的。

为了同时考虑噪声的统计规律以及 Stokes 矢量的物理可行性条件，天津大学偏振测量与成像课题组的胡浩丰和法国菲涅耳光学所的 Goudail 等提出了 Stokes 矢量物理限制最大似然估计方法，该方法可以提高偏振信息的测量精度，同时确保了所估算的 Stokes 矢量满足物理可行性条件。

以高斯加性噪声环境下 Stokes 矢量的测量为例。探测器测量所得的光强测量值由式(2.5)给出。Stokes 矢量满足的物理可行性为

$$\begin{cases} S_0 \geqslant 0 \\ \text{DoP} \leqslant 1 \end{cases} \tag{2.18}$$

其中，DoP(degree of polarization)为偏振度，其表达式为

$$\text{DoP} = \frac{\sqrt{S_1^2 + S_2^2 + S_3^2}}{S_0} \tag{2.19}$$

式(2.19)还可以表示为

$$\begin{cases} S_0 \geqslant 0 \\ S_0^2 \geqslant S_1^2 + S_2^2 + S_3^2 \end{cases} \tag{2.20}$$

在高斯加性噪声环境下，探测器测量所得的光强测量值(测量的光强矢量)由式(2.5)给出。在噪声环境下，测量的光强矢量是个随机矢量，该矢量的统计

特性取决于真实的 Stokes 矢量 $\boldsymbol{S}$。在高斯加性噪声环境下，Stokes 矢量测量的似然函数是

$$L = \|\boldsymbol{I} - \boldsymbol{WS}\| \tag{2.21}$$

则最大似然估计可表达为

$$\hat{\boldsymbol{S}} = \mathrm{argmax}\{L\} = \mathrm{argmax}\{\|\boldsymbol{I} - \boldsymbol{WS}\|\} \tag{2.22}$$

即将对应测量所得的光强矢量的最大概率的 Stokes 矢量认定为估算结果。

在此基础之上，需要将式(2.22)给出的 Stokes 矢量的物理可行性条件，加入最大似然估计的算法中。Lagrange 乘子法(Lagrange multiplier method)是一种寻找变量受一个或多个条件所限制的多元函数的极值的方法，这种方法将一个有 n 个变量与 k 个约束条件的最优化问题转换为一个有 $n+k$ 个变量的方程组的极值问题，其变量不受任何约束。这种方法引入了一种新的标量未知数，即 Lagrange 乘数：约束方程的梯度(gradient)的线性组合里每个向量的系数。Lagrange 乘子法可用于求解物理可行性限制条件下的 Stokes 矢量最大似然估算法中。此情况下，综合式(2.20)和式(2.21)，Lagrange 乘子可以表达为

$$F(\boldsymbol{S}) = \|\boldsymbol{I} - \boldsymbol{WS}\|^2 - \lambda \boldsymbol{S}^{\mathrm{T}} \boldsymbol{GS} \tag{2.23}$$

其中，对角矩阵 $\boldsymbol{G} = \mathrm{diag}(1, -1, -1, -1)$；$\lambda$ 为 Lagrange 参数。求解式(2.23)，可得到高斯加性噪声下的 Stokes 矢量物理限制最大似然估计值的解析解：

$$\hat{\boldsymbol{S}}^{\mathrm{c}} = \frac{3 + \mathrm{DoP}}{4} \mathrm{diag}(1, 1/\mathrm{DoP}, 1/\mathrm{DoP}, 1/\mathrm{DoP}) \hat{\boldsymbol{S}}^{\mathrm{u}} \tag{2.24}$$

其中

$$\hat{\boldsymbol{S}}^{\mathrm{u}} = (\boldsymbol{W}^{\mathrm{T}} \boldsymbol{W})^{-1} \boldsymbol{W}^{\mathrm{T}} \boldsymbol{I} \tag{2.25}$$

基于式(2.24)、测量所得的光强矢量以及测量矩阵，便可解析得到 Stokes 矢量物理限制最大似然估计结果，该结果可确保 Stokes 矢量的物理可行性条件。

在物理限制最大似然估计方法之前，也存在若干 Stokes 矢量的估算方法。其中，最为简单直接的估算方法是直接将测量矩阵的逆矩阵乘以测量所得的光强矢量，如式(2.3)所示。这种方法没有考虑噪声的统计规律和 Stokes 矢量的物理可行性条件，这种估算方法称为非限制估计方法。

此外，还有一种经验型限制估计方法，该方法在非限制估计方法的基础上，考虑了 Stokes 矢量偏振度小于 1 这一物理可行性条件。具体来说，经验型限制估计方法首先利用非限制估计方法的估算得到 Stokes 矢量，并计算 Stokes 矢量的偏振度。如果偏振度小于等于 1，则经验型限制估计方法的结果与非限制估计方法

的结果一致；如果偏振度大于 1，则将 Stokes 矢量的后面三个元素 S_1、S_2、S_3 除以计算得到的偏振度值。这样的话，经验型限制估计方法可以确保计算所得的 Stokes 矢量的偏振度不大于 1。

将物理限制最大似然估计方法、非限制估计方法和经验型限制估计方法的测量精度进行比较，并采用均方根误差(root-mean square error，RMSE)作为估算精度的判据。通过蒙特卡罗方法数值模拟不同信噪比情况下高斯加性噪声下的光强测量。基于不同的方法，将光强测量的结果反演为 Stokes 矢量，并计算各种方法估算结果的均方根误差，其结果如图 2.3 所示。从图中可以看出，相对于非限制估计方法和经验型限制估计方法，物理限制最大似然估计方法可以获得更高的测量精度，表现为物理限制最大似然估计方法的偏振度和光强均方根误差值在不同信噪比下均为最小值，这得益于物理限制最大似然估计方法既利用了噪声的统计规律的先验，又考虑了被测量的物理可行性条件。

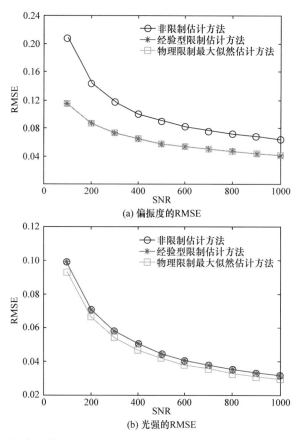

(a) 偏振度的RMSE

(b) 光强的RMSE

图 2.3　物理限制最大似然估计方法、非限制估计方法和经验型限制估计方法对于偏振度和光强估算的均方根误差结果对比

2.2.3　基于采集时间优化的测量方法

从统计意义上分析，Stokes 矢量的测量由 Stokes 矢量估计量的均值和方差共同决定。事实上，当噪声造成的波动较小时，Stokes 矢量的估计近似是无偏估计的，因此提高测量精度的关键在于降低测量估计的方差。到目前为止，实现估计量方差降低的方法有很多，包括优化光强测量次数[4]，优化测量系统中 PSA 的测量矩阵等[8,9]。然而，这些提升算法所依托的测量系统都是建立在总采集时间平均分配到各个光强测量的前提下，而采集时间的分配对实际测量的影响却尚未考虑。实际上，采集时间的不均等分配也可能大大影响 Stokes 矢量的估计方差。

本章的 Stokes 矢量测量系统通过 PSA 中不同偏振态下的四次光强测量实现 Stokes 矢量的估计。其中 $S = (S_0, S_1, S_2, S_3)^T$ 表示待估计的四维 Stokes 矢量，$I = (I_1, I_2, I_3, I_4)^T$ 表示四次光强测量对应的光强测量矢量。假设系统的噪声类型是加性噪声(实际上，加性噪声是实际环境中较为普遍的噪声类型，该假设是合理的)，则可以得到以下关系：

$$I = WTS + N \tag{2.26}$$

其中，W 表示 4×4 的测量矩阵；$T = \mathrm{diag}(t_1, t_2, t_3, t_4)$ 表示采集时间构成的主对角矩阵，t_1, t_2, t_3, t_4 分别对应 PSA 中不同偏振态对应的四次光强测量的采集时间；N 表示均值为零，方差为 σ^2 的高斯加性噪声。

由于噪声的扰动，光强测量值 $I_i, i \in [1,4]$ 表示标准差为 σ 的随机向量。反解式(2.26)，可得到 Stokes 矢量的估计量为

$$\hat{S} = (TW)^{-1} I = W^{-1} T^{-1} I = W^{-1} \begin{bmatrix} I_1 / t_1 \\ I_2 / t_2 \\ I_3 / t_3 \\ I_4 / t_4 \end{bmatrix} \tag{2.27}$$

其中，$(TW)^{-1}$ 表示 TW 的逆矩阵。式(2.27)中，测量光强 I_i 被积分采集时间 t_i 除，然后反求 Stokes 矢量估计量 $\hat{S}$。

事实上，由于噪声的影响，四次光强测量均具有波动性，根据式(2.27)，采集时间通过除法运算，对噪声的波动起到调控作用：表现为除数变大时，噪声被缩小；除数变小时，噪声被放大。然后通过这种调控作用，噪声的波动性(方差)传递给 Stokes 矢量，这就是 Stokes 矢量估计在均值附近波动的来源，也是造成估计误差的主要原因。

$\hat{S}$ 的均值可以表示为 $\langle \hat{S} \rangle = (TW)^{-1} \langle I \rangle = (TW)^{-1} TWS = S$，表明 $\hat{S}$ 的估计是无偏的。对于无偏估计，测量的精度主要由其估计方差决定。$\hat{S}$ 不同分量的测量估

计方差用协方差矩阵表示，根据式(2.27)，$\hat{S}$ 的协方差矩阵表示为

$$\boldsymbol{\Gamma}^{\hat{S}} = (\boldsymbol{TW})^{-1}\boldsymbol{\Gamma}^{I}[(\boldsymbol{TW})^{-1}]^{\mathrm{T}} \tag{2.28}$$

其中，$\boldsymbol{\Gamma}^{I}$ 表示光强测量 I 的协方差矩阵。在加性高斯噪声影响下，光强测量值 I 表示随机向量，且每一个光强分量 $I_i, i \in [1,4]$ 都可以看成高斯随机变量。

每次光强测量中的噪声相互独立，因此不同 PSA 下的每次光强测量值在统计意义上也相互独立。所以 I 的协方差矩阵 $\boldsymbol{\Gamma}^{I}$ 是一个主对角矩阵，主对角元素分别对应每个光强测量分量的方差(即每次测量中的噪声方差)。

根据式(2.28)，可以得到 Stokes 矢量估计量的协方差矩阵：

$$\boldsymbol{\Gamma}_{ij}^{\hat{S}} = \begin{cases} \displaystyle\sum_{k=1}^{4} \frac{[W_{ik}^{-1}]^2}{t_k^2}\sigma^2, & \text{如果 } i=j \\ 0, & \text{其他} \end{cases} \qquad i,j,k \in [1,4] \tag{2.29}$$

其中，W_{ik}^{-1} 表示测量矩阵的逆矩阵 W^{-1} 的第 i 行、第 k 列。Stokes 矢量估计量 $\hat{S}$ 四个分量的测量方差分别对应对角矩阵 $\boldsymbol{\Gamma}_{ij}^{\hat{S}}$ 的四个主对角元素 $\boldsymbol{\Gamma}_{ii}^{\hat{S}}$。通常 Stokes 矢量的总估计方差可以认为是各分量 S_1, S_2, S_3, S_4 方差之和(即矩阵 $\boldsymbol{\Gamma}^{\hat{S}}$ 的迹)：

$$F(\boldsymbol{T}, \boldsymbol{W}) = \text{trace}[\boldsymbol{\Gamma}^{\hat{S}}] = \sum_{i=1}^{4} \frac{\displaystyle\sum_{k=1}^{4}\left[W_{ki}^{-1}\right]^2}{t_i^2}\sigma^2 \tag{2.30}$$

上式表明，Stokes 矢量估计的总方差不仅由测量矩阵 $\boldsymbol{W}$ 决定，还与采集时间有关。事实上，总的估计方差由四部分组成，分别对应 Stokes 矢量四个分量的估计方差。$\displaystyle\sum_{k=1}^{4}[W_{ki}^{-1}]^2\sigma^2/t_i^2$ 表示不同光强测量下噪声对总测量方差的影响，并且噪声影响的差异性由权重 $\displaystyle\sum_{k=1}^{4}[W_{ki}^{-1}]^2/t_i^2$ 表示，该权重又由测量矩阵 $\boldsymbol{W}$ 和采集时间 t_i 共同决定。

根据式(2.30)，对于给定测量矩阵 $\boldsymbol{W}$ 的测量系统，Stokes 矢量估计总方差和采集时间 t_i 相关，因此通过调整优化采集时间分配可实现总估计方差的降低和测量精度的提升。在总采集时间恒定的前提下，降低估计方差即为与采集时间相关的最小优化问题：

$$\min_{\boldsymbol{T}} F(\boldsymbol{T}, \boldsymbol{W}) = \min_{\boldsymbol{T}} \text{trace}\left[\boldsymbol{\Gamma}^{\bar{S}}\right] = \min_{\boldsymbol{T}} \sum_{i=1}^{4} \frac{\displaystyle\sum_{k=1}^{4}\left[W_{ki}^{-1}\right]^2}{t_i^2}\sigma^2 \tag{2.31}$$

在总时间固定(不失一般性，假设 $\sum_{i=1}^{4} t_i = 4$)时，上式中的优化问题可根据 Lagrange 乘子法计算得到。为简化形式做如下替换：

$$\sum_{k=1}^{4} [W_{ki}^{-1}]^2 \sigma^2 = C_i \tag{2.32}$$

那么，Lagrange 函数表示为[14]

$$\mathcal{L}(t_i, \lambda) = F(t_i) + \lambda h(t_i) = \sum_{i=1}^{4} \frac{C_i}{t_i^2} + \lambda \left(\sum_{i=1}^{4} t_i - 4 \right) \tag{2.33}$$

其中，λ 表示 Lagrange 乘数。则问题可转换为对等的 Lagrange 问题：

$$\arg\min_{T} \mathcal{L}(t_i, \lambda) \tag{2.34}$$

式(2.34)的解应满足 Lagrange 函数 $\mathcal{L}(t_i, \lambda)$ 的梯度(关于采集时间、Lagrange 参数)等于零，即

$$\frac{\partial L}{\partial t_i} = \frac{-2C_i}{t_i^3} + \lambda, \quad \frac{\partial L}{\partial \lambda} = \sum_{i=1}^{4} t_i - 4 \tag{2.35}$$

显然，式(2.35)的解应满足：

$$\frac{2C_1}{t_1^3} = \frac{2C_2}{t_2^3} = \frac{2C_3}{t_3^3} = \frac{2C_4}{t_4^3} = \lambda \tag{2.36}$$

即

$$t_1 : t_2 : t_3 : t_4 = \sqrt[3]{C_1} : \sqrt[3]{C_2} : \sqrt[3]{C_3} : \sqrt[3]{C_4} \tag{2.37}$$

根据式(2.36)和式(2.37)，由于测量矩阵 W 的不对称性，均分采集时间不能总是平衡噪声的影响。因此，将采集时间从平均分配修正为不均等分配更有利于平衡不同光强测量中噪声对估计的影响，从而降低测量估计方差，提高测量精度。

根据式(2.37)可知，最优化的采集时间分配与被测 Stokes 矢量无关，它只与系数 C_i 有关，即由测量矩阵 W 决定。另外，根据式(2.37)，当总的采集时间为 4 时，不同光强测量下的采集时间的解析表达式可以表示为

$$t_i = \frac{4\sqrt[3]{C_i}}{\sum_{i=1}^{4} \sqrt[3]{C_i}}, \quad i \in [1, 4] \tag{2.38}$$

代入式(2.37)，可得最优采集时间 t_i 分配下的总估计方差：

$$F_{\text{opt}}(\boldsymbol{W}) = \frac{\left(\sum_{i=1}^{4} \sqrt[3]{C_i}\right)^3}{16} \tag{2.39}$$

对应 Stokes 矢量估计的最小方差。

采集时间均分(即 $t_1 = t_2 = t_3 = t_4 = 1$)时，总估计方差表示为

$$F_{\text{equ}}(\boldsymbol{W}) = \sum_{i=1}^{4} C_i \tag{2.40}$$

通过与未优化前对比，并将式(2.38)代入目标函数式(2.40)可得优化光强测量时间后 Stokes 矢量估计量总方差的降低百分比:

$$\psi(\boldsymbol{W}) = 1 - \frac{\left(\sum_{i=1}^{4} \sqrt[3]{C_i}\right)^3}{16\sum_{i=1}^{4} C_i} \tag{2.41}$$

实际上，式(2.41)中 $\psi(\boldsymbol{W}) \geqslant 0$ 恒成立，即对于任意的测量矩阵，优化采集时间的方法提升比一定非负。

综合上述分析，本章介绍了一种降低 Stokes 矢量估计方差的新算法。在总采集时间恒定的前提下,该算法通过优化总采集时间在多次光强测量下的时间分配，均衡不同光强测量下的噪声影响。此外，该算法得到的最优采集时间分配方案完全由矩阵 $\boldsymbol{W}$ 决定，而与待测的 Stokes 矢量无关。实现了估计量方差的降低和测量精度的提升。

可通过以下测量矩阵对应的 Stokes 矢量测量验证优化采集时间对测量精度的影响:

$$\boldsymbol{W} = \begin{bmatrix} 0.5 & 0.2982 & 0.2879 & 0.2796 \\ 0.5 & 0.2203 & -0.3266 & 0.3078 \\ 0.5 & 0.2498 & -0.2587 & -0.3473 \\ 0.5 & 0.2042 & 0.2810 & 0.3597 \end{bmatrix} \tag{2.42}$$

将式(2.42)中的测量矩阵 $\boldsymbol{W}$ 代入式(2.39)可直接得到相应权数 $C_1 = 147.3$ ，$C_2 = 7.2$ ，$C_3 = 7.0$ ，$C_4 = 160.0$ 。本章中所讨论的加性高斯噪声的方差 σ^2 是恒定的,不会对式(2.38)中所列的最优采集时间分配产生影响，所以在接下来针对 C_i 的讨论中，为了简便，忽略 σ^2 。

事实上，不同光强测量对应的 C_i 值是不同的，这种差异性表明通过优化采集时间分配可实现测量估计方差的降低，进而达到提高精度的目的。根据式(2.42)，优化问题可具体表示为

$$\min_{T}\left(\frac{147.3}{t_1^2}+\frac{7.2}{t_2^2}+\frac{7.0}{t_3^2}+\frac{160.0}{t_4^2}\right) \tag{2.43}$$

根据式(2.43)，C_1 和 C_4 的值要明显大于 C_2 和 C_3 的值，表明光强测量 I_1 和 I_4 的噪声所造成的影响在总影响中占据主导作用。因此，通过增大 t_1 和 t_4 的值引起的估计方差值的降低可抵消因为 t_2 和 t_3 的减小而造成的相应方差的增大。

根据式(2.38)，可得到相应的最优采集时间分配 $t_1:t_2:t_3:t_4=1.46:0.53:0.52:1.49$。则在总采集时间为 4s 的前提假设下，四次光强测量对应的采集时间分别为

$$t_1=1.46\text{s}, \quad t_2=0.53\text{s}, \quad t_3=0.52\text{s}, \quad t_4=1.49\text{s} \tag{2.44}$$

当采集时间优化时，Stokes 矢量估计方差如表 2.2 所示。通过优化采集时间分配，总估计方差可降低 40.5%。另外，在表 2.2 中，S_2 和 S_3 对应的方差相比于时间均分优化前增大了，但增幅较小。所以优化采集时间分配只是保证总估计方差降低，却不能保证每次光强测量对应的方差都降低。

表 2.2　采集时间均分和采集时间优化对应的 Stokes 矢量估计方差对比(理论)

Stokes 分量	方差(时间均分)	方差(时间优化)	优化比/%
S_0	63.9	38.3	40.1
S_1	245.9	124.3	49.4
S_2	4.9	11.2	−128.6
S_3	4.9	16.3	−223.3
总计	319.6	190.1	40.5

2.3　Mueller 矩阵测量方法

2.3.1　Mueller 矩阵传统的测量方法

Mueller 偏振仪通过光强测量确定样品的 Mueller 矩阵[15-18]。与 Stokes 偏振仪不同，Mueller 偏振仪由 PSG 和 PSA 两部分组成，前者用于生成入射到样品上特定偏振态的光束，后者用于分析由样品反射/透射后的光束的偏振态[16,19]。通过这种方式，PSG 产生的对应 Stokes 矢量 S_q 的光，经过样品(由其 Mueller 矩阵 M 表征)后通过对应偏振特征态为 A_q 的 PSA，最后被光强探测器接收测量，探测到的光强值为

$$I_q=A_q M S_q \tag{2.45}$$

Mueller 偏振仪的经典结构图如图 2.4 所示。当 PSG 对应 m 个偏振特征态、PSA 对应 n 个偏振特征态时，探测器获得的光强为一个 $n \times m$ 矩阵[17,19]：

$$I = A^{\mathrm{T}} MS \tag{2.46}$$

即

$$
\begin{bmatrix}
I_{1,1} & I_{1,2} & \cdots & I_{1,m} \\
I_{2,1} & I_{2,2} & \cdots & I_{2,m} \\
\vdots & \vdots & & \vdots \\
I_{n,1} & I_{n,2} & \cdots & I_{n,m}
\end{bmatrix}
=
\begin{bmatrix}
a_{1,0} & a_{1,1} & a_{1,2} & a_{1,3} \\
a_{2,0} & a_{2,1} & a_{2,2} & a_{2,3} \\
\vdots & \vdots & \vdots & \vdots \\
a_{n,0} & a_{n,1} & a_{n,2} & a_{n,3}
\end{bmatrix}
M
\begin{bmatrix}
S_{0,1} & S_{0,2} & \cdots & S_{0,m} \\
S_{1,1} & S_{1,2} & \cdots & S_{1,m} \\
S_{2,1} & S_{2,2} & \cdots & S_{2,m} \\
S_{3,1} & S_{3,2} & \cdots & S_{3,m}
\end{bmatrix}
$$

$$\tag{2.47}$$

其中，A 和 S 分别表示 PSA 和 PSG 的测量矩阵，其列向量对应 PSA 和 PSG 的每个偏振特征向量。

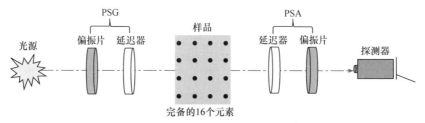

图 2.4　Mueller 偏振仪的经典结构及实物图

式(2.45)可重新表示为测量矩阵与 Mueller 向量数量积形式：

$$
I = \begin{bmatrix} I_1 \\ I_2 \\ \vdots \\ I_{n-m} \end{bmatrix} = WM =
\begin{bmatrix}
w_{1,1} & w_{1,2} & \cdots & w_{1,16} \\
w_{2,1} & w_{2,2} & \cdots & w_{2,16} \\
\vdots & \vdots & & \vdots \\
w_{n-m,1} & w_{n-m,2} & \cdots & w_{n-m,16}
\end{bmatrix}
\begin{bmatrix} m_1 \\ m_2 \\ \vdots \\ m_{16} \end{bmatrix}
\tag{2.48}
$$

将 Mueller 矩阵按字典排序的形式排列，得到矢量形式 $M = [m_1, \cdots, m_{4(i-1)+j}, \cdots, m_{16}]^{\mathrm{T}}$，其中，$m_{4(i-1)+j}$ 表示 Mueller 矩阵中位置为 (i, j) 的元素。类似地，可得到

光强向量表示 $\boldsymbol{I} = \left[I_1, \cdots, I_{n(i-1)+j}, \cdots, I_{nm} \right]^{\mathrm{T}}$。

Mueller 偏振仪对应的测量矩阵 $\boldsymbol{W}$ 是一个 $nm \times 16$ 维矩阵，可通过矩阵 $\boldsymbol{A}$ 和 $\boldsymbol{S}$ 的 Kronecker 积计算得到[20]：

$$\boldsymbol{W} = \boldsymbol{A}^{\mathrm{T}} \otimes \boldsymbol{S} \qquad (2.49)$$

由于矩阵 $\boldsymbol{A}$ 和 $\boldsymbol{S}$ 的第一行均为 $1/2$，因此式(2.48)满足 $w_{i,1} = 1/4$。与 Stokes 偏振仪类似，当 $\mathrm{rank}[\boldsymbol{W}] < 16$ 时，偏振仪是不完全的，当 $\mathrm{rank}[\boldsymbol{W}] = 16$ 时，偏振仪是完全的，可实现所有 Mueller 矩阵元素数的估计。在第二种情况下，光强的测量次数满足 $N \geqslant 16$，换句话说，对应的 PSG 和 PSA 的偏振特征态数量应满足 $n \geqslant 4$ 且 $m \geqslant 4$。通过测量矩阵的伪逆运算反解光强值获取 Mueller 矩阵各个元素的估计为

$$\boldsymbol{M} = \boldsymbol{W}^{+} \boldsymbol{I} \qquad (2.50)$$

与 Stokes 偏振仪测量系统的构成设计类似，通过得到的最优化的测量矩阵 $\boldsymbol{W}$、PSG 和 PSA 中光学元件的组合方式可对应得到最优的旋转角度、延迟器的相位延迟量。常见的 Mueller 偏振仪中 PSG/PSA 组合方式如图 2.5 所示[16]。

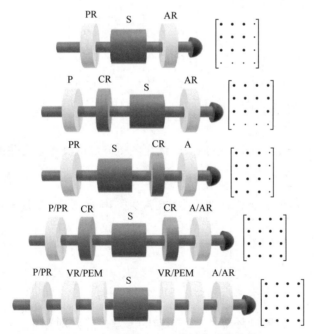

图 2.5　常见的 Mueller 偏振仪系统结构
A/P-偏振片；PR/AR-可旋转偏振片；CR-可旋转延迟器；VR-可变相位延迟器；PEM-光弹调制器；S-样品

在实际的测量过程中，大多设定 PSG 和 PSA 对应的偏振态是相同的，即 $\boldsymbol{A} = \boldsymbol{S}$。为方便论述，它们均用矩阵 $\boldsymbol{A}$ 表示，即 $\boldsymbol{W} = [\boldsymbol{A} \otimes \boldsymbol{A}]^{\mathrm{T}}$。

由于每次光强测量受到的干扰噪声在统计上是相互独立的，所以噪声造成的光强数值的波动是相互独立的，即 V_I 是一个随机向量，且每个元素 $[V_I]_i$ 都是随机变量。因此，其对应的协方差矩阵 Γ_{V_I} 是一个对角元素分别等于每次光强测量对应的噪声方差的对角矩阵[20]。

利用 Kronecker 积运算性质[21]，可从光强向量 V_I 中反解得到 Mueller 向量 V_M：

$$\hat{V}_M = \left\{ \left[A \otimes A \right]^{\mathrm{T}} \right\}^{-1} V_I = \left[\left(A^{\mathrm{T}} \right)^{-1} \otimes \left(A^{\mathrm{T}} \right)^{-1} \right] V_I = \left[A^{-1} \otimes A^{-1} \right]^{\mathrm{T}} V_I \qquad (2.51)$$

显然，$\left\langle \hat{V}_M \right\rangle = \left[A^{-1} \otimes A^{-1} \right]^{\mathrm{T}} \left\langle V_I \right\rangle = V_M$，其中 $\langle \cdot \rangle$ 表示平均算子。因此 Mueller 矩阵的估算 $\hat{V}_M$ 是一个无偏估计，其估计精度仅由估计方差决定。统计上讲，$\hat{V}_M$ 的估计方差由其协方差矩阵 Γ_{V_M} 表征。根据式(2.51)，该协方差矩阵为

$$\Gamma_{V_M} = \left[A^{-1} \otimes A^{-1} \right]^{\mathrm{T}} \Gamma_{V_I} \left[A^{-1} \otimes A^{-1} \right] \qquad (2.52)$$

Mueller 矩阵的 16 个元素的估计方差 $\mathrm{Var}[M]$ 表示为

$$\mathrm{Var}[M] = \begin{bmatrix} \sigma_1^2 & \sigma_2^2 & \sigma_3^2 & \sigma_4^2 \\ \sigma_5^2 & \sigma_6^2 & \sigma_7^2 & \sigma_8^2 \\ \sigma_9^2 & \sigma_{10}^2 & \sigma_{11}^2 & \sigma_{12}^2 \\ \sigma_{13}^2 & \sigma_{14}^2 & \sigma_{15}^2 & \sigma_{16}^2 \end{bmatrix} \qquad (2.53)$$

分别对应式(2.53)中矩阵的主对角元素，因此总的估计方差为 16 个主对角元素之和，即矩阵的迹 $\mathrm{trace}[\Gamma_{V_M}]$。

传统的针对完全 Mueller 偏振仪的优化测量方法应满足总方差值最小，即

$$A_{\mathrm{opt}} = \arg \min_A \mathrm{trace}[\Gamma_{V_M}] \qquad (2.54)$$

法国菲涅耳光学所的 Anna 等[20]验证了在常见噪声干扰下的最优测量矩阵 A 为

$$A_{\mathrm{tetra}} = \frac{1}{2} \begin{bmatrix} 1 & 1 & 1 & 1 \\ 1/\sqrt{3} & -1/\sqrt{3} & -1/\sqrt{3} & 1/\sqrt{3} \\ 1/\sqrt{3} & 1/\sqrt{3} & -1/\sqrt{3} & -1/\sqrt{3} \\ 1/\sqrt{3} & -1/\sqrt{3} & 1/\sqrt{3} & -1/\sqrt{3} \end{bmatrix} \qquad (2.55)$$

特别地，在 GAN 和 PSN 环境下，其对应的方差矩阵分别为

$$\mathrm{Var}_{\mathrm{GAN}}[M] = \sigma^2 \begin{bmatrix} 1 & 3 & 3 & 3 \\ 3 & 9 & 9 & 9 \\ 3 & 9 & 9 & 9 \\ 3 & 9 & 9 & 9 \end{bmatrix}, \quad \mathrm{Var}_{\mathrm{PSN}}[M] = \frac{[V_M]_1}{4} \begin{bmatrix} 1 & 3 & 3 & 3 \\ 3 & 9 & 9 & 9 \\ 3 & 9 & 9 & 9 \\ 3 & 9 & 9 & 9 \end{bmatrix} \qquad (2.56)$$

其中，$[V_M]_1$ 表示 Mueller 向量的第一个元素。事实上它对应了光束在经待测样品反射后的光强值。式(2.56)表明两种类型噪声下的估计方差均与待测的 Mueller 矩阵无关。特别地，式(2.47)中的最优测量矩阵 A_{tetra} 与 Stokes 偏振仪最优测量方法对应的测量矩阵相同，在庞加莱球上构成正四面体结构。

上述结果均基于 16 次光强采集的完全 Mueller 偏振仪，即 PSA 和 PSG 均只包含四个不同的偏振态。当 PSA 和 PSG 包含的偏振态数量大于 4 时，Goudail 等[22]证明了在两种噪声源下的估计方差最小化和均衡化对应的测量矩阵在庞加莱球上的点集应是 2 阶或 3 阶的球面设计，并给出了用这些最优测量策略获得的估计精度的解析表达式。Mueller 矩阵各个元素的估计方差见表 2.3。

表 2.3　不同噪声干扰下，基于任意光强采集次数的完全 Mueller 偏振仪的估计量方差[22]

噪声类型	$\text{Var}\left[m_{ij}\right]$	总方差
高斯噪声	$\dfrac{16\sigma^2}{N_{\text{PSG}}N_{\text{PSA}}}\begin{bmatrix}1&3&3&3\\3&9&9&9\\3&9&9&9\\3&9&9&9\end{bmatrix}$	$\dfrac{1600\sigma^2}{N_{\text{PSG}}N_{\text{PSA}}}$
泊松散粒噪声	$\dfrac{4m_{00}}{N_{\text{PSG}}N_{\text{PSA}}}\begin{bmatrix}1&3&3&3\\3&9&9&9\\3&9&9&9\\3&9&9&9\end{bmatrix}$	$\dfrac{400m_{00}}{N_{\text{PSG}}N_{\text{PSA}}}$

注：N_{PSG} 和 N_{PSA} 分别表示 PSG 和 PSA 的偏振态数量

2.3.2　Mueller 矩阵物理限制最大似然估计方法

对于 Mueller 矩阵的估计，也可以采用物理限制最大似然估计方法，通过利用噪声统计规律的先验和 Mueller 矩阵的物理可行性条件，实现估算精度的提升和确保估计所得的 Mueller 矩阵的物理可行性。

Mueller 矩阵物理限制最大似然估计方法与 2.2.2 节中介绍的 Stokes 矢量物理限制最大似然估计方法思路是一致的。首先讨论一下 Mueller 矩阵的物理可行性条件。

Mueller 矩阵 M 的相关矩阵 C 定义为

$$C = \sum_{i,j=0}^{3} M_{ij}\boldsymbol{\sigma}_i \otimes \boldsymbol{\sigma}_j \tag{2.57}$$

其中，M_{ij} 表示 Mueller 矩阵第 i 行第 j 列的元素；$\boldsymbol{\sigma}_i$ 和 $\boldsymbol{\sigma}_j$ 为泡利矩阵。Mueller 矩阵 M 和相关矩阵 C 是一一映射的。Mueller 矩阵物理可行的条件是其相关矩阵

C 是非负的。为了确定估计所得的 Mueller 矩阵是否是物理可行的，可以计算其相关矩阵，并将相关矩阵对角化为

$$C = V\mathrm{diag}(\boldsymbol{\lambda})V^{\mathrm{T}} \tag{2.58}$$

其中，$\boldsymbol{\lambda} = [\lambda_1, \lambda_2, \lambda_3, \lambda_4]$ 为相关矩阵的四个特征根组成的对角矩阵；V 是单位矩阵。如果这些特征根中存在负值，则其对应的 Mueller 矩阵为非物理可行的。

在高斯加性噪声情况下，Mueller 测量的似然函数是

$$L = \|I - Qm\| \tag{2.59}$$

其中，Q 为测量矩阵；m 为 16 维矢量，是将 Mueller 矩阵矢量化的表达。因此，Mueller 矩阵的最大似然估计为

$$\hat{S} = \arg\max\{L\} = \arg\max\{\|I - Qm\|\} \tag{2.60}$$

基于式(2.60)，在 Mueller 矩阵的物理可行域内寻找出使似然函数值最大的 Mueller 矩阵，即是最大似然估计的结果。

在物理可行域内对 Mueller 矩阵参数化是 Mueller 矩阵物理限制最大似然估计方法的关键。一种简单有效的 Mueller 矩阵参数化方法是，首先对相关矩阵 C 进行 Cholesky 分解(Cholesky decomposition)：

$$C = AA^{\dagger} \tag{2.61}$$

其中，

$$A = \begin{bmatrix} a_1 & 0 & 0 & 0 \\ a_5 + a_6 & a_2 & 0 & 0 \\ a_{11} + \mathrm{i}a_{12} & a_7 + \mathrm{i}a_8 & a_3 & 0 \\ a_{15} + \mathrm{i}a_{16} & a_{13} + \mathrm{i}a_{14} & a_9 + a_{10} & a_4 \end{bmatrix} \tag{2.62}$$

其中，$a_1 \sim a_{16}$ 都为实数。知道 $a_1 \sim a_{16}$ 的值，就等于知道了相关矩阵，也就等效于知道 Mueller 矩阵 M。因此，可以通过 $a_1 \sim a_{16}$ 这 16 个实数，来表征 Mueller 矩阵，并将其代入式(2.60)，通过最优化的数值求解方式，获得 Mueller 矩阵物理限制最大似然估计的结果。

在物理限制最大似然估计方法之前，也存在若干 Mueller 矩阵的估算方法。其中，最为简单直接的估算方法是直接将测量矩阵的逆矩阵乘以测量所得的光强矢量，如式(2.50)所示。这种方法没有考虑噪声的统计规律和 Mueller 矩阵的物理可行性条件，将这种估算方法称为非限制估计方法。

此外，还有一种经验型限制估计方法，该方法在非限制估计方法的基础上，考虑了 Mueller 矩阵的相关均值的特征根的值不能小于 0 这一物理可行性条件。

具体来说，经验型的限制估计方法首先利用非限制估计方法的估算得到 Mueller 矩阵，并计算 Mueller 矩阵的相关矩阵 **C** 以及相关矩阵的 4 个特征根的值。如果相关矩阵的 4 个特征根的值均不为负数，则经验型的限制估计方法的结果与非限制估计方法的结果一致；如果相关矩阵的 4 个特征根的值存在负数，则将负数的特征根归零，并基于归零操作后非负的特征根，反演出相关函数和 Mueller 矩阵。这样的话，经验型的限制估计方法可以确保计算所得的 Mueller 矩阵的相关矩阵的特征根均不为负数，从而满足了 Mueller 矩阵的物理可行性条件。

　　将物理限制最大似然估计方法、非限制估计方法和经验型限制估计方法的测量精度进行比较，并采用均方根误差作为估算精度的判据。通过蒙特卡罗方法数值模拟不同信噪比情况下高斯加性噪声下的光强测量。基于不同的方法，将光强测量的结果反演为 Mueller 矩阵，并计算各种方法估算结果的均方根误差，其结果如图 2.6 所示。从图中可以看出，相对于非限制估计方法和经验型限制估计方法，物理限制最大似然估计方法可以获得更高的 Mueller 矩阵估计精度，表现为物理限制最大似然估计方法的 Mueller 矩阵估计的均方根误差值在不同信噪比下均为最小值，这得益于物理限制最大似然估计方法既利用了噪声的统计规律的先验，又考虑了被测量的物理可行性条件。

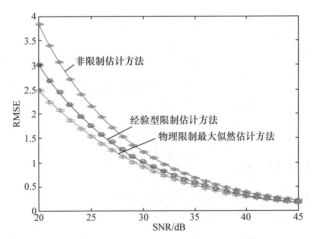

图 2.6　物理限制最大似然估计方法、非限制估计方法和经验型限制估计方法对于 Mueller 矩阵估算的均方根误差对比

2.4　椭偏参数测量方法

　　在实际应用过程中，往往部分 Mueller 元素即可完全描述待测样品的特定性质。因此，这些元素包括了对研究物体偏振特性有意义的全部有用信息[23,24]。例

如，当待测样品是各向同性的时，其 Mueller 矩阵中的一些元素等于 0，仅主对角块中有 8 个非零元素[24]。基于这 8 个非零元素可以计算得到样品(往往是薄膜、微纳结构等)对应的椭偏参数 ψ 和 Δ，进而确定样品的厚度、折射率等物理性质[15,25]。这类情况下，具有正四面体结构的测量矩阵可能不再是最优的。本节以测量各向同性样品的椭偏参数 ψ 和 Δ 为例，讨论不同噪声类型下的部分 Mueller 元素测量优化问题。

2.4.1 椭偏参数传统的测量方法

测量椭偏参数 ψ 和 Δ 的 Mueller 偏振仪，一般也被称为椭偏仪。通常根据菲涅耳系数(r_{p}：平行，r_{s}：垂直)的比值可计算得到 ψ 和 Δ[15]：

$$\rho = \frac{r_{\text{p}}}{r_{\text{s}}} = \tan\psi e^{i\Delta} \tag{2.63}$$

其中，$\tan\psi = |r_{\text{p}}/r_{\text{s}}|$ 表示反射光的幅值比；$\Delta = \delta_{\text{p}} - \delta_{\text{s}}$ 表示相位差[15]。

实际上，椭偏参数 ψ 和 Δ 与样品的 Mueller 矩阵有关。具体来说，各向同性的样品和某些满足特定条件的各向异性样品的 Mueller 矩阵可表示为

$$\boldsymbol{M} = r \begin{bmatrix} 1 & -\cos 2\psi & 0 & 0 \\ -\cos 2\psi & 1 & 0 & 0 \\ 0 & 0 & \sin 2\psi \cos\Delta & \sin 2\psi \sin\Delta \\ 0 & 0 & -\sin 2\psi \sin\Delta & \sin 2\psi \cos\Delta \end{bmatrix} \tag{2.64}$$

其中，r 表示样品的表面反射率。因此通过测量 Mueller 矩阵即可实现椭偏参数的测量。

2.4.2 仪器矩阵优化的方法

根据式(2.64)可以看出，该 Mueller 矩阵是一个对角块矩阵，且只有主对角有 8 个非零元素与 ψ 和 Δ 的估计有关，简记为

$$\boldsymbol{M} = \begin{bmatrix} m_{11} & m_{12} & 0 & 0 \\ m_{21} & m_{22} & 0 & 0 \\ 0 & 0 & m_{33} & m_{34} \\ 0 & 0 & m_{43} & m_{44} \end{bmatrix} \tag{2.65}$$

根据式(2.64)和式(2.65)可知，椭偏参数可仅由 Mueller 矩阵中的非零元素 $m_{11}, m_{12}, m_{21}, m_{22}, m_{33}, m_{34}, m_{43}, m_{44}$ 计算求得，其中的零元素与椭偏参数无关。令 Mueller 矩阵中非零元素的估计方差分别表示为

$$\text{Var}[\boldsymbol{M}] = \begin{bmatrix} \sigma_1^2 & \sigma_2^2 & \bullet & \bullet \\ \sigma_5^2 & \sigma_6^2 & \bullet & \bullet \\ \bullet & \bullet & \sigma_{11}^2 & \sigma_{12}^2 \\ \bullet & \bullet & \sigma_{15}^2 & \sigma_{16}^2 \end{bmatrix} \tag{2.66}$$

其中，符号"•"表示与讨论无关的矩阵元素；σ_i^2 表示 Mueller 矩阵中 8 个非零元素$(m_{11}, m_{12}, m_{21}, m_{22}, m_{33}, m_{34}, m_{43}, m_{44})$对应的估计方差。为了使 Mueller 矩阵中这 8 个元素的总估计方差和最小，最优的测量矩阵 $\boldsymbol{A}$ 应满足优化问题：

$$\boldsymbol{A}_{\text{8-elems}} = \arg\min_{\boldsymbol{A}} \sum_{i \in \Omega_1} \sigma_i^2, \quad \Omega_1 = \{1,2,5,6,11,12,15,16\} \tag{2.67}$$

值得注意的是，椭偏参数 ψ 和 Δ 甚至可以仅由 Mueller 矩阵中的 4 个元素计算得到，例如：

$$\boldsymbol{M} = \begin{bmatrix} m_{11} & m_{12} & \bullet & \bullet \\ \bullet & \bullet & \bullet & \bullet \\ \bullet & \bullet & m_{33} & m_{34} \\ \bullet & \bullet & \bullet & \bullet \end{bmatrix} \tag{2.68}$$

这种情况下，ψ 和 Δ 可依下式计算：

$$\psi = \frac{1}{2}\arccos\left(\frac{-m_{12}}{m_{11}}\right), \quad \Delta = \arctan\left(\frac{m_{34}}{m_{33}}\right) \tag{2.69}$$

那么，通过最小化这 4 个元素$(m_{11}, m_{12}, m_{33}, m_{34})$对应的估计方差可得到另一个最优测量矩阵 $\boldsymbol{A}$，即

$$\boldsymbol{A}_{\text{4-elems}} = \arg\min_{\boldsymbol{A}} \sum_{i \in \Omega_2} \sigma_i^2, \quad \Omega_2 = \{1,2,11,12\} \tag{2.70}$$

当光强测量或采集过程受 GAN 影响时，光强向量 $\boldsymbol{V}_I$ 是一个随机变量，它的每个元素 $[\boldsymbol{V}_I]_i$ 均服从均值为 $\langle [\boldsymbol{V}_I]_i \rangle$、方差为 σ^2 的高斯分布。因此，Mueller 向量的各个元素的估计方差分别等于：

$$\sigma_i^2 = \sigma^2 \left(\left[\boldsymbol{A}\boldsymbol{A}^{\text{T}}\right]^{-1} \otimes \left[\boldsymbol{A}\boldsymbol{A}^{\text{T}}\right]^{-1} \right)_{ii}, \quad \forall i[\in 1,16] \tag{2.71}$$

可以看到 σ_i^2 仅依赖于测量矩阵 $\boldsymbol{A}$，而与待测的 Mueller 向量无关。因此，使得 8 个元素和 4 个元素估计总方差最小的最优测量矩阵 $\boldsymbol{A}_{\text{8-elems}}^{\text{Gau}}$ 和 $\boldsymbol{A}_{\text{4-elems}}^{\text{Gau}}$ 应分别满足：

$$\boldsymbol{A}_{\text{8-elems}}^{\text{Gau}} = \arg\min_{\boldsymbol{A}} \sum_{i \in \Omega_1} \sigma^2 \left(\left[\boldsymbol{A}\boldsymbol{A}^{\text{T}}\right]^{-1} \otimes \left[\boldsymbol{A}\boldsymbol{A}^{\text{T}}\right]^{-1} \right)_{ii}$$

$$A_{\text{4-elems}}^{\text{Gau}} = \arg\min_{A} \sum_{i\in\Omega_2} \sigma^2 \left(\left[AA^{\text{T}}\right]^{-1} \otimes \left[AA^{\text{T}}\right]^{-1}\right)_{ii} \tag{2.72}$$

对于式(2.72)中的优化问题，它旨在 GAN 干扰的情况下找到使得 Mueller 矩阵中感兴趣的 8 个元素的总方差最小对应的测量矩阵。通过 SCE 全局搜寻算法[26]，得到最优的测量矩阵为

$$A_{\text{8-elems}}^{\text{Gau}} = \frac{1}{2} \begin{bmatrix} 1 & 1 & 1 & 1 \\ 0.550 & -0.550 & 0.550 & -0.550 \\ -0.653 & 0.521 & 0.653 & -0.521 \\ -0.521 & -0.653 & 0.521 & 0.653 \end{bmatrix} \tag{2.73}$$

对应的估计方差矩阵为

$$\text{Var}[M] = \sigma^2 \begin{bmatrix} \mathbf{1.00} & \mathbf{3.31} & 2.87 & 2.87 \\ \mathbf{3.31} & \mathbf{10.94} & 9.48 & 9.48 \\ 2.87 & 9.48 & \mathbf{8.22} & \mathbf{8.22} \\ 2.87 & 9.48 & \mathbf{8.22} & \mathbf{8.22} \end{bmatrix} \tag{2.74}$$

因此，与椭偏参数相关的 8 个 Mueller 元素(式中标黑)的总估计方差等于 $51.4\sigma^2$。

实际测量中，有两个最常见的测量矩阵，第一个为具有正四面体结构的矩阵[4]，在考虑所有 16 个 Mueller 元素的估计总方差的情况下，该矩阵是最优的。

另一个测量矩阵为

$$A_{\text{simp}} = \frac{1}{2} \begin{bmatrix} 1 & 1 & 1 & 1 \\ 1 & -1 & 0 & 0 \\ 0 & 0 & 1 & 0 \\ 0 & 0 & 0 & 1 \end{bmatrix} \tag{2.75}$$

因其简单可操作性被广泛应用[27,28]。这三个测量矩阵在 GAN 干扰的环境下对应的估计方差分别如表 2.4 中所示。

表 2.4 高斯加性噪声下不同测量矩阵对应的 Mueller 矩阵各元素的估计方差(8 个元素)

测量矩阵	$\text{Var}[M] = \sigma^2$	总方差 σ^2	提升比/%
A_{tetra}	$\begin{bmatrix} 1 & 3 & 3 & 3 \\ 3 & 9 & 9 & 9 \\ 3 & 9 & 9 & 9 \\ 3 & 9 & 9 & 9 \end{bmatrix}$	52	1.2
A_{simp}	$\begin{bmatrix} 4 & 4 & 12 & 12 \\ 4 & 4 & 12 & 12 \\ 12 & 12 & 36 & 36 \\ 12 & 12 & 36 & 36 \end{bmatrix}$	160	67.9

测量矩阵	$\mathrm{Var}[\boldsymbol{M}] = \sigma^2$	总方差 σ^2	提升比/%
$A_{8\text{-elems}}^{\mathrm{Gau}}$	$\begin{bmatrix} 1.00 & 3.31 & 2.87 & 2.87 \\ 3.31 & 10.94 & 9.48 & 9.48 \\ 2.87 & 9.48 & 8.22 & 8.22 \\ 2.87 & 9.48 & 8.22 & 8.22 \end{bmatrix}$	51.4	0

从表 2.4 中可以看出,通过优化分析部分 Mueller 元素提出的最优测量矩阵自然地对应了这部分元素最小的总估计方差。特别是与具有正四面体结构的测量矩阵 A_{tetra} 相比,总方差可略微降低 1.2%,而与最常用的测量矩阵 A_{simp} 相比,总方差可降低 67.9%。

根据式(5.68)和式(5.69)可知,只需要 4 个 Mueller 元素即可计算椭偏参数。在这种情况下,优化问题如式(5.70)所示,该优化问题旨在找到最小化 Mueller 矩阵中 4 个元素总方差的最优测量矩阵。利用 SCE 算法进行全局优化搜寻,可得到对应的最优测量矩阵为

$$A_{4\text{-elems}}^{\mathrm{Gau}} = \frac{1}{2}\begin{bmatrix} 1 & 1 & 1 & 1 \\ 0.443 & 0.443 & -0.443 & -0.443 \\ 0.732 & -0.732 & 0.732 & -0.732 \\ 0.518 & -0.518 & -0.518 & 0.518 \end{bmatrix} \tag{2.76}$$

需要指出的是,通过改变 $A_{4\text{-elems}}^{\mathrm{Gau}}$ 后三行的元素的符号,可得到另一个最优测量矩阵解 $A_{4\text{-elems}}^{\mathrm{Gau}^*}$。对应的估计方差矩阵均为

$$\mathrm{Var}[\boldsymbol{M}] = \sigma^2 \begin{bmatrix} \mathbf{1.00} & \mathbf{5.10} & 1.87 & 3.73 \\ 5.10 & 25.99 & 9.51 & 19.03 \\ 1.87 & 9.51 & \mathbf{3.48} & \mathbf{6.96} \\ 3.73 & 19.03 & 6.96 & 13.93 \end{bmatrix} \tag{2.77}$$

因此,与椭偏参数相关的 4 个元素(式中标黑)的总估计方差等于 $16.5\sigma^2$。同样地,不同测量矩阵对应的估计方差矩阵对比如表 2.5 所示。

表 2.5　高斯加性噪声下不同测量矩阵对应的 Mueller 矩阵各元素的估计方差(4 个元素)

测量矩阵	$\mathrm{Var}[\boldsymbol{M}] = \sigma^2$	总方差 σ^2	提升比/%
A_{tetra}	$\begin{bmatrix} 1 & 3 & 3 & 3 \\ 3 & 9 & 9 & 9 \\ 3 & 9 & 9 & 9 \\ 3 & 9 & 9 & 9 \end{bmatrix}$	22	25

续表

测量矩阵	$\mathrm{Var}[\boldsymbol{M}] = \sigma^2$	总方差 σ^2	提升比/%
$\boldsymbol{A}_{\mathrm{simp}}$	$\begin{bmatrix} 4 & 4 & 12 & 12 \\ 4 & 4 & 12 & 12 \\ 12 & 12 & 36 & 36 \\ 12 & 12 & 36 & 36 \end{bmatrix}$	80	79.4
$\boldsymbol{A}_{\mathrm{4\text{-}elems}}^{\mathrm{Gau}}$	$\begin{bmatrix} 1.00 & 3.31 & 2.87 & 2.87 \\ 3.31 & 10.94 & 9.48 & 9.48 \\ 2.87 & 9.48 & 8.22 & 8.22 \\ 2.87 & 9.48 & 8.22 & 8.22 \end{bmatrix}$	16.5	0

由表 2.5 可以看出，对于 4 个 Mueller 元素的总估计方差，式(2.76)中的最优测量矩阵具有最低的估计方差，因此对应最高的测量精度。具体来说，与具有正四面体结构的测量矩阵 $\boldsymbol{A}_{\mathrm{tetra}}$ 相比，采用 $\boldsymbol{A}_{\mathrm{4\text{-}elems}}^{\mathrm{Gau}}$ 时总方差可以降低约 25%，而与最简单可行的测量矩阵 $\boldsymbol{A}_{\mathrm{simp}}$ 相比，采用 $\boldsymbol{A}_{\mathrm{4\text{-}elems}}^{\mathrm{Gau}}$ 时总方差降低了约 79.4%。但值得注意的是，实际上最优的测量矩阵虽然降低了这 4 个元素的总方差，但代价是增加了其他元素(m_{22}, m_{24}, m_{42} 等)的估计方差。

当噪声类型为泊松型时，光强向量的每个元素 $[\boldsymbol{V}_I]_i$ 服从均值和方差均等于 $\langle [\boldsymbol{V}_I]_i \rangle$ 的泊松分布，因此光强测量的协方差矩阵 $\boldsymbol{\Gamma}_{\boldsymbol{V}_I}$ 是主对角元素均等于对应光强测量值均值的对角矩阵：

$$\left[\boldsymbol{\Gamma}_{\boldsymbol{V}_I} \right]_{ii} = \left\langle [\boldsymbol{V}_I]_i \right\rangle = \sum_{k=1}^{16} [\boldsymbol{A} \otimes \boldsymbol{A}]_{ik}^{\mathrm{T}} [\boldsymbol{V}_M]_k, \quad i \in [1, 16] \tag{2.78}$$

与 GAN 环境下的估计不同，Mueller 向量第 i 个元素 $[\boldsymbol{V}_M]_i$ 对应的估计方差与待测的 Mueller 矩阵有关：

$$\sigma_i^2 = \sum_{k=1}^{16} [\boldsymbol{V}_M]_k \sum_{n=1}^{16} \left(\left[\boldsymbol{A}^{-1} \otimes \boldsymbol{A}^{-1} \right]_{ni} \right)^2 [\boldsymbol{A} \otimes \boldsymbol{A}]_{nk}^{\mathrm{T}} \tag{2.79}$$

考虑到测量矩阵 $\boldsymbol{A}$ 的第一行元素均等于 1/2，因此矩阵 $[\boldsymbol{A} \otimes \boldsymbol{A}]^{\mathrm{T}}$ 的第一列元素均等于 1/4。进一步地，式(2.65)可展开表示为

$$\sigma_i^2 = \frac{[\boldsymbol{V}_M]_1}{4} \sum_{n=1}^{16} \left(\left[\boldsymbol{A}^{-1} \otimes \boldsymbol{A}^{-1} \right]_{nt} \right)^2 + \sum_{k=2}^{16} [\boldsymbol{V}_M]_k \sum_{n=1}^{16} \left(\left[\boldsymbol{A}^{-1} \otimes \boldsymbol{A}^{-1} \right]_{ni} \right)^2 [\boldsymbol{A} \otimes \boldsymbol{A}]_{nk}^{\mathrm{T}}$$

$$\tag{2.80}$$

从式(2.80)的第二项可以看出，方差 σ_i^2 依赖于待测 Mueller 矩阵的各个元素，即测量精度既依赖于测量矩阵，也依赖于被测的 Mueller 矩阵。为了克服这个缺

点，即满足最优测量方法对应的测量精度与 V_M 无关，就要求式(2.80)的第二项等于零，即

$$\sum_{k=2}^{16}[V_M]_k\sum_{n=1}^{16}\left(\left[A^{-1}\otimes A^{-1}\right]_{ni}\right)^2[A\otimes A]_{nk}^{\mathrm{T}}=0 \qquad (2.81)$$

此外，最优的测量方法对应的测量矩阵应同时使得第一项的数值最低。因此，PDN 干扰环境下的最优测量矩阵也应满足：

$$\begin{cases}A_{8\text{-elems}}^{\mathrm{Poi}}=\arg\min_{A}\sum_{i\in\Omega_1}\dfrac{[V_M]_1}{4}\sum_{n=1}^{16}\left(\left[A^{-1}\otimes A^{-1}\right]_{ni}\right)^2\\[4mm]A_{4\text{-elems}}^{\mathrm{Poi}}=\arg\min_{A}\sum_{i\in\Omega_2}\dfrac{[V_M]_1}{4}\sum_{n=1}^{16}\left(\left[A^{-1}\otimes A^{-1}\right]_{ni}\right)^2\end{cases} \qquad (2.82)$$

根据 Kronecker 积和矩阵运算的性质，有

$$\sum_{i\in\Omega_1}\sum_{n=1}^{16}\left(\left[A^{-1}\otimes A^{-1}\right]_{ni}\right)^2=\sum_{i\in\Omega_1}\left(\left[AA^{\mathrm{T}}\right]^{-1}\otimes\left[AA^{\mathrm{T}}\right]^{-1}\right)_{ii} \qquad (2.83)$$

这也就意味着式(2.82)中的两个优化问题具有相同的最优解。唯一的区别在于方差项 σ^2 由 $[V_M]_1/4$ 代替。但考虑到两者均为常数，不影响优化问题最优解的确定。换句话说，PSN 下的最优解和 GAN 下的最优解相同：

$$\begin{cases}A_{8\text{-elems}}^{\mathrm{Poi}}=A_{8\text{-elems}}^{\mathrm{Gau}}=\dfrac{1}{2}\begin{bmatrix}1 & 1 & 1 & 1\\0.550 & -0.550 & 0.550 & -0.550\\-0.653 & 0.521 & 0.653 & -0.521\\-0.521 & -0.653 & 0.521 & 0.653\end{bmatrix}\\[12mm]A_{4\text{-elems}}^{\mathrm{Poi}}=A_{4\text{-elems}}^{\mathrm{Gau}}=\dfrac{1}{2}\begin{bmatrix}1 & 1 & 1 & 1\\0.443 & 0.443 & -0.443 & -0.443\\0.732 & -0.732 & 0.732 & -0.732\\0.518 & -0.518 & -0.518 & 0.518\end{bmatrix}\end{cases} \qquad (2.84)$$

其对应的 Mueller 矩阵的估计方差矩阵分别为

$$\begin{cases}8\text{元素(式中标黑)：}\mathrm{Var}[M]=\dfrac{[V_M]_1}{4}\begin{bmatrix}\mathbf{1.00} & \mathbf{3.31} & 2.87 & 2.87\\\mathbf{3.31} & \mathbf{10.94} & 9.48 & 9.48\\2.87 & 9.48 & \mathbf{8.22} & \mathbf{8.22}\\2.87 & 9.48 & \mathbf{8.22} & \mathbf{8.22}\end{bmatrix}\\[16mm]4\text{元素(式中标黑)：}\mathrm{Var}[M]=\dfrac{[V_M]_1}{4}\begin{bmatrix}\mathbf{1.00} & \mathbf{5.10} & 1.87 & 3.73\\5.10 & 25.99 & 9.51 & 19.03\\1.87 & 9.51 & \mathbf{3.48} & \mathbf{6.96}\\3.73 & 19.03 & 6.96 & 13.93\end{bmatrix}\end{cases} \qquad (2.85)$$

当环境受 PSN 干扰时，式(2.85)中的结果与 GAN 的结果相似，参见式(2.85)和式(2.84)。唯一的区别是，在 PSN 的情况下，σ^2 由 $[V_M]_1 / 4$ 代替。这与式(2.68)对应的解释说明是吻合的。需要注意的是，对于某些特定的测量矩阵 A 与被测 Mueller 矩阵 M 的组合，其估计方差可能低于式(2.85)中的结果，因为在这种情况下，式(2.80)的第二项可能为负。但这样的测量矩阵 A 会导致对其他待测 Mueller 矩阵的估计方差较大，因此该测量矩阵的全局性能不如式(2.85)给出的最优测量矩阵，不具有普适性。

接下来将比较在 PSN 存在的情况下，不同测量矩阵对应的估计方差(即测量精度)。需要注意的是，对于测量矩阵 A_{tetra} 和 $A_{\text{8-elems}}^{\text{Poi}}$(或 $A_{\text{4-elems}}^{\text{Poi}}$)，估计方差不依赖于样本的椭偏参数，但测量矩阵 A_{simp} 对应的估计方差与被测的椭偏参数有关，这与理论分析是一致的。为了寻找对应测量矩阵 A_{simp} 的最小估计方差，通过遍历 ψ 和 Δ 的值(在 0°～180°间变化)，可以模拟所有可能的被测 Mueller 矩阵。基于 8 个元素和 4 个元素分析对应得到的总方差随 ψ 和 Δ 不同取值的变化如图 2.7所示。

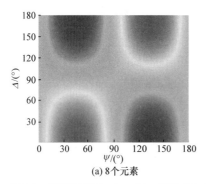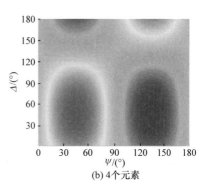

(a) 8 个元素　　　　　　　　　　　　　　(b) 4 个元素

图 2.7　测量矩阵为 A_{simp} 时，部分 Mueller 元素的估计总方差随待测椭偏参数的关系图

根据图 2.7 可以看出，当 $(\psi, \Delta) = (135°, 0°)$(或 $(\psi, \Delta) = (45°, 180°)$)时，8 个元素的总方差达到最小值 128(图 2.7(a))，而当 $(\psi, \Delta) = (135°, 45°)$ 时，4 个元素的总方差达到最小值 57.4(图 2.7(b))。

在最优的测量矩阵条件下，8 个元素和 4 个元素的对应估计方差如表 2.6 所示。由于测量矩阵 A_{simp} 对应的估计方差依赖于被测的 Mueller 矩阵和椭偏参数，用符号"⩾"表示能找到的最小方差，用以进行对比。

表 2.6　泊松散斑噪声下，不同测量矩阵对应的部分 Mueller 元素估计总方差对比

测量矩阵	估计方差 $[V_M]_i/4$		提升比/%	
	8 个元素	4 个元素	8 个元素	4 个元素
A_{tetra}	52	22	1.2	25
A_{simp}	⩾128	⩾57.4	⩾59.8	⩾71.3
$A_{8\text{-elems}}^{\text{Poi}}$	51.4	—	0	—
$A_{4\text{-elems}}^{\text{Poi}}$	—	16.5	—	0

由表 2.6 可知，与测量矩阵 A_{simp} 相比，本章提出的最优测量矩阵对应的 Mueller 矩阵中的 8 个元素和 4 个元素的估计方差分别减少了至少 59.8% 和 71.3%。与具有正四面体结构的测量矩阵 A_{tetra} 相比，当仅考虑与椭偏参数相关的 4 个 Mueller 元素时，总方差可减少 25%。这些结果表明，本章所提出的最优测量矩阵可以使与椭偏参数相关的部分 Mueller 元素的估计总方差更小，有效地提高了估计精度，特别是对于基于 4 元素分析得到的最优测量矩阵。

上述分析都是基于构成 PSG 和 PSA 的光学元件是理想的这个前提。在实际应用中，估计方差实际上与光学元件在相应 PSG 和 PSA 上的方位角是否校准有关，光学元件的不理想会使得其对应的测量矩阵偏离最优矩阵[4]。因此，为 PSG 和 PSA 选择高质量的光学元件有利于搭建、实现更接近于最优解的测量矩阵，从而抑制噪声的传播、降低估计方差、提高测量精度。

2.4.3　最小测量次数的方法

传统的完全 Mueller 偏振仪获取偏振信息至少需要 16 次光强测量值。但是对于 Mueller 元素具有特殊分布规律的样品，其 Mueller 矩阵的元素自由度 $D<16$，因此在这类情况下仅需 D 次光强测量即可实现目标信息的获取和解析[29,30]。特别是针对测量椭偏参数 (Δ,ψ) 的 Mueller 椭偏仪，各向同性的样品对应的 Mueller 矩阵仅主对角位置有 8 个非零元素，因此理论上 8 次光强测量即可实现椭偏参数的测量和估计，也就意味着可以实现所有偏振信息的获取。那么，传统的基于 16 次光强测量的方法就不再是最佳的选择。特别地，这 8 个元素实际只与 4 个未知参数有关，即 $D \leqslant 4$，因此有效的光强测量次数最多可减少至 4 次。

基于较少次数光强测量的 Mueller 偏振仪对应的 PSG 和 PSA 的结构可能和传统的完全 Mueller 偏振仪的结构不同，在不同噪声(GAN 和 PSN)干扰下对噪声传输的调制亦有不同。如何通过优化选择 PSG 和 PSA 的结构、设计最优化的测量方法，提高测量精度是研究此类偏振仪的主要问题。

针对各向同性样品研究中关于椭偏参数 (Δ,ψ) 测量的 Mueller 椭偏仪，本节围绕"少光强测量"下的 Mueller 矩阵部分元素估计展开优化测量方法研究，根据各向同性样品 Mueller 元素的分布特点，分别建立了 8 次和 4 次光强采集的估计模型，给出了估计误差小、鲁棒性高的优化测量方法。

回顾各向同性样品对应的 Mueller 矩阵：

$$\boldsymbol{M} = r\begin{bmatrix} 1 & a & 0 & 0 \\ a & 1 & 0 & 0 \\ 0 & 0 & b & c \\ 0 & 0 & -c & b \end{bmatrix} \tag{2.86}$$

其中，$a = -\cos 2\psi$；$b = \sin 2\psi \cos \Delta$；$c = \sin 2\psi \sin \Delta$。

式(2.72)可由 8 次光强测量反解得到。一种可行的方案是：PSG 包括 2 个偏振特征态，PSA 包括 4 个偏振特征态，反之亦然。PSG 和 PSA 对应的测量矩阵分别为

$$\begin{cases} \boldsymbol{S} = \begin{bmatrix} 1 & \cos 2\alpha_1 \cos 2\varepsilon_1 & \sin 2\alpha_1 \cos 2\varepsilon_1 & \sin 2\varepsilon_1 \\ 1 & \cos 2\alpha_2 \cos 2\varepsilon_2 & \sin 2\alpha_2 \cos 2\varepsilon_2 & \sin 2\varepsilon_2 \end{bmatrix}^{\mathrm{T}} \\ \boldsymbol{T} = \begin{bmatrix} 1 & \cos 2\alpha_3 \cos 2\varepsilon_3 & \sin 2\alpha_3 \cos 2\varepsilon_3 & \sin 2\varepsilon_3 \\ 1 & \cos 2\alpha_4 \cos 2\varepsilon_4 & \sin 2\alpha_4 \cos 2\varepsilon_4 & \sin 2\varepsilon_4 \\ 1 & \cos 2\alpha_5 \cos 2\varepsilon_5 & \sin 2\alpha_5 \cos 2\varepsilon_5 & \sin 2\varepsilon_5 \\ 1 & \cos 2\alpha_6 \cos 2\varepsilon_6 & \sin 2\alpha_6 \cos 2\varepsilon_6 & \sin 2\varepsilon_6 \end{bmatrix}^{\mathrm{T}} \end{cases} \tag{2.87}$$

其中，$(\alpha_i, \varepsilon_i)$ 分别表示偏振特征态对应的偏振角和椭圆率。

根据式(2.83)可以得到 8 次光强测量值为

$$V_I^8 = \left[\boldsymbol{W}_{S,T}^8 \right]^{\mathrm{T}} V_M^8 \tag{2.88}$$

其中，符号"8"表示矩阵/向量的维度为 8。因此 V_I^8 和 V_M^8 分别表示 8 次光强测量值对应的光强向量和由 8 个非零 Mueller 元素构成的 Mueller 向量

$$V_M^8 = r[1, a, a, 1, b, -c, c, b]^{\mathrm{T}} \tag{2.89}$$

根据式(2.89)，可知新的测量矩阵 $\boldsymbol{W}_{S,T}^8 = [\boldsymbol{T} \otimes \boldsymbol{S}]^{\mathrm{T}}$。同样地，通过反解新光强向量，可得到 Mueller 向量的估计值为

$$\hat{V}_M^8 = \left(\left[\boldsymbol{W}_{S,T}^8 \right]^{\mathrm{T}} \right)^{-1} V_I^8 \tag{2.90}$$

令 $\boldsymbol{\Gamma}_{V_I^8}$ 表示光强测量的协方差矩阵，因此 Mueller 向量 $\hat{V}_M^8$ 的协方差矩阵为

$$\boldsymbol{\Gamma}_{\hat{V}_M^8} = \left(\left[\boldsymbol{W}_{S,T} \right]^{-1} \right)^{\mathrm{T}} \boldsymbol{\Gamma}_{V_I^8} \left[\boldsymbol{W}_{S,T} \right]^{-1} \tag{2.91}$$

协方差矩阵 $\Gamma_{V_M^8}$ 的主对角元素对应 8 个非零 Mueller 元素的方差 $\sigma_i^2, i \in [1,8]$。因此，最优化的测量矩阵组合 $(\boldsymbol{S}, \boldsymbol{T})$ 应满足：

$$\left(\boldsymbol{S}_{8\text{-opt}}, \boldsymbol{T}_{8\text{-opt}}\right) = \arg\min_{\boldsymbol{S},\boldsymbol{T}} \sum_{i=1}^{8} \sigma_i^2 \tag{2.92}$$

当噪声是 GAN(方差 σ^2)时，Mueller 向量 V_M^8 的各个元素的估计方差分别为

$$\sigma_i^2 = \sigma^2 \left[\left(\left[\boldsymbol{W}_{S,T}^8 \right]^{-1} \right)^{\mathrm{T}} \left[\boldsymbol{W}_{S,T}^8 \right]^{-1} \right]_{ii}, \quad \forall i \in [1,8] \tag{2.93}$$

当噪声类型为 PSN 时，Mueller 向量 V_M^8 的各个元素的估计方差分别为

$$\sigma_i^2 = \frac{\left[V_M^8 \right]_1}{4} \sum_{n=1}^{8} \left(\left[\boldsymbol{Q}_{S,T}^8 \right]^{-1} \right)_{nn}^2 + f\left(V_M^8 \right) \tag{2.94}$$

为了便于后文讨论，令

$$f\left(V_M^8 \right) = \sum_{k=2}^{8} \left[V_M^8 \right]_k \sum_{n=1}^{8} \left(\left[\boldsymbol{Q}_{S,T}^8 \right]^{-1} \right)_{nn}^2 \left[\boldsymbol{Q}_{S,T}^8 \right]_{nk}^{\mathrm{T}} \tag{2.95}$$

式(2.95)中的第二项 $f\left(V_M^8 \right)$ 反映了估计方差与待测 Mueller 元素之间的关联性。当且仅当 $f\left(V_M^8 \right) = 0$ 时，估计方差与待测 Mueller 向量中的元素无关。

为找到基于 8 次光强测量的最小总方差对应测量矩阵组合 $(\boldsymbol{S}, \boldsymbol{T})$ 的最优解，可采用全局优化算法进行数值求解。PSG 和 PSA 的偏振特征态向量都包含两个参数(偏振角和椭圆率)，因此数值搜索涉及优化 PSG(4 个参数)和 PSA(8 个参数)的共计 12 个参数。本章采用内点搜寻算法[31]，该算法作为求解线性和非线性凸优化问题的常用算法可快速收敛到全局最优解。

通过对优化问题采用内点算法，可直接得到 GAN 干扰下 PSG 和 PSA 对应的 12 个参数的最优集合，然后根据这 12 个参数计算出最优测量矩阵组合 $(\boldsymbol{S}, \boldsymbol{T})$ 为

$$\begin{cases} \boldsymbol{S}_{8\text{-opt}}^{\text{Gau}} = \frac{1}{2} \begin{bmatrix} 1 & 0.55 & 0.59 & 0.59 \\ 1 & -0.55 & 0.59 & -0.59 \end{bmatrix}^{\mathrm{T}} \\ \boldsymbol{T}_{8\text{-opt}}^{\text{Gau}} = \frac{1}{2} \begin{bmatrix} 1 & 0.55 & 0.59 & 0.59 \\ 1 & 0.55 & -0.59 & -0.59 \\ 1 & -0.55 & 0.59 & -0.59 \\ 1 & -0.55 & -0.59 & 0.59 \end{bmatrix}^{\mathrm{T}} \end{cases} \tag{2.96}$$

进一步地，将式(2.96)代入式(2.94)可得到 Mueller 向量 V_M^8 的各个元素的在 GAN 干扰环境下的估计方差，为方便理解，将这些方差放在 Mueller 方差矩阵中

对应的位置：

$$\mathrm{Var}[\boldsymbol{M}] = \sigma^2 \begin{bmatrix} 2.0 & 6.6 & \bullet & \bullet \\ 6.6 & 21.9 & \bullet & \bullet \\ \bullet & \bullet & 16.4 & 16.4 \\ \bullet & \bullet & 16.4 & 16.4 \end{bmatrix} \tag{2.97}$$

根据上式可计算得到估计总方差等于 $102.8\sigma^2$。

　　然而，在 PSN 干扰的环境下，式(2.82)中的最优解对应的估计方差可能与测量矩阵和待测的 Mueller 元素均有关。因此优化的目标是找到一组最佳的测量矩阵组合 $(\boldsymbol{S},\boldsymbol{T})$，使其对应的总方差最小且不依赖于待测 Mueller 矩阵的具体值。这就意味着 $(\boldsymbol{S},\boldsymbol{T})$ 应满足 $f\left(V_M^8\right)=0$。全局优化搜寻的结果表明，PSN 对应的最优测量矩阵组合 $(\boldsymbol{S},\boldsymbol{T})$ 与 GAN 对应的最优测量矩阵组合相同，即

$$\left(\boldsymbol{S}_{8\text{-opt}}^{\mathrm{Poi}}, \boldsymbol{T}_{8\text{-opt}}^{\mathrm{Poi}}\right) = \left(\boldsymbol{S}_{8\text{-opt}}^{\mathrm{Gau}}, \boldsymbol{T}_{8\text{-opt}}^{\mathrm{Gau}}\right), \tag{2.98}$$

总的估计方差等于 $102.8\left[V_M^8\right]_1 / 4$。其中 $\left[V_M^8\right]_1$ 表示 Mueller 向量的第一个元素，实际上对应了光经过样品的反射后的强度值。最优解对应的偏振特征态参数集 (α,ε) 如表 2.7 所示。

表 2.7　高斯或泊松噪声下，基于 8 次光强测量的最优偏振角和椭圆率 (α,ε) (8 个元素)

参数	PSG	PSA
(α,ε)	(66:48°, 18:10°)	(−23:52°, −18:10°)
	(23:52°, 18:10°)	(66:48°, −18:10°)
		(−66:48°, 18:10°)
		(23.52°, 18:10°)

　　上节讨论了对于各向同性的样品，由于其 Mueller 矩阵只有主对角块位置有 8 个非零元素。因此在实际测量中可仅通过 8 次光强测量反解出部分 Mueller 元素，从而计算得到椭偏参数。但进一步发现这 8 个非零元素只与 4 个未知参数(式(2.86)中的 r,a,b,c)相关。是否可以仅通过 4 次光强测量反解与椭偏参数相关的 4 个未知参数？如果可以的话，最优的测量方法是什么？

　　为了实现 4 次测量，根据 PSG 和 PSA 的偏振特征态的数量，本节分别提出了两类测量装置："1×4"型和"2×2"型。

　　首先提出的是一种基于 4 次光强测量的策略，称为"1×4"型策略。在该策略中，PSG 仅包含一种固定的偏振特征态，而 PSA 则包含 4 种不同的偏振特征态，通过 PSG 和 PSA 组合实现 4 次光强测量。

"1×4" 型下，S 降维表示为一维列向量。为便于后文论述，PSG 和 PSA 包含的特征向量重新表示为

$$S\left(\alpha^{S},\varepsilon^{S}\right)=[1,S_{1},S_{2},S_{3}]^{T}=\left[1,\cos 2\alpha^{S}\cos 2\varepsilon^{S},\sin 2\alpha^{S}\cos 2\varepsilon^{S},\sin \varepsilon^{S}\right]^{T},$$

$$T_{i}\left(\alpha_{i}^{T},\varepsilon_{i}^{T}\right)=[1,t_{i1},t_{i2},t_{i3}]^{T}=\left[1,\cos 2\alpha_{i}^{T}\cos 2\varepsilon_{i}^{T},\sin 2\alpha_{i}^{T}\cos 2\varepsilon_{i}^{T},\sin \varepsilon_{i}^{T}\right]^{T}$$

(2.99)

其中，$i\in[1,4]$。进一步地，光强测量表达式可展开表示为

$$I=\frac{1}{2}\begin{bmatrix}1 & t_{11} & s_1 & s_1t_{11} & s_2t_{12} & s_2t_{13} & s_3t_{12} & s_3t_{13}\\ 1 & t_{21} & s_1 & s_1t_{21} & s_2t_{22} & s_2t_{23} & s_3t_{22} & s_3t_{23}\\ 1 & t_{31} & s_1 & s_1t_{31} & s_2t_{32} & s_2t_{33} & s_3t_{32} & s_3t_{33}\\ 1 & t_{41} & s_1 & s_1t_{41} & s_2t_{42} & s_2t_{43} & s_3t_{42} & s_3t_{43}\end{bmatrix}\begin{bmatrix}r\\ ra\\ ra\\ r\\ rb\\ -rc\\ rc\\ rb\end{bmatrix}$$

(2.100)

令 $V_{M}^{4}=[r,ra,rb,rc]^{T}$ 表示待测的 4 维未知参数向量，也称为 Mueller 向量。PSG 和 PSA 对应的测量矩阵表示为

$$W=\begin{bmatrix}W_{11} & W_{12} & W_{13} & W_{14}\\ W_{21} & W_{22} & W_{23} & W_{24}\\ W_{31} & W_{32} & W_{33} & W_{34}\\ W_{41} & W_{42} & W_{43} & W_{44}\end{bmatrix}=\frac{1}{2}\begin{bmatrix}1+s_1t_{11} & t_{11}+s_1 & s_2t_{12}+s_3t_{13} & s_3t_{12}-s_2t_{13}\\ 1+s_1t_{21} & t_{21}+s_1 & s_2t_{22}+s_3t_{23} & s_3t_{22}-s_2t_{23}\\ 1+s_1t_{31} & t_{31}+s_1 & s_2t_{32}+s_3t_{33} & s_3t_{32}-s_2t_{33}\\ 1+s_1t_{41} & t_{41}+s_1 & s_2t_{42}+s_3t_{43} & s_3t_{42}-s_2t_{43}\end{bmatrix}$$

(2.101)

因此，光强测量的表达式(2.86)可由一个矩阵形式描述：

$$I=WV_{M}^{4}$$

(2.102)

值得注意的是 $a^2+b^2+c^2=1$，这就意味着 Mueller 向量具有和传统 Stokes 矢量相似的结构特性。此外，根据式(2.102)可知，测量矩阵的各行元素之间满足：

$$W_{i1}^2=W_{i2}^2+W_{i3}^2+W_{i4}^2,\quad \forall i\in\{1,2,3,4\}$$

(2.103)

这与 Stokes 偏振仪中的测量矩阵也是高度相似。唯一的区别在于 Stokes 偏振仪中测量矩阵第一列的 4 个元素 W_{i1} 均等于 $1/2$，而在 Mueller 向量偏振仪中的测量矩阵看上去并不一定满足这一特征。

在实际测量过程中，由于光强测量受环境噪声的影响，式(2.102)并不严格成

立，这时光强向量 $\boldsymbol{I}$ 是一个随机向量，其各个元素都是随机变量。可通过反解测量矩阵 $\boldsymbol{W}$ 从含噪光强测量向量中估计 Mueller 向量：

$$\hat{\boldsymbol{V}}_M^4 = \boldsymbol{W}^{-1}\boldsymbol{I} \tag{2.104}$$

接下来，根据测量得到的 Mueller 向量 $\hat{\boldsymbol{V}}_M^4$ 可计算得到椭偏参数：

$$\psi = \frac{1}{2}\arccos(-a) = \frac{1}{2}\arccos\left(\frac{-\left[\hat{\boldsymbol{V}}_M^4\right]_2}{\left[\hat{\boldsymbol{V}}_M^4\right]_1}\right), \quad \varDelta = \arctan\left(\frac{c}{b}\right) = \arctan\left(\frac{\left[\hat{\boldsymbol{V}}_M^4\right]_4}{\left[\hat{\boldsymbol{V}}_M^4\right]_3}\right) \tag{2.105}$$

其中，$\left[\hat{\boldsymbol{V}}_M^4\right]_i$ 表示 Mueller 向量的第 i 个元素。

因此优化 Mueller 向量的估计有利于实现更高的椭偏参数测量精度。此外，$\left\langle\hat{\boldsymbol{V}}_M^4\right\rangle = \boldsymbol{W}^{-1}\left\langle\boldsymbol{I}\right\rangle = \boldsymbol{V}_M^4$ 表明该估计是无偏估计，其测量精度仅由估计方差决定。而 Mueller 向量的估计方差可由其对应的协方差矩阵 $\boldsymbol{\varGamma}_{\hat{\boldsymbol{V}}_M^4}$ 表征：

$$\boldsymbol{\varGamma}_{\hat{\boldsymbol{V}}_M^4} = \boldsymbol{W}^{-1}\boldsymbol{\varGamma}_{\boldsymbol{I}}\left(\boldsymbol{W}^{-1}\right)^{\mathrm{T}} \tag{2.106}$$

其中，$\boldsymbol{\varGamma}_{\boldsymbol{I}}$ 表示光强测量的协方差矩阵。

Mueller 向量 $\hat{\boldsymbol{V}}_M^4$ 的各个元素的估计方差 γ_i 分别等于协方差矩阵的主对角元素 $\left[\boldsymbol{\varGamma}_{\hat{\boldsymbol{V}}_M^4}\right]_{ii}$，因此总的估计方差等于协方差矩阵 $\boldsymbol{\varGamma}_{\hat{\boldsymbol{V}}_M^4}$ 的迹。优化的目标即找到最优的测量矩阵 $\boldsymbol{W}_{\mathrm{opt}}$ 使得总估计方差最小：

$$\boldsymbol{W}_{\mathrm{opt}} = \arg\min_{\boldsymbol{W}}\left(\sum_{i=1}^4 \gamma_i\right) \tag{2.107}$$

在 GAN 干扰的环境下，光强测量的协方差矩阵是主对角元素均为噪声方差 σ^2 的主对角矩阵，Mueller 向量的协方差矩阵为

$$\boldsymbol{\varGamma}_{\hat{\boldsymbol{V}}_M^4} = \left[\boldsymbol{W}^{-1}\left(\boldsymbol{W}^{-1}\right)^{\mathrm{T}}\right]\sigma^2 \tag{2.108}$$

因此，$\hat{\boldsymbol{V}}_M^4$ 的各个元素的估计方差 γ_i 为

$$\gamma_i = \left[\boldsymbol{\varGamma}_{\hat{\boldsymbol{V}}_M^4}\right]_{ii} = \left[\boldsymbol{W}^{-1}\left(\boldsymbol{W}^{-1}\right)^{\mathrm{T}}\right]_{ii}\sigma^2 \tag{2.109}$$

且与待测的 Mueller 向量无关，当然这是 GAN 的特性决定的。总的估计方差等于：

$$\sum_{i=1}^4 \gamma_i = \sigma^2 \cdot \mathrm{trace}\left[\boldsymbol{W}^{-1}\left(\boldsymbol{W}^{-1}\right)^{\mathrm{T}}\right] \tag{2.110}$$

因此在 GAN 环境下的最优化问题可描述为

$$W_{\text{opt}}^{\text{Gau}} = \arg\min_{W}\left\{\text{trace}\left[W^{-1}\left(W^{-1}\right)^{\text{T}}\right]\right\} \tag{2.111}$$

最优解析解表明，最优化的 PSG 和 PSA 应满足以下性质。

(1) 对于 PSG 偏振特征向量 S 应满足第 2 个元素 $S_1 = 0$。

(2) PSA 包含的 4 个偏振特征态在庞加莱球上应构成正四面体结构。

满足以上两条性质的 PSG 和 PSA 偏振特征态(向量)确定的测量矩阵 W_{opt} 同样在庞加莱球上构成一个正四面体结构。此时，Mueller 向量各个元素的估计方差分别为

$$\gamma_1 = \sigma^2, \quad \gamma_2 = 3\sigma^2, \quad \gamma_3 = 3\sigma^2, \quad \gamma_4 = 3\sigma^2 \tag{2.112}$$

总估计方差等于 $10\sigma^2$。值得注意的是，无论是最优解对应的测量矩阵还是总的估计方差都与 Stokes 偏振仪优化问题中的情况一样[9]。这是因为基于四次光强测量的 Mueller 向量优化估计问题从数学本质上和 Stokes 问题是高度相似的，式(2.100)亦可说明这一点。

满足 $s_1 = 0$ 的最简单的偏振特征向量为 $S = [1,0,1,0]^{\text{T}}$，该特征向量对应偏振方向角为 45° 的线偏振。在实际测量中可仅通过一个方向角为 45° 的线偏振片实现 PSG。因此，区别于传统的完全 Mueller 偏振仪(椭偏仪)，本节所提出的优化测量策略对应的装置中 PSG 部分只需要一个固定角度为 45° 的线偏振片，其装置图如图 2.8 所示。

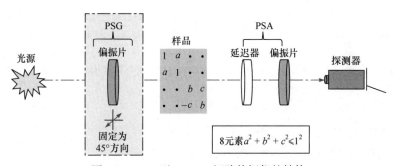

图 2.8　1×4 型 Mueller 矩阵偏振仪的结构

在 PSN 环境下，光强测量的协方差矩阵是主对角元素为对应光强测量值 I_i 的主对角矩阵，Mueller 向量的协方差矩阵为

$$\left[\boldsymbol{\Gamma}_I\right]_{ii} = \langle I_i \rangle = \sum_{k=1}^{4} W_{ik}\left[\boldsymbol{V}_M^4\right]_k, \quad i \in \{1,2,3,4\} \tag{2.113}$$

根据式(2.113)，Mueller 向量的各个元素的估计方差为

$$\gamma_i = \sum_{j=1}^{4}\left[\boldsymbol{V}_M^4\right]_j \sum_{k=1}^{4}\left[\boldsymbol{W}_{ik}^{-1}\right]^2 W_{kj}, \quad \forall i \in \{1,2,3,4\} \tag{2.114}$$

当然，与 GAN 环境下的测量不同，PSN 下的总估计方差 $\sum\limits_{i=1}^{4}\gamma_i$ 受待测 Mueller 向量真实值的影响。因此，通过 MinMax 优化方法[8,9]，提出了一个新的、合理的优化模型：

$$F\big(\boldsymbol{W}\big)=\max_{\boldsymbol{V}_M^4}\left(\sum_{i=1}^{4}\gamma_i\right)=\max_{\boldsymbol{V}_M^4}\left(\sum_{j=1}^{4}u_j\Big[\boldsymbol{V}_M^4\Big]_j\right) \tag{2.115}$$

其中，$u_j=\sum\limits_{i=1}^{4}\sum\limits_{k=1}^{4}\Big[\boldsymbol{W}_{ik}^{-1}\Big]^2\boldsymbol{W}_{kj}$。

为了便于后文讨论，定义单位向量 $\boldsymbol{U}=\Big[1,\boldsymbol{u}^{\mathrm{T}}\Big]^{\mathrm{T}}$ 和 $\boldsymbol{V}_M^4=r\Big[1,\boldsymbol{v}^{\mathrm{T}}\Big]^{\mathrm{T}}$，其中 $\boldsymbol{u}=[u_2,u_3,u_4]^{\mathrm{T}}$，$\boldsymbol{v}=[a,b,c]^{\mathrm{T}}$ 表示单位化的 Mueller 向量。因此，优化目标问题可重新表述为

$$F\big(\boldsymbol{W}\big)=\max_{\boldsymbol{u}}\big\{r\big(u_1+\boldsymbol{u}\boldsymbol{v}\big)\big\} \tag{2.116}$$

从式(2.116)可以看出，第一项 ru_1 与待测的单位化 Mueller 向量 $\boldsymbol{v}$ 无关，只有第二项 $r\boldsymbol{u}\boldsymbol{v}$ 依赖于 $\boldsymbol{v}$。显然，对于任意给定的 r，当 $\boldsymbol{v}=\boldsymbol{u}/\|\boldsymbol{u}\|$ 时，第二项取得最大值。即式(2.116)进一步等价于：

$$F\big(\boldsymbol{W}\big)=r\big(u_1+\|\boldsymbol{u}\|\big) \tag{2.117}$$

其中，$\|\boldsymbol{u}\|=\left(\sum\limits_{i=2}^{4}u_i^2\right)^{1/2}$。

因此，在 PSN 干扰下，最优的测量矩阵 $\boldsymbol{W}_{\mathrm{opt}}^{\mathrm{Poi}}$ 应满足最小化函数 $F\big(\boldsymbol{W}\big)$：

$$\boldsymbol{W}_{\mathrm{opt}}^{\mathrm{Poi}}=\arg\min_{\boldsymbol{W}}F\big(\boldsymbol{W}\big) \tag{2.118}$$

不同于 GAN 环境下的优化问题，式(2.118)中的优化问题很难得到最优解的解析表达式，只能通过全局搜寻算法得到数值表达形式。

实际上，根据式(2.87)可知，PSG 和 PSA 包含的偏振特征态分别由偏振方位角和椭圆率 (α,ε) 决定，因此数值搜寻算法涉及总共 10 个参数(PSG 2 个 α^S,ε^S，PSA 8 个 $\alpha_i^T,\varepsilon_i^T,i\in[1,4]$)的优化搜寻。利用 SCE 搜寻算法，可以稳定快速地收敛到优化问题的全局最优解。通过基于大量的、不同的初始点，优化搜寻的结果表明：

(1) 最小估计总方差等于 $5r$；

(2) PSG 对应的偏振特征向量的第 2 个元素 $S_1=0$，且测量矩阵满足 $\forall k\in\{1,2,3,4\},\boldsymbol{W}_{i1}=1/2$。

考虑到 $W_{i1} = 1/2$，则有

$$u_1 = \frac{1}{2}\sum_{i=1}^{4}\sum_{k=1}^{4}\left[W_{ik}^{-1}\right]^2 = \frac{1}{2}\text{trace}\left[W^{-1}\left(W^{-1}\right)^{\text{T}}\right] = \frac{1}{2}F_{\text{Gau}}(W) \tag{2.119}$$

其中，$F_{\text{Gau}}(W)$ 表示 GAN 下的总估计方差。

优化问题可重述为

$$F(W) = r\left(\frac{1}{2}F_{\text{Gau}}(W) + \|u\|\right) \tag{2.120}$$

根据有关 GAN 环境下的估计测量优化问题的部分结果可知，当且仅当测量矩阵 W 满足在庞加莱球上构成正四面体结构时，总估计方差项 $F_{\text{Gau}}(W)$ 达到最小。此外，考虑到所有具有正四面体机构的测量矩阵均可使得 $\|u\|=0$ 成立，因此总的估计方差等于 $5r$。

上述分析表明，在 PSN 环境下，当测量策略满足以下性质时，可被认为是最优的。

(1) PSG 对应的偏振特征向量的第 2 个元素满足 $S_1 = 0$。

(2) 测量矩阵 W 及 PSA 的 4 个特征向量在庞加莱球上构成正四面体结构。

但仍需注意的是，虽然所有具有正四面体结构的测量矩阵都对应最小总估计方差($5r$)，且总估计方差与待测 Mueller 向量无关，但是，在一般情况下，每个元素的估计方差可能随着待测 Mueller 向量真实值 V_M^4 变化。所以，具有"各个估计方差 γ_i 均与 V_M^4 无关"特性的测量矩阵更具实用价值。实际上，满足这种性质的"标准"正四面体矩阵公式仅有两个，即

$$W_{\text{opt}}^{\text{Poi}} = \frac{1}{2}\begin{bmatrix} 1 & 1 & 1 & 1 \\ 1/\sqrt{3} & -1/\sqrt{3} & -1/\sqrt{3} & 1/\sqrt{3} \\ 1/\sqrt{3} & 1/\sqrt{3} & -1/\sqrt{3} & -1/\sqrt{3} \\ 1/\sqrt{3} & -1/\sqrt{3} & 1/\sqrt{3} & -1/\sqrt{3} \end{bmatrix}^{\text{T}} \tag{2.121}$$

及矩阵 $W_{\text{opt-1}}^{\text{Poi}}$(该矩阵可通过将矩阵 $W_{\text{opt}}^{\text{Poi}}$ 中的后 3 列元素取相反数得到)。根据最优的测量矩阵可以计算得到各个 Mueller 向量元素对应的估计方差：

$$\gamma_1 = \frac{1}{2}r, \quad \gamma_i = \frac{3}{2}r, \quad \forall i \in \{2,3,4\} \tag{2.122}$$

显然，这些估计方差均与待测的 Mueller 向量 V_M^4 无关。此外，还注意到后三个元素对应的估计方差是相等的，且是第一个元素估计方差的三倍。这种性质被称为"方差均分"，该特性在 Stokes 偏振仪测量优化中同样存在[7-9]。但该"均分"

特性并不是对于所有具有正四面体结构的测量矩阵都具备，只有两个"标准"矩阵才具有。这一点可以通过"穷举法"验证。

首先，以式(2.121)中的测量矩阵在庞加莱球上的位置作为起始点，分别按照图 2.9 中所示的两个方向旋转，其中旋转角 $\theta \in [-90°, 90°]$，$\xi \in [-180°, 180°]$。这样一来可以实现内含在庞加莱球内的任意正四面体结构。对于每一个正四面体结构，均可得到其对应的测量矩阵 W 并计算总估计方差 $\sum_{i=1}^{4} \gamma_i$。从而得到一张总估计方差与旋转角度 (θ, ξ) 的关系如图 2.9 所示。

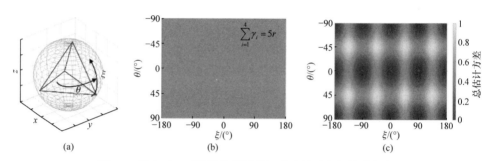

图 2.9　具有正四面体结构的测量矩阵及其对应的估计方案

可以看出，总方差与旋转角度无关，且均等于 $5r$。这直接说明了所有的正四面体结构均对应最小总估计方差估计。式(2.120)中的第二项 $\|u\|$ 与旋转角度 (θ, ξ) 的关系如图 2.9 所示。可以看出，当且仅当 (θ, ξ) 在 $-90°, 0°, 90°$ 的组合时，$\|u\|=0$ 成立，而这些组合对应的庞加莱球上的正四面体正好对应两个"标准"正四面体。这也直接说明了只有这两个测量矩阵可以保证各个元素的估计方差与待测的 Mueller 向量真实值之间具有估计不相关性。

此外，由于 PSG 包含的最优特征向量 S 的第二个元素 $S_1 = 0$，最简单的实现方式也是一个 45° 的线性偏振器，因此，PSN 情况下的最优系统配置与图 2.8 所示的 GAN 情况下的最优系统配置相同。

必须指出的是，由于在 PSN 干扰环境下的最佳测量矩阵也能满足在 GAN 环境下最小化总估计方差，因此，通过使用图 2.9 所示的优化系统配置进行 4 次光强测量，可以在 GAN 和 PSN 存在的情况下，用最小的总估计方差估算 Mueller 向量，且各个元素的估计方差均与待测的 Mueller 向量无关。

本节将考虑另一种基于 4 次光强测量实现椭偏参数估计的策略，即 PSG 和 PSA 分别包含两种偏振特征态，其特征向量分别表示为 $S_i, T_i, i \in \{1, 2\}$。这种策略被称为 2×2 型。2×2 型 Mueller 椭偏仪的测量矩阵为

$$W_{2\times2} = \frac{1}{2}\begin{bmatrix} 1+s_{11}t_{11} & t_{11}+s_{11} & s_{12}t_{12}+s_{13}t_{13} & s_{13}t_{12}-s_{12}t_{13} \\ 1+s_{11}t_{21} & t_{21}+s_{11} & s_{12}t_{22}+s_{13}t_{23} & s_{13}t_{22}-s_{12}t_{23} \\ 1+s_{21}t_{11} & t_{11}+s_{21} & s_{22}t_{12}+s_{23}t_{13} & s_{23}t_{12}-s_{22}t_{13} \\ 1+s_{21}t_{21} & t_{21}+s_{21} & s_{22}t_{22}+s_{23}t_{23} & s_{23}t_{22}-s_{22}t_{23} \end{bmatrix} \tag{2.123}$$

令 $S_i = [1, s_{i1}, s_{i2}, s_{i3}]^T$，$T_i = [1, t_{i1}, t_{i2}, t_{i3}]^T$，$i \in \{1,2\}$ 分别表示 PSG 和 PSA 包含的偏振特征向量。Mueller 向量可根据测量矩阵求逆反解得到：

$$\hat{V}_M^4 = W_{2\times2}^{-1} I \tag{2.124}$$

同样可以验证，如果解满足以下两个特征即可认为是最优的。

(1) PSG 对应的两个偏振特征向量均满足 $S_{i1}=0$。

(2) 最优的测量矩阵 W 在庞加莱球上具有正四面体结构。

为实现最优解所满足的 PSG，最简单的方式对应的偏振特征向量分别为 $S_1 = [1,0,1,0]^T$ 和 $S_2 = [1,0,-1,0]^T$，这两个特征向量分别对应了旋转角度为 ±45° 的线偏振片。因此，不同于 1×4 型 Mueller 椭偏仪的 PSG 部分只对应一个固定角度 45° 的偏振片，2×2 型 Mueller 椭偏仪的 PSG 部分虽然也是一个偏振片，但是角度需分别调至两个特定角度 45° 和 −45°，如图 2.10 所示。

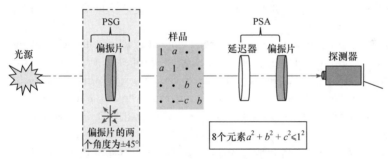

图 2.10　2×2 型 Mueller 矩阵偏振仪的结构

并且，2×2 型与 1×4 型策略对应的最优估计是相同的。

(1) Mueller 向量 $\hat{V}_M^4$ 各个元素的估计方差满足 1∶3∶3∶3。

(2) 噪声方差在最后三个元素之间是均分的，且与待测的 Mueller 向量无关，从而也就与待测椭偏参数的真实值无关。

参 考 文 献

[1] Goldstein D H. Polarized Light[M]. New York: CRC Press, 2016.

[2] 廖延彪. 偏振光学[M]. 北京: 科学出版社, 2003.

[3] Tyo J S, Goldstein D L, Chenault D B, et al. Review of passive imaging polarimetry for remote sensing applications[J]. Applied Optics, 2006, 45(22): 5453-5469.

[4] Goudail F. Optimization of the contrast in active Stokes images[J]. Optics Letters, 2009, 34(2): 121-123.

[5] Goudail F, Beniere A. Estimation precision of the degree of linear polarization and of the angle of polarization in the presence of different sources of noise[J]. Applied Optics, 2010, 49(4): 683-693.

[6] Anna G , Goudail F. Optimal Mueller matrix estimation in the presence of Poisson shot noise[J]. Optics Express, 2012, 20(19): 21331-21340.

[7] Foreman M R, Favaro A, Aiello A. Optimal frames for polarization state reconstruction[J]. Physical Review Letters, 2015, 115(26): 263901.

[8] Goudail F. Noise minimization and equalization for Stokes polarimeters in the presence of signal-dependent Poisson shot noise[J]. Optics Letters, 2009, 34(5): 647-649.

[9] Goudail F. Equalized estimation of Stokes parameters in the presence of Poisson noise for any number of polarization analysis states[J]. Optics Letters, 2016, 41(24): 5772-5775.

[10] Sengijpta S K. Fundamentals of Statistical Signal Processing: Estimation Theory[M]. Abingdon: CRC Press, 1995.

[11] Kay S M. Fundamentals of Statistical Signal Processing[M]. New York: Prentice Hall PTR, 1993.

[12] 赵树杰. 信号检测与估计理论[M]. 北京: 清华大学出版社, 2005.

[13] Hogg R V, McKean J, Craig A T. Introduction to Mathematical Statistics[M]. New York: Pearson Education, 2005.

[14] Bertsekas D P. Constrained Optimization and Lagrange Multiplier Methods[M]. London: Academic Press, 2014.

[15] Krishnan S, Nordine P C. Mueller matrix ellipsometry using the division of amplitude photopolarimeter: A study of depolarization effects[J]. Applied Optics, 1994, 33(19): 4184-4192.

[16] Tompkins H, Irene E A. Handbook of Ellipsometry[M]. Norwich: William Andrew, 2005.

[17] Li X, Hu H, Wu L, et al. Optimization of instrument matrix for Mueller matrix ellipsometry based on partial elements analysis of the Mueller matrix[J]. Optics Express, 2017, 25(16): 18872-18884.

[18] Hovenier J. Structure of a general pure Mueller matrix[J]. Applied Optics, 1994, 33(36): 8318-8324.

[19] Anna G, Goudail F, Dolfi D. Polarimetric target detection in the presence of spatially fluctuating Mueller matrices[J]. Optics Letters, 2011, 36(23): 4590-4592.

[20] Anna G, Goudail F. Optimal Mueller matrix estimation in the presence of Poisson shot noise[J]. Optics Express, 2012, 20(19): 21331-21340.

[21] MacDuffee C C. The Theory of Matrices[M]. Berlin: Springer, 2012.

[22] Goudail F, Boffety M, Roussel S. Optimal configuration of static Mueller imagers for target detection[J]. Journal of the Optical Society of America A, 2017, 34(6): 1054-1062.

[23] Anna G, Sauer H, Goudail F, et al. Fully tunable active polarization imager for contrast enhancement and partial polarimetry[J]. Applied Optics, 2012, 51(21): 5302-5309.

[24] Savenkov S, Muttiah R, Oberemok E, et al. Incomplete active polarimetry: Measurement of the block-diagonal scattering matrix[J]. Journal of Quantitative Spectroscopy and Radiative

Transfer, 2011, 112(11): 1796-1802.

[25] Azzam R, Masetti E, Elminyawi I, et al. Construction, calibration, and testing of a four-detector photopolarimeter[J]. Review of Scientific Instruments, 1988, 59(1): 84-88.

[26] Duan Q, Gupta V K, Sorooshian S. Shuffed complex evolution approach for effective and efficient global minimization[J]. Journal of Optimization Theory and Applications, 1993, 76(3): 501-521.

[27] Boyer G, Lamouroux B, Prade B. Automatic measurement of the Stokes vector of light[J]. Applied Optics, 1979, 18(8): 1217-1219.

[28] Hu H, Anna G, Goudail F. On the performance of the physicality constrained maximum likelihood estimation of Stokes vector[J]. Applied Optics, 2013, 52(27): 6636-6644.

[29] 陈修国, 袁奎, 杜卫超, 等. 基于 Mueller 矩阵成像椭偏仪的纳米结构几何参数大面积测量[J]. 物理学报, 2016, 65(7): 70703.

[30] Peinado A, Turpin A, Lizana A, et al. Conical refraction as a tool for polarization metrology[J]. Optics Letters, 2013, 38(20): 4100-4103.

[31] Boyd S, Vandenberghe L. Convex Optimization[M]. Cambridge: Cambridge University Press, 2004.

第 3 章　偏振测量系统的标定方法

在偏振测量系统(偏振仪)测量过程中，任何微小的误差都有可能导致偏振仪获取的偏振参数与其真实值相比有巨大偏差[1-4]。实际上，偏振仪涉及的误差主要可分为系统误差和随机误差两种。根据误差的传播理论，测量过程中引入的随机误差无法消除，只能通过增加测量次数、选择更高性能的光源、探测器和光学元件等实现误差降低。但是对于系统误差，可以通过标定、校准和修正等方式消除[3]。系统误差主要来源于系统中偏振元件的不完美或者环境影响等因素。例如偏振片、相位延迟器件的方向角度没有被完美确定，延迟量受环境温度等的影响，因此在测量过程中并非定值等。特别地，对于 Stokes 偏振仪[3-5]和 Mueller 偏振仪[6-8](以双旋转延迟器 Mueller 矩阵测量为例)，现有的研究主要集中在对延迟器的相位延迟量的校准上。因此在实际展开相关待测目标(样品)的偏振测量前，需要展开对相关测量系统的精准校准或标定，对于一些实时变化的场景更是追求"动态校准"[5]。因此对于偏振仪中相关参数或测量矩阵进行准确快速的标定有重要的理论意义和应用价值。

3.1　Stokes 偏振测量系统的标定方法

3.1.1　传统系统的标定方法

Stokes 矢量偏振计通常是由一系列延迟器件和偏振片串联组成的偏振态检偏器。通过旋转一个或多个偏振元件的方位角度或通过改变它们的延迟量实现偏振调制，获得 N 个偏振配置下的光强信号。当检偏器处于配置 i 时，到达检测器的光的 Stokes 向量 $\boldsymbol{S}_i$ 为[9-11]

$$\boldsymbol{S}_i = \boldsymbol{M}_i \boldsymbol{S} \tag{3.1}$$

其中，$\boldsymbol{M}_i$ 为各分析器的 Mueller 矩阵。测量的强度 $\boldsymbol{I}_i$ 是 $\boldsymbol{S}_i$ 的第一项，可以表示为四个未知分量的函数：

$$\boldsymbol{I}_i = \boldsymbol{S}_{\text{sense},i} \boldsymbol{S} \tag{3.2}$$

其中，$\boldsymbol{S}_{\text{sense},i}$ 表示定义的 Stokes 灵敏度向量，由第一行 $\boldsymbol{M}_i$ 表示：

$$\boldsymbol{S}_{\text{sense},i} = \begin{bmatrix} M_{i,00}, & M_{i,01}, & M_{i,02}, & M_{i,03} \end{bmatrix} \tag{3.3}$$

如果定义矩阵 A，包含每个偏振仪配置的 Stokes 灵敏度，那么未知 Stokes 强度矢量向量为

$$I = AS \tag{3.4}$$

其中，

$$A = \begin{bmatrix} M_{1,00} & M_{1,01} & M_{1,02} & M_{1,03} \\ \vdots & \vdots & \vdots & \vdots \\ M_{N,00} & M_{N,01} & M_{N,02} & M_{N,03} \end{bmatrix} \tag{3.5}$$

最后，可以通过求解式(3.4)中方程的 S 来求 W。即 W 可由 A 的左伪逆计算得到：

$$W = \left(A^{\mathrm{T}}A\right)^{-1} A^{\mathrm{T}} \tag{3.6}$$

但是，这种方法需要知道每个 Stokes 的灵敏度 $S_{\mathrm{sense},i}$。标定这种系统的传统方法是假定对每个光学元件进行参数化。例如，对于相位延迟器，假定它可以完全由其延迟量和方向角确定。然后对一组校准数据进行回归分析。然而，光学元件和它们的方位角从来都不是完美的。一些物理效应，例如光学元件之间或之中的多次反射、延迟器件中晶体方向的不准确、不完美的偏振片，以及残余双折射等，往往都会导致检偏器对应的 Mueller 矩阵偏离其理想值，进而导致测量值偏离参数值[9,10]。

接下来，介绍一种可以用于校准任何 Stokes 偏振仪的校准方法[11]，该方法不需要知道更多组成偏振仪的元件的详细信息。假设偏振计测量 N 次光强度值，且对应于检偏器偏振元件的 N 种不同配置。因此矩阵 W 的维数是 $4 \times N$。为了校准偏振仪，假设测量系统可以产生 M 个不同的参考偏振态，且已知这些偏振态对应的特征 Stokes 向量 $S_i (i = 1,2,\cdots,M)$，因此应有

$$[S_1,\quad S_2,\quad \cdots,\quad S_M] = W[I_1,\quad I_2,\quad \cdots,\quad I_M] \tag{3.7}$$

其中，I_i 表示对应第 i 个 Stokes 向量的测量向量。式(3.6)可重新表示为

$$S = WI \tag{3.8}$$

其中，$S = [S_1,\quad S_2,\quad \cdots,\quad S_M]$ 是一个 $4 \times M$ 阶矩阵，$I = [I_1,\quad I_2,\quad \cdots,\quad I_M]$ 是一个 $N \times M$ 阶矩阵。W 因此测量矩阵可由下式确定：

$$W = SI^{+} \tag{3.9}$$

其中，右侧矩阵 I 的伪逆可由下式确定：

$$I^{+} = I^{\mathrm{T}} \left(II^{\mathrm{T}}\right)^{-1} \tag{3.10}$$

然而，在使用式(3.9)时必须注意。因为矩阵 II^{T} 并不是良态的，即其对应的

条件数较大，并且伪逆运算可能导致求解矩阵 $\boldsymbol{W}$ 的过程有较大的波动。虽然 $\boldsymbol{I}$ 是一个 $N \times M$ 阶矩阵，但它只有四个非零奇异值。此问题的解决方案包括使用奇异值分解(singular value decomposition，SVD)计算 $\boldsymbol{I}$ 的伪逆[12]。SVD 将任何矩阵 $\boldsymbol{I}$ 分解为两个实标准正交的乘积 $\boldsymbol{U}$(维度 $N \times N$)和 $\boldsymbol{V}$(维度 $M \times M$)和一个对角实矩阵 $\boldsymbol{D}$(维度 $N \times M$)，即

$$\boldsymbol{I} = \boldsymbol{U}\boldsymbol{D}\boldsymbol{V}^{\mathrm{T}} \tag{3.11}$$

通常，矩阵 $\boldsymbol{D}$ 的主对角元素 σ_i 对应矩阵 $\boldsymbol{I}$ 的非负奇异值且按递减顺序排列，即，$\sigma_1 \geqslant \sigma_2 \geqslant \cdots \geqslant \sigma_p \geqslant 0$ 。除非有一个或多个奇异值多重性大于 1(这种情况下，矩阵 $\boldsymbol{U}$ 和 $\boldsymbol{V}$ 对应的列可以由自身的线性组合所取代)，这个约束可确保奇异值分解是唯一的。奇异值分解的一个重要性质是它明确地构造了矩阵 $\boldsymbol{I}$ 的值域和零空间对应的标准正交基。具体来说，对应非零奇异值 σ_i 的 $\boldsymbol{U}$ 的列向量正交于张成值域的基向量的集合，对应非零奇异值的 $\boldsymbol{U}$ 的列向量正交于零空间基向量。为了确定矩阵 $\boldsymbol{I}$ 的非零奇异值的数目，考虑到它包含由一组具有四个自由度的 Stokes 向量对应的光强测量组成的列。如果待测的 Stokes 向量张成了所有四个维度，矩阵 $\boldsymbol{I}$ 的值域空间也是四维的。因此，矩阵 $\boldsymbol{I}$ 只有四个非零奇异值[13]。

奇异值分解的一个优点是可以被用来确定矩阵的伪逆：

$$\boldsymbol{I}^{+} = \boldsymbol{V} \cdot \mathrm{diag}\left(1/\sigma_1, \cdots, 1/\sigma_N\right)\boldsymbol{U}^{\mathrm{T}} \tag{3.12}$$

如果矩阵是奇异的，那么任何零奇异值的倒数可均设为零。在实际中，当测量中引入随机误差时，矩阵 $\boldsymbol{I}$ 有 N 个非零奇异值，但除了 4 个之外，其余的都很小。这些小奇异值被认为应视为零，否则它们对伪逆的影响很大，但它们的意义可以忽略不计。因此，可使用截断伪逆：

$$\hat{\boldsymbol{I}}^{+} = \boldsymbol{V} \cdot \mathrm{diag}\left(1/\sigma_1, \cdots, 1/\sigma_4, \quad 0, \cdots, 0\right)\boldsymbol{U}^{\mathrm{T}} \tag{3.13}$$

然后有

$$\boldsymbol{W} = \boldsymbol{S}\hat{\boldsymbol{I}}^{+} \tag{3.14}$$

使用截断伪逆的效果是数据约简矩阵是稳定的、优化的，并且对测量不确定度的影响较小[11]。

3.1.2 傅里叶分析的误差标定法

与上述的 Stokes 偏振仪的标定方法不同，傅里叶分析的误差标定方法利用傅里叶分析的数据处理方法求解出旋转波片法 Stokes 成像偏振仪的系统误差大小，并将求解出的误差大小代入相应的误差补偿公式中实现待测量的精确检测。

该标定方法的基本原理是，利用定标偏振片产生理想的水平线偏振光作为标准偏振光，利用 Stokes 成像偏振仪对其进行检测，1/4 波片(亦可根据实际需要更

换为其他延迟量的波片，例如半波片)按不同的步进角度旋转，获得不同方位角下的光强值，并对获得的光强值按 1/4 波片的旋转角度进行傅里叶分析，根据对应傅里叶系数与系统误差大小的关系，求解得到 Stokes 成像偏振仪中系统误差大小。

具体过程如下。旋转波片法 Stokes 成像偏振仪主要由固定的偏振片 P 和可旋转的 1/4 波片 Q 构成，以偏振片透光轴方向作为系统的水平参考轴 x 轴、光的传播方向为 z 轴建立系统坐标系，如图 3.1 所示。该方法只考虑了 1/4 波片 Q 的快轴方位角误差 ε_1 及其相位延迟量误差 ε_2。

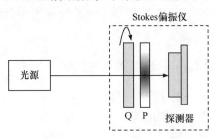

图 3.1　旋转波片法 Stokes 成像偏振仪

根据光的传播理论和 Mueller 矩阵理论可知，当 1/4 波片旋转 θ 时，探测器探测的光强为

$$
\begin{aligned}
I(\theta) = \frac{1}{2}\Bigg[& S_0 + \frac{1}{2}(1-\varepsilon_2)S_1 + \frac{1}{2}(1+\varepsilon_2)\cos 4\varepsilon_1 \cos 4\theta \cdot S_1 \\
& -2\varepsilon_1(1+\varepsilon_2)\cos 2\varepsilon_1 \sin 4\theta \cdot S_1 + \frac{1}{2}(1+\varepsilon_2)\cos 4\varepsilon_1 \sin 4\theta \cdot S_2 \\
& +2\varepsilon_1(1+\varepsilon_2)\cos 2\varepsilon_1 \cos 4\theta \cdot S_2 - \cos 2\varepsilon_1 \sin 2\theta \cdot S_3 - 2\varepsilon_1 \cos 2\theta \cdot S_3 \Bigg]
\end{aligned}
\tag{3.15}
$$

其中，$\boldsymbol{S}_m = \begin{bmatrix} S_0 & S_1 & S_2 & S_3 \end{bmatrix}^{\mathrm{T}}$ 为待测偏振光的 Stokes 参数。

将探测器探测的光强 $I(\theta)$ 用傅里叶级数来表示：

$$
I(\theta) = \frac{a_0}{2} + \frac{1}{2}\sum_{n=1}^{2}(a_{2n}\cos 2n\theta + b_{2n}\sin 2n\theta)
\tag{3.16}
$$

对比式(3.15)和式(3.16)，可求得与待测光 Stokes 参数及 1/4 波片两项参数误差相关的各项傅里叶系数：

$$
\begin{cases}
a_0 = S_0 + \dfrac{1}{2}(1-\varepsilon_2), \quad a_2 = -2\varepsilon_1 S_3 \\[2mm]
a_4 = \dfrac{1}{2}(1+\varepsilon_2)\cos 4\varepsilon_1 \cdot S_1 + 2\varepsilon_1(1+\varepsilon_2)\cos 2\varepsilon_1 \cdot S_2 \\[2mm]
b_2 = -\cos 2\varepsilon_1 \cdot S_3 \\[2mm]
b_4 = \dfrac{1}{2}(1+\varepsilon_2)\cos 4\varepsilon_1 \cdot S_2 - 2\varepsilon_1(1+\varepsilon_2)\cos 2\varepsilon_1 \cdot S_1
\end{cases}
\tag{3.17}
$$

假设入射光为理想水平线偏振光，将其 Stokes 矢量代入式(3.17)可求得 1/4 波片两项参数误差分别为

$$
\varepsilon_1 = -\frac{b_4}{4(2-a_0)}, \quad \varepsilon_2 = 3 - 2a_0
\tag{3.18}
$$

该方法需要使用定标偏振片产生理想水平线偏振光，完成对 Stokes 偏振仪中 1/4 波片相位延迟量误差和快轴方位角误差的标定,但实际上不能保证定标偏振片产生理想的水平线偏振光,可能产生偏离水平方向的线偏振光,导致标定的结果存在误差,或者没有考虑其他误差,如偏振片消光比的影响,1/4 波片的衰减等。

3.1.3　分焦平面系统的标定方法

基于分焦平面(division of focal plane，DoFP)偏振相机的 Stokes 偏振仪可基于上一节中的方法进行标定,标定的思路和方法基本一致。本节将介绍根据偏振相机在测量上具有冗余这一特性实现相关参数的标定。

从数学方程的角度,由于全 Stokes 矢量是一个 4 维参数,当用于单次 Stokes 矢量测量的维度(具体体现在光强的采集/测量次数)大于 4 时,测量存在冗余。2019 年,日本 Shibata 等[5]首次提出并通过简单的实验验证了基于 DoFP 的 3 次图像采集可以动态实现全 Stokes 矢量的测量和延迟器的相位延迟量的同步校准。

全 Stokes 矢量 $S = [S_0, S_1, S_2, S_3]^{\mathrm{T}}$ 可由光强 S_0 、偏振度 $P \in [0,1]$ 、偏振方位角 $\alpha \in [-90°, 90°]$ 和椭圆率 $\varepsilon \in [-45°, 45°]$ 对应表示[1,14]:

$$S = S_0 \begin{bmatrix} 1 \\ P\cos 2\alpha \cos 2\varepsilon \\ P\sin 2\alpha \cos 2\varepsilon \\ P\sin 2\varepsilon \end{bmatrix} \tag{3.19}$$

假设总的光强采集/测量次数为 K ,且第 k 次光强测量值表示为[15]

$$i_k = \frac{1}{2} T_k^{\mathrm{T}} S + n_k, \quad k \in [1, K] \tag{3.20}$$

其中, n_k 表示测量过程中受 GAN 的影响,该噪声的方差为 σ^2 ; T_k 表示第 k 次光强测量对应的测量向量,也就是 PSA 对应的偏振特征向量。

根据 i_k 和 K 可推导得到光强测量值的向量表示 I 。对应地,测量矩阵 W 的第 k 行向量为 T_k 。假设测量矩阵受未知参数向量 η (维度数为 M)的影响,在反解得到全 Stokes 矢量的过程中,这些参数也须参与其中。参与测量的方式可以是事先已知,即在测量之前进行校准工作,提供了相关参数的先验信息。也可以在测量过程中动态校准。式(3.17)可重新表示为矩阵-向量形式:

$$I = W(\eta)S + N \tag{3.21}$$

在参数集(向量) $\eta = [\eta_1, \eta_2, \cdots, \eta_M]$ 已知的前提下,待测 Stokes 矢量的最小二乘估计等于 $\hat{S} = W^+ I$,其中, $W^+ = (W^{\mathrm{T}}W)^{-1} W^{\mathrm{T}}$ 表示矩阵的伪逆。正如前文中提

到的，在实际测量过程中，参数集 $\boldsymbol{\eta}$ 可能是未知的，且随环境波动而变化，因此需要动态校准。换句话说，通过同时处理 Stokes 矢量 $\boldsymbol{S}$ 和参数集 $\boldsymbol{\eta}$ 的估计问题来解决这个问题是最合适的方法。

首先假设获取的偏振图像具有 P 个像素，像素编号分别为 $p \in [1, P]$。该像素集合可以表示整个成像传感器上的像素，也可以表示限制区域内的像素，即 "超像素"。每个像素 p 均可以测量得到不同的 Stokes 向量 $\boldsymbol{S}_p$，且可假设这些未知的偏振参数(集) $\boldsymbol{\eta}$ 对所有像素都是相同的。换句话说，在大多数偏振仪的结构中，对于所有的像素，其对应的测量矩阵是相同的，因此与像素位置(序列) p 无关。然而，情况也并不总是如此。例如，在基于 DoFP 偏振相机的结构中，制造工艺缺陷导致微偏振片阵列的偏振特性(偏振方向角、消光比和透过率等)在靶面空间分布上具有不均匀性，这使得不同像素位置 p 的测量矩阵有差异[16,17]。因此，在建立一般模型的时候，将通过在第 p 个像素处引入不同的测量矩阵 $\boldsymbol{W}_p(\boldsymbol{\eta})$ 来体现这种差异性。当然，这就意味着须假设这些测量矩阵 $\boldsymbol{W}_p(\boldsymbol{\eta})$ 必须是可预先校准/标定的，即是已知的或者可知的[16]。

由于噪声是方差为 σ^2 的 GAN，因此测量问题对应的似然函数(likelihood function)表示为[18,19]

$$\ell(\mathcal{S}, \boldsymbol{\eta}) = -\frac{1}{2\sigma^2} \sum_{p=1}^{P} \| \boldsymbol{I}_p - \boldsymbol{W}_p(\boldsymbol{\eta}) \boldsymbol{S}_p \|^2 \tag{3.22}$$

其中，符号 $\mathcal{S} = \{\boldsymbol{S}_p\}, p \in [1, P]$ 表示在每个像素处观测到的 Stokes 矢量的集合；$\boldsymbol{I}_p$ 表示第 p 个像素对应的 K-维光强测量向量。建立一般模型的主要目标是同步估计每个像素对应的全 Stokes 矢量 $\boldsymbol{S}_p$ 和参数集 $\boldsymbol{\eta}$。

首先计算同步自校准问题的 Cramer-Rao 下界(Cramer-Rao lower bound, CRLB)。利用式(3.18)中的似然函数表达式，可得到其对应的 Fisher 矩阵[19]：

$$\boldsymbol{F} = \begin{bmatrix} \boldsymbol{A} & \boldsymbol{B}^{\mathrm{T}} \\ \boldsymbol{B} & \boldsymbol{C} \end{bmatrix} \tag{3.23}$$

其中，$\boldsymbol{A}$ 表示 $M \times M$ 维矩阵，其各个元素满足：

$$A_{ij} = -\left\langle \frac{\partial^2 \ell}{\partial \eta_i \partial \eta_j} \right\rangle = \frac{1}{\sigma^2} \left(\sum_{p=1}^{P} \boldsymbol{S}_p^{\mathrm{T}} \frac{\partial \boldsymbol{W}_p^{\mathrm{T}}}{\partial \eta_i} \frac{\partial \boldsymbol{W}_p}{\partial \eta_j} \boldsymbol{S}_p \right) \tag{3.24}$$

其中，$\langle \cdot \rangle$ 表示针对噪声水平下的总体求平均算子。矩阵 $\boldsymbol{B}$ 由 P 个维度为 $4 \times M$ 的子矩阵 $\boldsymbol{B}_p$ 连接构成：

$$\boldsymbol{B}^{\mathrm{T}} = \begin{bmatrix} \boldsymbol{B}_1^{\mathrm{T}}, & \boldsymbol{B}_2^{\mathrm{T}}, & \cdots, & \boldsymbol{B}_P^{\mathrm{T}} \end{bmatrix}^{\mathrm{T}} \tag{3.25}$$

式(3.25)中的每个矩阵块 $\boldsymbol{B}_p$ 的行元素为

$$[\boldsymbol{B}_p]._j = -\left\langle \frac{\partial^2 \ell}{\partial \eta_i \partial \boldsymbol{S}_p} \right\rangle = \frac{1}{\sigma^2} \boldsymbol{W}_p^{\mathrm{T}} \frac{\partial \boldsymbol{W}_p}{\partial \eta_j} \boldsymbol{S}_p \tag{3.26}$$

矩阵 $\boldsymbol{C}$ 是由 P 个 4×4 子矩阵块 $\boldsymbol{C}_p$ 构成的对角矩阵：

$$\boldsymbol{C}_p = -\left\langle \frac{\partial^2 \ell}{\partial \boldsymbol{S}_p^2} \right\rangle = \frac{1}{\sigma^2} \boldsymbol{W}_p^{\mathrm{T}} \boldsymbol{W}_p \tag{3.27}$$

根据式(3.27)可计算得到 Fisher 矩阵对应的逆矩阵[20]：

$$\boldsymbol{J} = \boldsymbol{F}^{-1} = \begin{bmatrix} \boldsymbol{M}^{-1} & -\boldsymbol{M}^{-1}\boldsymbol{B}^{\mathrm{T}}\boldsymbol{C}^{-1} \\ -\boldsymbol{C}^{-1}\boldsymbol{B}\boldsymbol{M}^{-1} & \boldsymbol{C}^{-1} + \boldsymbol{C}^{-1}\boldsymbol{B}\boldsymbol{M}^{-1}\boldsymbol{B}^{\mathrm{T}}\boldsymbol{C}^{-1} \end{bmatrix} \tag{3.28}$$

其中，$\boldsymbol{M} = \boldsymbol{A} - \boldsymbol{B}^{\mathrm{T}}\boldsymbol{C}^{-1}\boldsymbol{B}$。因为矩阵 $\boldsymbol{C}$ 是主对角元素分别为 $\boldsymbol{C}_p$ 的对角矩阵，其对应的逆矩阵 $\boldsymbol{C}^{-1}$ 也是对角矩阵，且其对应的主对角元素等于 $\boldsymbol{C}_p^{-1}$。至此，可得到矩阵 $\boldsymbol{M}$ 如下所示：

$$\boldsymbol{M} = \boldsymbol{A} - \sum_{p=1}^{P} \boldsymbol{B}_p^{\mathrm{T}} \boldsymbol{C}_p^{-1} \boldsymbol{B}_p \tag{3.29}$$

根据式(3.29)，矩阵 $\boldsymbol{M}^{-1}$ 的第 i 个主对角元素 $\boldsymbol{M}_{ii}^{-1}$ 也就是参数 η_i 对应的 CRLB。统计意义上讲，CRLB 常用来界定一个无偏估算系统对应的估计方差下界[18,21]，是衡量参数估计过程中"固有困难程度"的指标。根据式(3.29)可知，CRLB 依赖于测量矩阵 $\boldsymbol{W}_p$ 和待测的全 Stokes 矢量 $\boldsymbol{S}_p$。这意味着只有当测量矩阵 $\boldsymbol{W}$ 是非奇异的，即对应的 CRLB 是一个有限值时，对参数 $\boldsymbol{\eta}$ 的同步测量和校准才是可行的、有意义的。

同理，Stokes 矢量 $\boldsymbol{S}_p$ 对应的估计协方差矩阵等于式(3.28)右下角矩阵的第 p 个子对角块矩阵，其表达式为

$$\boldsymbol{\varGamma}_{\boldsymbol{S}_p} = \boldsymbol{C}_p^{-1} + \boldsymbol{C}_p^{-1}\boldsymbol{B}_p\boldsymbol{M}^{-1}(\boldsymbol{C}_p^{-1}\boldsymbol{B}_p)^{\mathrm{T}} \tag{3.30}$$

考虑到矩阵 $\boldsymbol{C}_p$ 的对称特性，第 p 个像素对应的全 Stokes 参数 $[\boldsymbol{S}_p]_i, i \in [0,3]$ 估计的 CRLB 即为该矩阵对应的各个主对角元素。接下来讨论单参数的自校准问题，即参数向量 $\boldsymbol{\eta}$ 是标量 η 的情况。在该情况下，矩阵 $\boldsymbol{M}^{-1}$ 也是一个标量，它表示唯一参数 η 对应的 CRLB 值。根据式(3.25)~式(3.27)可知，此时矩阵 $\boldsymbol{A}$ 也是一个标量：

$$\boldsymbol{A} = a = \frac{1}{\sigma^2} \sum_{p=1}^{P} \left\| \frac{\partial \boldsymbol{W}_p}{\partial \eta} \boldsymbol{S}_p \right\|^2 \tag{3.31}$$

而矩阵 $\boldsymbol{B}_p$ 变成了一个 4 维向量:

$$\boldsymbol{B}_p = \boldsymbol{b}_p = \frac{1}{\sigma^2} \boldsymbol{W}_p^{\mathrm{T}} \frac{\partial \boldsymbol{W}_p}{\partial \eta} \boldsymbol{S}_p \tag{3.32}$$

因此，由式(3.28)可得

$$\sum_{p=1}^{P} \boldsymbol{b}_p^{\mathrm{T}} \boldsymbol{C}_p^{-1} \boldsymbol{b}_p = x = \frac{1}{\sigma^2} \sum_{p=1}^{P} \left\| \boldsymbol{P}_{W_p} \frac{\partial \boldsymbol{W}_p}{\partial \eta} \boldsymbol{S}_p \right\|^2 \tag{3.33}$$

其中，$\boldsymbol{P}_{W_p} = \boldsymbol{W}_p \left(\boldsymbol{W}_p^{\mathrm{T}} \boldsymbol{W}_p \right)^{-1} \boldsymbol{W}_p^{\mathrm{T}}$ 表示由矩阵 $\boldsymbol{W}_p$ 的行/列张成的子空间上的投影。

值得注意的是 $a - x$ 可表示为

$$a - x = \sum_{p=1}^{P} \left(\left\| \frac{\partial \boldsymbol{W}_p}{\partial \eta} \boldsymbol{S}_p \right\|^2 - \left\| \boldsymbol{P}_{W_p} \frac{\partial \boldsymbol{W}_p}{\partial \eta} \boldsymbol{S}_p \right\|^2 \right) = \sum_{p=1}^{P} \left\| \boldsymbol{P}_{W_p}^{\perp} \frac{\partial \boldsymbol{W}_p}{\partial \eta} \boldsymbol{S}_p \right\|^2 \tag{3.34}$$

其中，$\boldsymbol{P}_{W_p}^{\perp}$ 表示在矩阵 $\boldsymbol{W}_p$ 的行(或列)张成的子空间上的正交投影，即

$$\boldsymbol{P}_{W_p}^{\perp} = \boldsymbol{I} - \boldsymbol{P}_{W_p} = \boldsymbol{I} - \boldsymbol{W}_p \left(\boldsymbol{W}_p^{\mathrm{T}} \boldsymbol{W}_p \right)^{-1} \boldsymbol{W}_p^{\mathrm{T}} \tag{3.35}$$

其中，$\boldsymbol{I}$ 表示维度为 $K \times K$ 的单位矩阵。

进一步地，根据式(3.29)和式(3.34)可得到参数 η 对应的 CRLB 值:

$$\mathrm{CRLB}_\eta = \boldsymbol{M}^{-1} = \frac{\sigma^2}{a - x} = \frac{\sigma^2}{\displaystyle\sum_{p=1}^{P} \left\| \boldsymbol{P}_{W_p}^{\perp} \frac{\partial \boldsymbol{W}_p}{\partial \eta} \boldsymbol{S}_p \right\|^2} \tag{3.36}$$

第 p 个像素位置对应的 Stokes 参数 $[S_p]_i, i \in [0,3]$ 的 CRLB 值可由式(3.30)中矩阵的对角元素给出:

$$\mathrm{CRLB}[S_{pi}]_{\eta_{\mathrm{uk}}} = \mathrm{CRLB}[S_{pi}]_{\eta_k} + \frac{\left[\boldsymbol{W}_p^{+} \dfrac{\partial \boldsymbol{W}_p}{\partial \varphi} \boldsymbol{S} \right]_i^2}{\displaystyle\sum_{p=1}^{P} \left\| \boldsymbol{P}_{W_p}^{\perp} \frac{\partial \boldsymbol{W}_p}{\partial \eta} \boldsymbol{S}_p \right\|^2} \sigma^2 \tag{3.37}$$

其中，η_{uk} 表示参数 η 是未知的；η_k 表示 η 已知。可以看出，式(3.37)由两部分构成，第一部分为

$$\mathrm{CRLB}[S_{pi}]_{\eta_k} = \sigma^2 \left[(\boldsymbol{W}_p^{\mathrm{T}} \boldsymbol{W}_p)^{-1} \right]_{ii} \tag{3.38}$$

表示 $[S_p]_i$ 对应的 CRLB 值(即估计方差)。第二部分表示由于 η 未知引起的 CRLB 的增加量。考虑到 $\left[\boldsymbol{W}_p^{+} \dfrac{\partial \boldsymbol{W}_p}{\partial \varphi} \boldsymbol{S} \right]_i^2 \geqslant 0$，所以该项一定是非负的。这说明未知量的

引入必将导致全 Stoke 矢量估计在方差水平上的恶化。

现在假设所有像素对应的测量矩阵都是相等的，即 $\forall p, \boldsymbol{W}_p = \boldsymbol{W}$，当然这符合现有的大多数成像型偏振仪的相关设计要求。

此外，为了便于从物理意义上解释结果，假设对于所有像素所观测到的 Stokes 矢量 $\boldsymbol{S}_p$ 都是相同的，即 $\forall p \in [1, P], \boldsymbol{S}_p = \boldsymbol{S}$。在这种情况下，式(3.36)可简化为

$$\mathrm{CRLB}_\eta = \frac{\sigma^2}{P} \frac{1}{\left\| \boldsymbol{P}_W^\perp \frac{\partial \boldsymbol{W}}{\partial \eta} \boldsymbol{S} \right\|^2} \tag{3.39}$$

显然，η 对应的 CRLB 值与用于校准的像素数 P 成反比。此外，根据式(3.39)可知，想要实现参数 η 的同步自校准必须保证待测 Stokes 矢量 $\boldsymbol{S}$ 不属于矩阵 $\boldsymbol{P}_W^\perp \frac{\partial \boldsymbol{W}}{\partial \eta}$ 的零空间。因此，是否可实现自校准 η，自校准的性能如何，既取决于矩阵 $\boldsymbol{W}$(具体由该矩阵如何依赖 η 决定)，也取决于待测的 Stokes 矢量。

同样地，在 η 未知的情况下 Stokes 参数的 CRLB 值等于：

$$\mathrm{CRLB}[S_i]_{\eta_{uk}} = \mathrm{CRLB}[S_i]_{\eta_k} + \frac{\sigma^2}{P} \frac{\left[\boldsymbol{W}^+ \frac{\partial \boldsymbol{W}}{\partial \eta} \boldsymbol{S} \right]_i^2}{\left\| \boldsymbol{P}_W^\perp \frac{\partial \boldsymbol{W}}{\partial \eta} \boldsymbol{S} \right\|^2} \tag{3.40}$$

可以看出，当且仅当系数 $\boldsymbol{W}^+ \frac{\partial \boldsymbol{W}}{\partial \eta} \boldsymbol{S}$ 等于零时，由估计 η 未知所引起的 CRLB 的增加量为零。在这种情况下，对 η 的估计不会影响到 $\boldsymbol{S}$ 的估计精度。第二项乘以系数 $1/p$ 表明同步测量 η 对 $\mathrm{CRLB}[S_i]$ 的估计精度的影响与参与估计的像素数成反比，并随其数量的增加而减少。

当考虑由一个偏振片和一个方向可变的相位延迟器(相位 δ 固定，例如四分之一波片、半波片等)构成成像型偏振仪。该类偏振仪中的 PSA 对应的特征向量满足以下表达式：

$$\boldsymbol{T}_k = [1, a_k \cos\delta + b_k, c_k \cos\delta + d_k, e_k \sin\delta]^\mathrm{T} \tag{3.41}$$

其中的系数分别为

$$\begin{cases} a_k = \sin 2\theta_k [\sin 2(\theta_k - \varphi_k)] \\ b_k = \cos 2\theta_k [\cos 2(\theta_k - \varphi_k)] \\ c_k = \cos 2\theta_k [\sin 2(\varphi_k - \theta_k)] \\ d_k = \sin 2\theta_k [\cos 2(\varphi_k - \theta_k)] \\ e_k = \sin 2\theta_k [\sin 2(\varphi_k - \theta_k)] \end{cases} \tag{3.42}$$

其中，$\boldsymbol{\eta} = (\theta_1, \theta_2, \cdots, \theta_K)$ 和 $\boldsymbol{\varphi} = (\varphi_1, \varphi_2, \cdots, \varphi_K)$ 分别表示 K 次测量对应的相位延迟器和偏振片的方向角度[1,2]。

实际上，可合理地假设偏振片和相位延迟器的方向在测量过程中是稳定的，而不依赖于外部环境约束，如温度等。换句话说，可以在测量之前进行预先标定，且在测量过程中不发生变化，从而不影响其他偏振参数的测量。相比之下，延迟器的相位延迟量 δ 可能对环境更敏感，这就意味着对其进行自动校准是有意义的。因此，在接下来的讨论中 δ 是唯一要估计的参数。

当然，还需假设所有像素对应的测量矩阵和观测到的 Stokes 矢量都是相同的。因此，式(3.39)和式(3.40)可被用来同时确定、计算 δ 和 $\boldsymbol{S}$ 的 CRLB 值。测量矩阵 $\boldsymbol{W}$ 可以通过组合测量向量 $\boldsymbol{T}_k$ 得到，式(3.38)和式(3.39)中关于 $\boldsymbol{\eta}$ 的导数亦可通过式(3.41)计算得到。进一步地，对于该类基于单延迟器的偏振仪，可证明矩阵 $\boldsymbol{P}_W^{\perp} \dfrac{\partial \boldsymbol{W}}{\partial \boldsymbol{\eta}}$ 的第 1 列和第 4 列均为零向量。基于上述结果及式(3.39)可得到 δ 对应的 CRLB 值为

$$\text{CRLB}_{\delta} = \frac{1}{P \cdot \text{SNR}_{\delta}^2} \frac{1}{\|\boldsymbol{Q}\overline{\boldsymbol{s}}\|^2} \tag{3.43}$$

其中，SNR_{δ} 表示用线偏振度(degree of linear polarization，DoLP)$= \sqrt{S_1^2 + S_2^2} / S_0$ 单位化的信噪比：

$$\text{SNR}_{\delta} = \frac{S_0}{\sigma} \text{DoLP} \tag{3.44}$$

4×2 维"结构矩阵" $\boldsymbol{Q}$ 由矩阵 $\boldsymbol{P}_W^{\perp} \dfrac{\partial \boldsymbol{W}}{\partial \boldsymbol{\eta}}$ 的第 2 列和第 3 列重组而成。表示 $\overline{\boldsymbol{s}}$ 归一化 Stokes 矢量：

$$\overline{\boldsymbol{s}} = \frac{(S_1, S_2)^{\text{T}}}{\sqrt{S_1^2 + S_2^2}} = (\cos 2\alpha, \sin 2\alpha)^{\text{T}} \tag{3.45}$$

其中，α 表示根据待测 Stokes 矢量求得的光束的偏振角(angle of polarization，AoP)。

从式(3.43)可以直观地看到，并非对每个待测的输入全 Stokes 矢量都可以实现 δ 的自校准。事实上，只有当线偏振度不等于零时，CRLB 的值才可能是有限的。因此，如果待测的光束为圆偏光(或完全非偏振光)，则无法实现 δ 自校准。相反地，如果 DoLP 的值很大，即待测 Stokes 矢量越接近于线偏振，则针对 δ 的自校准就更准确，更不容易受到噪声的干扰。

另一方面，从更一般的角度出发，实现 δ 自校准还需满足 $\|\boldsymbol{Q}\overline{\boldsymbol{s}}\| \neq 0$。实际上，对于任意给定的归一化 Stokes 矢量 $\overline{\boldsymbol{s}}$，$\boldsymbol{Q}\overline{\boldsymbol{s}}$ 可表示为 $\overline{\boldsymbol{s}}$ 中元素的线性组合：

$$\boldsymbol{Q}\overline{\boldsymbol{s}} = \boldsymbol{Q}_{\cdot 1}S_1 + \boldsymbol{Q}_{\cdot 2}S_2 \tag{3.46}$$

其中，$\boldsymbol{Q}_{\cdot j}$ 表示矩阵 $\boldsymbol{Q}$ 的第 j 列。因此满足 $\|\boldsymbol{Q}\overline{\boldsymbol{s}}\| = 0$ 的偏振态实际上依赖于 $\boldsymbol{Q}_{\cdot j}$ 之间的关系。进一步地，从矩阵论的角度分析，是否可以实现延迟量 δ 的自校准取决于矩阵 $\boldsymbol{Q}$ 的秩，即 rank[$\boldsymbol{Q}$]。

当 rank[$\boldsymbol{Q}$] = 0 时，$\boldsymbol{Q}$ 是一个零矩阵，无疑满足 $\|\boldsymbol{Q}\overline{\boldsymbol{s}}\| = 0$，因此，对于任意的待测 Stokes 矢量均无法实现相位延迟量的自校准。

当 rank[$\boldsymbol{Q}$] = 1 时，矩阵 $\boldsymbol{Q}$ 对应的算子零空间的维度等于 1。如果 $\overline{\boldsymbol{s}}$ 属于该零空间，则其对应的 CRLB$_\delta$ 值趋于无穷、自校准失效。在庞加莱球上，该零空间对应的结构为一个穿过中轴线和两个极点的"实心圆盘"(图 3.2(a))。这个"圆盘"的位置与待测 Stokes 矢量对应的 AoP 值一一对应。这表明，对于所有具有某种特定 AoP 值的待测 Stokes 矢量，自校准失效。

当 rank[$\boldsymbol{Q}$] = 2 时，矩阵 $\boldsymbol{Q}$ 不存在算子零空间。因此，可以对具有任意 AoP 值的待测 Stokes 矢量的测量过程进行相位延迟量 δ 自校准。当然，当待测 Stokes 矢量是圆偏振时，AoP 等于零，因此自校准亦失效。这时候对应的 Stokes 矢量在庞加莱球上构成连接两极点的直线(图 3.2(b))，即满足 DoLP = 0。事实上，该种情况对应了 δ 自校准有效对应的待测 Stokes 矢量的最大有效域。

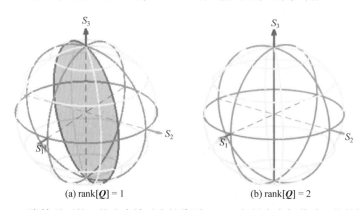

(a) rank[$\boldsymbol{Q}$] = 1   (b) rank[$\boldsymbol{Q}$] = 2

图 3.2　两类情况下的 δ 校准失效对应的待测 Stokes 矢量在庞加莱球上的结构图示
图(a)中的阴影部分和图(b)中的 S_3 方向直线表示失效域

本节将考虑基于偏振相机的 Stokes 偏振仪。与上述两类结构的偏振仪相比，主要区别在于 DoFP 偏振相机中有 4 个不同但方向固定的微偏振片阵列。在这样的结构中，一次图像采集可同时得到"超像素"块中的 4 个像素对应的 4 组光强测量值。正如第 3 章所述，为了估计全 Stokes 矢量，DoFP 偏振相机的光强图像采集次数 $N(= K / 4)$ 必须不小于 2。

当 $N = 2$ 时，假设相位延迟器的两个方向旋转角度分别为 (θ_1, θ_2)，可以证明该测量配置下的结构矩阵 Q 的秩恒为 1，其对应的算子零空间由满足偏振角 AoP $= -(\theta_1 + \theta_2)/2$ 的 Stokes 矢量张成。这意味着对于任意具有该 AoP 值的偏振光，都无法实现 δ 的自校准。该结论对于任意 δ 值的情况均成立。

当采集次数 $N = 3$ 时，延迟器的方向角度选取最容易实现的 $\theta_1 = 0°$，$\theta_2 = 45°$，$\theta_3 = 90°$ 这三个方向角度。基于该测量方案，对应的 Fisher 矩阵为

$$F = \frac{1}{2\sigma^2}\begin{bmatrix} F_S & A \\ A^T & S_1^2 + 2S_2^2 \end{bmatrix} \tag{3.47}$$

其中，对角矩阵 $F_S = \text{diag}(6,2,1,3)$ 表示 δ 已知时 Stokes 矢量 S 对应的 Fisher 矩阵；$A = [0,0,0,S_1]^T$。矩阵 F 的主对角元素的倒数分别对应每个参数单独估计时的 CRLB 值[18]。

事实上，当 δ 已知时 S 的 CRLB 与 S 无关，分别等于 $\sigma^2(1/3, 1, 2, 2/3)$。另一方面，如果 S 已知，CRLB_δ 等于 $2\sigma^2/(S_1^2 + 2S_2^2)$，即与 S 有关。特别地，当 $S_1 = S_2 = 0$ 时，δ 的 CRLB 值趋于无穷大，自校准失效。

对式(3.47)中的 Fisher 矩阵求逆并保留其主对角元素可得到参数集联合估计的 CRLB 值如下：

$$\text{CRLB}_\eta = \sigma^2\left\{ \frac{1}{3}, 1, 2, \frac{S_1^2 + 2S_2^2}{S_1^2 + 3S_2^2}, \frac{3(S_1^2 + 2S_2^2)}{(PS_0)^2(S_1^2 + 3S_2^2)} \right\} \tag{3.48}$$

其中，S_1 和 S_2 分别表示单位化(除以 S_0)后的 Stokes 参数。

可以看出，S_0，S_1 和 S_2 对应的 CRLB 值均与待测 Stokes 矢量 S 无关，且均等于其在 δ 已知条件下对应的值。这表明 δ 的估计对这些参数的估计没有影响。相反地，S_3 的 CRLB 值依赖于 S，且在 $2/3\sigma^2$ 和 σ^2 之间随待测 S 对应的偏振角 α 的变化而变化：

$$\text{CRLB}_{S_3} = \sigma^2 \frac{S_1^2 + 2S_2^2}{S_1^2 + 3S_2^2} = \sigma^2 \frac{1 + 2\tan^2 2\alpha}{1 + 3\tan^2 2\alpha} \tag{3.49}$$

式(3.49)中 CRLB_{S_3} 的值总是大于或等于 δ 已知情况下对应的值。δ 的 CRLB 值亦大于 S 已知情况下的值，并且当 S 趋于纯圆偏时趋于无穷大。

为了更直观地理解 CRLB 与待测偏振态之间的关系，在图 3.3(a)、(c)、(e)绘制了 $\text{CRLB}^{1/2}$ 与偏振方位角 α 和椭圆率 ε 之间的关系图。不失一般性地假设 $S_0 = 1, P = 1, \sigma^2 = 1$。请注意，在这个图中用角度值表示 $\text{CRLB}_\delta^{1/2}$，这相当于将式(3.49)中的表达式的平方根乘以一个转换系数 $180/\pi$。

从图 3.3 还可以看出，随着待测 Stokes 矢量的椭圆率 ε 的增加，$\text{CRLB}_\delta^{1/2}$ 的值变得非常大。当 $\varepsilon = \pm 45°$，即输入偏振态为纯圆偏振时，$\text{CRLB}_\delta^{1/2}$ 的值趋于无

穷大。这意味着如果入射光 S 是纯圆偏振的，即使获取了三张光强测量图，也不可能实现 δ 的自校准。同时，图 3.3 中绘制了对应两个不同方位角($\alpha=0°$ 和 45°)时 $\mathrm{CRLB}_\delta^{1/2}$ 随椭圆率 ε 的变化曲线。可以看出，当输入 Stokes 矢量的椭圆率 ε 为零(即线偏振光)时，δ 的估计效果最好，随着圆偏振程度的增大，自标定的效果不断变差。图中还绘制了 $\mathrm{CRLB}_\delta^{1/2}$ 随 α 变化的曲线，其中 $\varepsilon=0°,20°,30°$。这种变化是周期性的，且 ε 越接近 45° 其对应的 CRLB 的值越大。

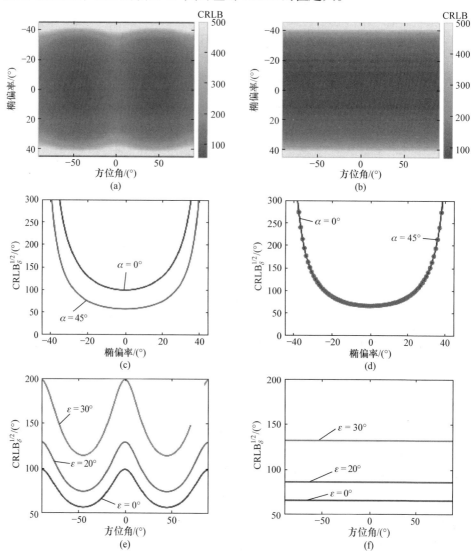

图 3.3　"0°-45°-90°"(左栏)和"0°-60°-120°"(右栏)配置下的 $\mathrm{CRLB}_\delta^{1/2}$ 值

(a)和(b)随偏振方向角和椭圆率的 2 维变化；(c)和(d)固定偏振方位角，随椭圆率变化；(e)和(f)固定椭圆率，随偏振方位角变化

对于 $N=3$ 的情况，本节将重点讨论和研究延迟器方向角度 θ_k 为 "0°-60°-120°" 配置下的 δ 自校准问题。这种情况下，各个参数对应的 CRLB 等于：

$$\text{CRLB}_\eta = \frac{4\sigma^2}{N}\left\{\frac{1}{4}, \frac{(S_1^2+S_2^2)+S_1^2\cos^2\delta}{(S_1^2+S_2^2)(1+\cos^2\delta)}\frac{(S_1^2+S_2^2)+S_2^2\cos^2\delta}{(S_1^2+S_2^2)(1+\cos^2\delta)},\right.$$
$$\left.\frac{S_3^2(\cos^2\delta+\cos^4\delta)}{(S_1^2+S_2^2)\sin^4\delta}+\frac{1}{2\sin^2\delta},\frac{1+\cos^2\delta}{(PS_0)^2(S_1^2+S_2^2)\sin^2\delta}\right\} \tag{3.50}$$

根据式(3.50)可知，CRLB 与光强采集次数 N 成反比，CRLB_δ 与 $S_1^2+S_2^2$ 成反比。这意味着当待测的是纯圆偏振光时，无法实现 δ 的自校准。

当 $\delta=90°$ 即所用延迟器为 QWP 时，有

$$\text{CRLB}_\eta = \frac{\sigma^2}{N}\left\{1,4,4,2,\frac{4}{(PS_0)^2(1-S_3^2)}\right\} \tag{3.51}$$

可以看出，4 个 Stokes 参数对应的 CRLB 值与输入的待测 Stokes 矢量无关，且与 δ 已知时的值相同。此外，δ 对应的 CRLB 值与待测 $\boldsymbol{S}$ 的偏振角无关，只取决于信噪比和 Stokes 矢量的圆偏分量 S_3。

接下来考虑 $N=3$ 的情况，即 $\theta_k=0°,60°,120°$。与 "0°-45°-90°" 型配置类似，参数估计的 CRLB 值与输入的 Stokes 矢量的偏振角和椭圆率之间的关系如图 3.3(d)、(f)所示。与 "0°-45°-90°" 型配置相比，主要的区别是 "0°-60°-120°" 配置对应的 CRLB_δ 不再依赖于输入 Stokes 的偏振角，而仅依赖于椭圆率。另一方面，在配置 "0°-60°-120°" 中，对应的 CRLB_δ 的值略低。相关结果可推广到对应其他延迟量数值的情况。

此外，可以通过实验验证其与真实测量过程中的标准差的关系。为了实现这一目的，研究在不同信噪比环境下的 δ 自校准和 Stokes 矢量同步估计的精度。偏振相机采用 LUCID 公司基于 Sony IMXMZR CMOS 芯片的 DoFP 偏振相机(图 3.4(a))。通过在卤素灯(halogen lamp)前依次放置一个中心波长为 650 nm(带宽为 10 nm)的滤波片(filter)和一个偏振方向角为 0° 的线偏振片(P)，可实现水平方向的线偏振入射光。在偏振相机前放置一个可旋转的 QWP，将其方向角度分别旋转至 0°,60°,120° 可分别获得 3 次光强图像采集。基于这 3 次光强图像采集可实现入射 Stokes 矢量的测量，实验装置如图 3.4(b)所示。

在实际测量过程中，噪声主要来源于相机光电转换过程中产生的噪声，并且在本章的实验环境下，噪声的强度主要由光源的光强度决定。当光源的光强固定为 S_0 时，量化噪声的方差 $\sigma^2=S_0/2$，即有 $\text{SNR}=\sqrt{2S_0}$。因此在实验过程中，只需要改变光源的强度即可实现不同 SNR 下对应的测量。对于每一个 SNR，均通

过采集 10^4 张光强采集测量 Stokes 矢量，并计算得到对应不同参数的标准差 (standard deviation，STD)。

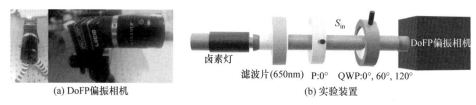

(a) DoFP偏振相机　　　　　　　　　　(b) 实验装置

图 3.4　基于 DoFP 偏振相机的实验装置

图 3.5(a)给出了不同 SNR 下 δ 的 STD(虚线)和 CRLB$[\delta]^{1/2}$(实线)，可以看出，对于较高的 SNR，STD 与 CRLB 十分接近，这是因为这时候 CRLB 可以准确地表征实际的估计方差。但是对于低 SNR 的情况，有明显的偏差。这个偏差发生的位置大致是在 SNR 等于 6，或者 δ 的 STD 等于 7° 的地方。

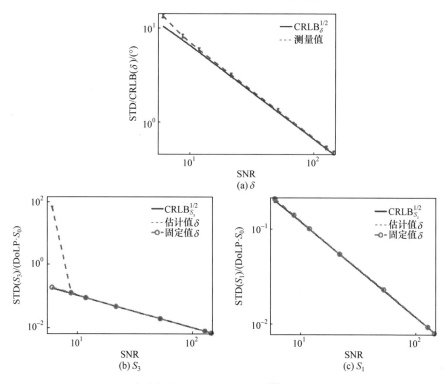

图 3.5　参数估计的标准差、CRLB$^{1/2}$ 与 SNR 的关系
待测偏振态满足 $\alpha = 0°$，$\varepsilon = 0°$，S_0 表示光强

图 3.5(b)分别给出了用估计得到的 δ 计算得到的 S_3 的估计 STD 和用已知的 $\delta = 90°$ 计算得到的 S_3 的估计 STD。所有上述 STD 均除以一个系数 DoLP · S_0，为

了保障真实性,其中的 S_0 和 DoLP 均通过在 10 个像素内 10^4 张图求平均计算得到。$\text{CRLB}_{S_3}^{1/2}$ 亦在图中绘制以方便对比。可以看到，当 $\delta = 90°$ 时，$\text{CRLB}[S]_{\delta_{uk}} = \text{CRLB}[S]_{\delta_k}$。当 SNR 较高时，实验的 STD 值等于 CRLB 值。但是当 SNR 小于 6 时，STD 开始明显地偏离 CRLB。通过对比图 3.5(a)可发现，这正是 δ 的估计出现偏差的位置。

该结论与蒙特卡罗模拟分析的结论一致：参数的估计受噪声影响太大，偏离其真实值，而参数 S_3 的估计又依赖于参数 δ 的估计值。只有当参数的估计值与真实值相差不大时，CRLB 才能准确地表示实际估计对应的 STD 值，但随着信噪比的降低，这个前提条件被破坏[18]。图 3.5(c)给出了参数 S_1 对应的实际 STD 与理论 CRLB 值的关系图，结论与蒙特卡罗分析结果一致：无论 SNR 等于多少，STD 与 CRLB 都高度吻合，这是因为 δ 的估计偏差不会影响 S_1。同样地，可验证 S_2 的估计结果与 S_1 一样。

以上实验结果验证了用 CRLB 值替代实际估计 STD 在研究偏振成像仪自校准的可行性和性能方面的有效性。但需要牢记的是，这样做的前提是 SNR 要足够大，或者等价地，当估计 δ 的实际估计方差不大时(本实验为 7°)，基于 CRLB 的分析才有效。本节介绍的研究对选择满足特定精度和自动校准要求的应用偏振仪具有非常重要的指导意义。除了相位延迟量外，本节提出的方法还可用于分析和标定任何其他参数(如光学元件的方向角度等)。

3.2　Mueller 偏振测量系统的标定方法

Mueller 矩阵偏振仪用于测量光学系统及光学元件偏振特性，主要由 PSG 和 PSA 组成如图 3.6 所示。通过调制 PSG 与 PSA 完成对样品偏振特性的测量。为了提高偏振测量的精度，需要对 Mueller 矩阵偏振仪进行标定。Mueller 矩阵偏振仪的标定方法主要有傅里叶标定法、特征值标定法[21-23]和最大似然标定法。

3.2.1　傅里叶标定法

1990 年，Goldstein 等[9]提出了一种针对双旋转波片法 Mueller 成像偏振仪的标定方法，主要是基于傅里叶分析的误差标定方法。该标定该方法考虑了双旋转波片法 Mueller 成像偏振仪的 5 个主要误差源，分别是两个可旋转 1/4 波片的相位延迟量误差 ε_1、ε_3 和

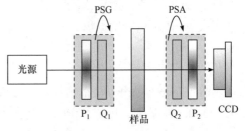

图 3.6　Mueller 偏振仪结构示意图

方位角误差 ε_2、ε_4，以及偏振片的方位角误差 ε_5。其基本原理如下。

令 PSG 和 PSA 中 1/4 波片按 1：5 旋转角度比例旋转，然后将空气作为定标元件进行检测，由于空气的 Mueller 矩阵已知，且为单位矩阵，并对探测器获得的光强按下式：

$$I = a_0 + \sum_{n=1}^{12}[a_n \cos(2n\theta) + b_n \sin(2n\theta)] \tag{3.52}$$

进行傅里叶分析，进一步可以获得各项傅里叶系数，利用各个误差与傅里叶系数之间的关系，可以实现上述 5 个误差的标定，下式为 5 个误差参数与傅里叶系数之间的关系式：

$$
\begin{cases}
\varepsilon_1 = \dfrac{1}{4}\arctan\left(\dfrac{b_8}{a_8}\right) - \dfrac{1}{4}\arctan\left(\dfrac{b_{10}}{a_{10}}\right) \\[2mm]
\varepsilon_2 = \dfrac{1}{2}\arctan\left(\dfrac{b_2}{a_2}\right) - \dfrac{1}{2}\arctan\left(\dfrac{b_6}{a_6}\right) + \dfrac{1}{4}\arctan\left(\dfrac{b_8}{a_8}\right) - \dfrac{1}{4}\arctan\left(\dfrac{b_{10}}{a_{10}}\right) \\[2mm]
\varepsilon_3 = \dfrac{1}{2}\arctan\left(\dfrac{b_2}{a_2}\right) + \dfrac{1}{2}\arctan\left(\dfrac{b_8}{a_8}\right) - \dfrac{1}{2}\arctan\left(\dfrac{b_{10}}{a_{10}}\right) \\[2mm]
\delta_1 = \arccos\left(\dfrac{a_{10}\cos a_9 - a_8\cos a_{11}}{a_{10}\cos a_9 + a_8\cos a_{11}}\right) \\[2mm]
\delta_2 = \arccos\left[\dfrac{a_2\cos a_9 - a_8\cos(4\varepsilon_3 - 2\varepsilon_5)}{a_2\cos a_9 + a_8\cos(4\varepsilon_3 - 2\varepsilon_5)}\right]
\end{cases} \tag{3.53}
$$

其中，$\alpha_9 = 4\varepsilon_2 - 4\varepsilon_1 - 2\varepsilon_3$；$\alpha_{11} = 4\varepsilon_2 - 2\varepsilon_3$。可以看出，为了求解傅里叶系数，至少需要检测 25 次光强，所以完成各个参数的误差标定至少需要检测 25 次。由此可得到各个偏振元件的误差大小。根据得到的误差大小，对 Mueller 矩阵偏振仪进行补偿，提高其检测精度。

该方法的优点是不需要任何额外定标元件，即可完成 Mueller 成像偏振仪中误差大小的标定，考虑 Mueller 矩阵偏振仪中的 5 个主要误差源，适用于双旋转波片法调制的 Mueller 成像偏振仪的标定。

主流的标定法为特征值标定法，通过标定 PSG 的仪器矩阵和 PSA 的仪器矩阵完成 Mueller 矩阵偏振仪的标定。

3.2.2 特征值标定法

Compain 等提出了特征值标定法(eigenvalue calibration method，ECM)来实现对 Mueller 偏振仪的标定。在标定过程中，该方法需要具有衰减延迟特性的器件作为定标元件，并利用 Mueller 成像偏振仪对其进行检测，通过探测器获得的多组光强矩阵计算出 PSG 和 PSA 的仪器矩阵 G 和 A，进而得到 Mueller 成像偏振仪的仪器矩阵。

特定值标定法是一种基于控制论和线性代数的标定方法。这种方法的目的是在探测器或得到的光强测量矩阵 D 已知的情况下，确定线性系统中的矩阵 A、W 和 M_i(图 3.7)。为了实现这个目的，通过不断地更换样品(对应 Mueller 矩阵 M_i)，直到图 3.7 对应线性测量系统是过定的且最优解是唯一的。当待研究的线性测量系统是 Mueller 偏振仪，样品 M_i 表示偏振元件(例如偏振片、波片等)。这些样品一般被称为标定样品。

为了得到测量系统的最优解，往往需要三个基本假设。

(1) 系统噪声是可忽略的。

(2) 标定样品对应的 Mueller 矩阵是已知的。

(3) 用作标定样品的偏振片必须是完美的。

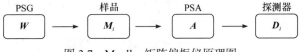

图 3.7　Mueller 矩阵偏振仪原理图

图 3.7 中的 Mueller 偏振仪的数学表达为

$$D_i = A^\mathrm{T} M_i W \tag{3.54}$$

其中，M_i 表示第 i 个用作标定样品的偏振元件对应的 Mueller 矩阵；D_i 表示探测器获取的 $q \times n$ 阶矩阵；A 表示 PSA 对应的测量矩阵；W 表示 PSG 部分对应的测量矩阵。为了简化计算，不失一般性地假设 $q = n = 4$。

式(3.54)左乘空气 Mueller 矩阵 D_air 对应的逆矩阵为

$$D_\mathrm{air}^{-1} = \left(A M_i W \right)^{-1} = (AW)^{-1} \tag{3.55}$$

可得

$$C_i = D_\mathrm{air}^{-1} D_i = W^{-1} M_i W \tag{3.56}$$

其中，C_i 和 M_i 是相似矩阵。这就意味着两个矩阵具有相同的特征根[24]。一般情况下，矩阵 M_i 可以分解为

$$M_i = R(\theta) \begin{bmatrix} 1 & a_i & 0 & 0 \\ -a_i & 1 & 0 & 0 \\ 0 & 0 & b_i & c_i \\ 0 & 0 & -c_i & b_i \end{bmatrix} R(-\theta) \tag{3.57}$$

其中，$a_i = -\cos 2\Psi_i$；$b_i = \sin 2\Psi_i \cos \Delta_i$；$c_i = \sin 2\Psi_i \sin \Delta_i$。$\Psi_i$ 和 Δ_i 分别表示椭偏

参数[25]，因此矩阵 M_i 的特征根为

$$\mu_1 = 2\tau\sin^2\Psi_i, \quad \mu_2 = 2\tau\cos^2\Psi_i$$
$$\mu_3 = \tau\sin(2\Psi_i)\exp(\mathrm{i}\varDelta_i), \quad \mu_4 = \tau\sin(2\Psi_i)\exp(-\mathrm{i}\varDelta_i)$$

(3.58)

因此，可以根据矩阵 C_i 的特征根部分重建矩阵 M_i。之所以说是部分重建是因为偏振元件的旋转方位角 θ_i 将在后面的步骤中通过优化确定。当且仅当空气对应的 Mueller 矩阵 D_{air} 是单位矩阵时式(3.55)成立。假设噪声是可以忽略的，如果该假设是正确的，问题将简化为由式(3.56)求解矩阵 W。然后利用式(3.56)计算得到矩阵 A。

通过对式(3.57)左右均乘矩阵 W，可得

$$M_iW - WC_i = 0 \tag{3.59}$$

这是 Sylvester 方程(满足 $MW - WC + K = 0$ 和 $K = 0$)的一种特殊情况，该方程用于控制理论[26]、神经网络[27]和光学波前重建[28]等领域。关于这个方程更完整的论述可在文献[29]中找到。常见的求解式(3.59)的方法有：反向代入[30]的 Schur 分解、对角化[31]和列堆叠法等[32]。

为了求解式(3.59)，特征值标定法利用对角化和列堆叠法。首先有必要先介绍 vec 算子[32]。这是一个将 $n\times m$ 阶矩阵的列堆成一个 $1\times n\times m$ 阶向量的运算符。矩阵乘法可以用这个运算符重写为

$$\mathrm{vec}(JKF) = \left(F^{\mathrm{T}} \otimes J\right)\mathrm{vec}(K) \tag{3.60}$$

其中，J、K、F 分别表示任意的测量矩阵，T 表示矩阵的转置，$\otimes$ 表示 Kronecker 积[33]。根据式(3.60)，式(3.59)可重新整理为

$$\left(I \otimes M_i - C_i^{\mathrm{T}} \otimes I\right)\mathrm{vec}(W) = 0$$
$$H_i\mathrm{vec}(W) = 0$$

(3.61)

其中，I 表示 4×4 单位矩阵；H_i 表示 16×16 矩阵。如果 H_i 是厄米矩阵，则矩阵 W 存在于 H_i 的特征空间中。然而，H_i 通常并不是厄米矩阵。为了消除这一限制，在式(3.61)两边同时乘以 H_i：

$$H_i^{\mathrm{T}} H_i\mathrm{vec}(W) = 0 \tag{3.62}$$

此时 W 存在于 $H_i^{\mathrm{T}} H_i$ 的 16 维特征空间中。可利用零空间方法[34]来减少解的数量，找到矩阵 W。该方法以不同的偏振元件作为标定样本，进行了 n 次测量。对于每次测量，式(3.62)均可以等价表示为

$$L\mathrm{vec}(W) = 0 \tag{3.63}$$

其中，$L = H_1^{\mathrm{T}} H_1 + \cdots + H_n^{\mathrm{T}} H_n$。

如果 n 个校准样本选取得当，$\mathrm{vec}(\boldsymbol{W})$ 是对应于 $\boldsymbol{L}$ 的零特征值的特征向量，而矩阵 $\boldsymbol{L}$ 必须只有一个零特征值，以保证解是唯一的。例如，如果 $\boldsymbol{L}$ 的两个特征值为零，则 $\mathrm{vec}(\boldsymbol{W})$ 位于由与零特征值对应的两个特征向量定义的 16 维超平面中。如果三个特征值为零，那么 $\mathrm{vec}(\boldsymbol{W})$ 就处于 16 维超体积中，以此类推。

为了确保矩阵 $\boldsymbol{W}$ 是式(3.63)的唯一解，对 n 个校准样品的进行应满足使得矩阵 $\boldsymbol{L}$ 的零空间缩减为 1。理论上，所使用的完美的偏振片，偏振方向不等于 0 或 $\pi/2^{[35]}$。一旦确定 $\boldsymbol{L}$ 只有一个零特征值，标定样品的旋转方位角即可通过最小化 $\varepsilon = \sqrt{\lambda_{16}/\lambda_{15}}$ 确定。它是最小特征值和第二最小特征值的比值。请注意，最小化操作只能得到偏振元件的相对角度方向。矩阵的特征值对旋转是不变的，因此均有 $\boldsymbol{M}_i' = \boldsymbol{R}(\theta')\boldsymbol{M}_i\boldsymbol{R}(-\theta')$，且对于不同的矩阵 $\boldsymbol{W}$ 仍然可以得到相同的特征值。如果参照系中设置的参考轴固定(例如它与放置在光源之后的第一个偏振元件的参考轴重合)。一旦 $\boldsymbol{W}$ 被确定，$\boldsymbol{A}$ 最终可以根据下式确定：

$$\boldsymbol{A} = \boldsymbol{D}_{\mathrm{air}}\boldsymbol{W}^{-1} = \boldsymbol{T}\boldsymbol{W}\boldsymbol{W}^{-1} \tag{3.64}$$

式(3.64)是一个度量，它量化了由偏振元件缺陷、激光噪声和电子噪声等引起的校准误差。统计比较不同次实验下针对 $\boldsymbol{D}_{\mathrm{air}}$ 的测量可以量化激光和电子噪声对参数 ε 的影响。

需要强调的是，这种标定方法旨在通过一组方程的数值求解实现矩阵 $\boldsymbol{A}$ 和 $\boldsymbol{W}$ 的求解，而没有任何针对 PSG 和 PSA 的建模。因此，显著影响 $\boldsymbol{A}$ 和 $\boldsymbol{W}$ 的许多因素(例如光学组件特征或定位不准确、光束发散度和应变双折射等)已经包含在考虑的范围内，只要这些因素是静态的且不会改变光强度测量的线性度，均不会对校准产生明显影响。事实上，当系统中的波长发生改变时，校准完全丢失，但在新的配置下，系统一旦再次校准，所描述的测量精度就会完全恢复。

上述方法在一定程度上解决了 Mueller 成像偏振仪的标定问题，提高了检测精度，但也存在一些不足。基于傅里叶分析的误差标定法虽然不采用任何定标元件，但是在标定 Mueller 成像偏振仪中的偏振器件误差时至少需要检测 25 组光强数据，然而检测的 25 组光强数据并没有都用来标定这些偏振器件的误差，这使得检测过程存在冗余；本征值标定法和最大似然标定法在标定过程中都需要用到定标元件，其标定的精度依赖于定标元件的性能。

2013 年，胡浩丰等提出了最大似然(maximum likelihood，ML)标定法。该标定法同样需要定标元件，并利用 Mueller 成像偏振仪进行检测，与本征值标定法不同，其采用数学中的最大似然标定法处理所得到的光强数据，最后得到 Mueller 成像偏振仪的仪器矩阵。最大似然标定法在标定过程中对仪器矩阵进行了参数化处理，这在一定程度上就相当于对仪器矩阵进行了假设，会导致实际的仪器矩阵不满足参数化处理的条件，进而影响该方法标定结果的准确性[35,36]。

3.2.3 最大似然标定法

特征值标定法是一种快速、有效的标定方法，并且已经成功应用于标定不同的偏振测量系统。然而，特征值标定法没有考虑标定过程中噪声的影响。因此，如何最优化地考虑噪声的统计特性，是 Mueller 偏振测量系统标定方法的发展方向。最大似然标定法[37]就是考虑了噪声统计特性的标定方法，该方法可以有效地降低标定误差，并解决高噪声环境及宽光谱情况下实现标定的难题。

对于 Mueller 偏振系统的最大似然标定法，我们依然要采用若干参考样品。把第 k 个参考样品的 Mueller 矩阵称为 $\boldsymbol{M}_k$，则探测器接收的光强可以用矩阵形式表示为

$$I_k = \beta_k \boldsymbol{A} \boldsymbol{M}_k \boldsymbol{W} \tag{3.65}$$

其中，β_k 是与入射光强及矩阵 $\boldsymbol{A}$、$\boldsymbol{W}$ 和 $\boldsymbol{M}_k$ 参数化相关的参数。在最大似然方法中，同时测量所有参考样品的 Mueller 矩阵参数，以及矩阵 $\boldsymbol{W}$ 和 $\boldsymbol{A}$ 的参数。

各个参考样品的参数可以用矢量 ξ_m 形式分别表示为 $P_1(\theta_1, a_{p1}, b_{p1}, c_{p1})$、$P_2(\theta_2, a_{p2}, b_{p2}, c_{p2})$、$R_1(a_{r1}, b_{r1}, c_{r1})$、$R_2(a_{r2}, b_{r2}, c_{r2})$。其中括号里的参数即是对应的参考样品的参数。可以看出，这四个样品共计有 14 个参数。需要注意的是，透射率并不包含在这些参数中，因为 PSG 的透过率、PSA 的透过率以及光强并不能被单独计算出来，这三者的乘积表示为式(3.65)中的 β_k。

矩阵 $\boldsymbol{W}$ 和 $\boldsymbol{A}$ 分别由 4 个 Stokes 矢量组成，为了确保测算的矩阵 $\boldsymbol{W}$ 和 $\boldsymbol{A}$ 中的 Stokes 矢量都是物理可行的，把矩阵 $\boldsymbol{W}$ 和 $\boldsymbol{A}$ 中的每个 Stokes 矢量用光强 I、偏振度 P、方位角 α 和椭偏率 ξ 来表示。因此，$\boldsymbol{W}$ 和 $\boldsymbol{A}$ 可以表示为

$$\boldsymbol{W}(\xi_W) = \frac{1}{2} \times$$

$$\begin{bmatrix} 1 & I_2 & I_3 & I_4 \\ P_1\cos(2\varepsilon_1)\cos(2\alpha_1) & I_2 P_2\cos(2\varepsilon_2)\cos(2\alpha_2) & I_3 P_3\cos(2\varepsilon_3)\cos(2\alpha_3) & I_4 P_4\cos(2\varepsilon_4)\cos(2\alpha_4) \\ pP\cos(2\varepsilon_1)\sin(2\alpha_1) & I_2 P_2\cos(2\varepsilon_2)\sin(2\alpha_2) & I_3 P_3\cos(2\varepsilon_3)\sin(2\alpha_3) & I_4 P_4\cos(2\varepsilon_4)\sin(2\alpha_4) \\ P_1\sin(2\varepsilon_1) & I_2 P_2\sin(2\varepsilon_2) & I_3 P_3\sin(2\varepsilon_3) & I_4 P_4\sin(2\varepsilon_4) \end{bmatrix}$$

$$\tag{3.66}$$

$$\boldsymbol{A}^{\mathrm{T}}(\xi_A) = \frac{1}{2} \times$$

$$\begin{bmatrix} 1 & I_6 & I_7 & I_8 \\ P_5\cos(2\varepsilon_5)\cos(2\alpha_5) & I_6 P_6\cos(2\varepsilon_6)\cos(2\alpha_6) & I_7 P_7\cos(2\varepsilon_7)\cos(2\alpha_7) & I_8 P_8\cos(2\varepsilon_8)\cos(2\alpha_8) \\ P_5\cos(2\varepsilon_5)\sin(2\alpha_5) & I_6 P_6\cos(2\varepsilon_6)\sin(2\alpha_6) & I_7 P_7\cos(2\varepsilon_7)\sin(2\alpha_7) & I_8 P_8\cos(2\varepsilon_8)\sin(2\alpha_8) \\ P_5\sin(2\varepsilon_5) & I_6 P_6\sin(2\varepsilon_6) & I_7 P_7\sin(2\varepsilon_7) & I_8 P_8\sin(2\varepsilon_8) \end{bmatrix}$$

$$\tag{3.67}$$

其中，I_1 和 I_5 的值设定为 1。因此，W 和 A 矩阵均包含 15 个参数，分别用矢量形式表示为 ξ_W 和 ξ_A。综上所述，在标定过程中一共需要估算 44 个参数。

最大似然估算法的目标是寻找以下公式的最优解：

$$\{\hat{\xi}_m, \hat{\xi}_W, \hat{\xi}_A\} = \arg \max_{\xi_m, \xi_W, \xi_A} \{L(\xi_m, \xi_W, \xi_A)\} \tag{3.68}$$

其中，L 是对数化的似然函数。通过正确选择似然函数，最大似然估算法可以适用于任意统计分布的噪声。在本节中，我们认为标定过程中的光强测量受到高斯加性噪声的干扰。在这种情况下，对数化的似然函数可以表示为

$$L(\beta; \xi_m, \xi_W, \xi_A) = -\frac{1}{2\sigma^2}\sum_k \left\| I^k - \beta_k A M_k W \right\|^2 \tag{3.69}$$

其中，$\|\cdot\|$ 算符为 Frobenius 范数；$\beta = (\beta_1, \beta_2, \cdots, \beta_k)$。式(3.69)可以表示为

$$L(\beta; \xi_m, \xi_W, \xi_A) = -\frac{1}{2\sigma^2}\sum_k \left\| i^k - \beta_k Q m^k \right\|^2 \tag{3.70}$$

其中，$i^k (m^k)$ 是按照字典顺序读取 Mueller 矩阵 $I^k (M^k)$ 而得到的 16 维的矢量；Q 是测量矩阵 $Q = [A^T \otimes W]^T$，$\otimes$ 表示 Kronecker 积。

从式(3.69)中可以看出似然函数与参数 β_k 相关，而这些参数可以通过解析的方式计算出来。实际上有

$$\frac{\partial L}{\partial \beta_k} = 0 \Rightarrow \hat{\beta}_k = \frac{[i^k]^T Q m^k}{\left\| Q m^k \right\|^2} \tag{3.71}$$

把式(3.71)代入式(3.69)中，可以得到需要最大化的函数

$$L(\xi_m, \xi_W, \xi_A) = \sum_k \frac{[i^k]^T Q m^k}{\left\| Q m^k \right\|^2} \tag{3.72}$$

我们可以采用序列二次规划方法进行式(3.72)的限制性最优化求解，其中的限制条件是 W 和 A 中所有的 Stokes 矢量的偏振度不大于 1。

可以首先通过蒙特卡罗数值仿真，比较最大似然标定法和特征值标定法的标定精度。W 和 A 矩阵的真实值为

$$W = A^T = \frac{1}{2}\begin{bmatrix} 1 & 1 & 1 & 1 \\ 1/\sqrt{3} & -1/\sqrt{3} & -1/\sqrt{3} & 1/\sqrt{3} \\ 1/\sqrt{3} & -1/\sqrt{3} & 1/\sqrt{3} & -1/\sqrt{3} \\ 1/\sqrt{3} & 1/\sqrt{3} & -1/\sqrt{3} & -1/\sqrt{3} \end{bmatrix} \tag{3.73}$$

假定标定过程中采用的样品(线偏振片 P_1、线偏振片 P_2)是非理想化的，它们

在 $\theta = 0$ 时的 Mueller 矩阵为

$$P_0 = \frac{\tau}{2} \begin{bmatrix} 1 & 0.9 & 0 & 0 \\ 0.9 & 1 & 0 & 0 \\ 0 & 0 & 0.05 & 0.1 \\ 0 & 0 & -0.1 & 0.05 \end{bmatrix} \tag{3.74}$$

我们认为线偏振片 P_1 的方向为 45°，线偏振片 P_2 的方向为 –45°。反射型参考样品是理想的，其 Mueller 矩阵为

$$R(\tau_r, \Delta, \psi) = \tau_r \begin{bmatrix} 1 & -\cos 2\psi & 0 & 0 \\ -\cos 2\psi & 1 & 0 & 0 \\ 0 & 0 & \sin 2\psi \cos \Delta & \sin 2\psi \sin \Delta \\ 0 & 0 & -\sin 2\psi \sin \Delta & \sin 2\psi \cos \Delta \end{bmatrix} \tag{3.75}$$

两个反射型样品的 Mueller 矩阵参数分别为 $(R_1, \Delta_1, \psi_1) = (0, 0, 135°)$，$(R_2, \Delta_2, \psi_2) = (90°, 90°, -30°)$。实际上，这两组反射型样品的参数对于特征值标定法是最优的参数。

假设标定的测量过程中受到高斯白噪声的干扰，通过仿真得这种情况下特征值标定法和最大似然标定法对于测量矩阵 Q 的标定均方根误差与信噪比的关系曲线，如图 3.8 所示。从图中可以看出，在各个信噪比情况下，最大似然标定法的标定误差均小于特征值标定法。最大似然标定法具有更高的精度，这是由于该方法以最优化的方法考虑噪声的统计规律以及矩阵 W 和 A 中 Stokes 矢量的物理可行性限制。另外，从图 3.8 中可以看出，在信噪比低于 10 dB 时，特征值法的标定误差会很大，无法成功实现标定。然而，最大似然标定法在低信噪比时依然保持较低的误差。

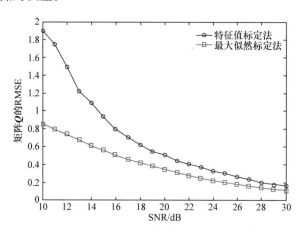

图 3.8　Mueller 偏振仪测量矩阵 Q 的标定误差

　　此外，还利用红外宽光谱 Mueller 偏振测量系统对最大似然标定法和特征值标定法的标定精度进行了实验验证。在该系统中，光源是商用的红外傅里叶变换干涉仪，可以输出波长 1.5～16 μm 的准直光束，其光谱如图 3.9 所示。

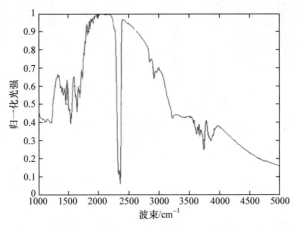

图 3.9　红外宽光谱 Mueller 偏振测量系统中红外光源的光谱曲线

　　为了比较最大似然标定法和特征值标定法在不同信噪比下的标定精度，分别进行了不同次数的测量(4 次、16 次和 36 次)，并将测量结果进行了平均。例如，将测量次数翻倍对应于将信噪比提升 3 dB。由于 36 次测量取平均时的标定精度非常高，可以将 36 次测量取平均时的标定结果认为是真实值。图 3.10 展示了 16 次测量和 4 次测量情况下，最大似然标定法和特征值标定法在不同波数下标定的均方根误差。从图 3.10 中可以看出，在不同波数(波长)时，最大似然标定法的标定误差小于特征值标定法的标定误差，从而验证了最大似然标定法具有更高的标定精度。

　　在 Mueller 偏振测量仪最大似然标定法中，需要使用带有相位延迟特性的参考样品，而样品的相位延迟量又与波长相关，因此在宽光谱 Mueller 偏振测量仪标定中，有可能会在某些波长对应特殊的相位延迟量，导致标定误差的急剧增大，从而导致标定失效。如果能够在标定过程中，不使用具有相位延迟特性的样品，而仅使用线性偏振片，则可以解决在宽光谱 Mueller 偏振测量仪标定中在特定波长下标定失效的问题。为了实现这一目标，我们对最大似然标定法进行了改进。

　　一般来说，Mueller 偏振测量仪中 PSG 和 PSA 是没有退偏特性的，所以可以认为矩阵 W 和 A 中各个 Stokes 矢量的偏振度的值为 1。在这种情况下，式(3.66)和式(3.67)中，P 的值均为 1，从而减小了 8 个要最优化的参数。在这种情况下，矩阵 W 和 A 依然具有唯一解，这使得仅采用线性偏振片标定 Mueller 偏振测量仪成为可能，我们称其为简化型 Mueller 偏振测量仪最大似然标定法[36]。

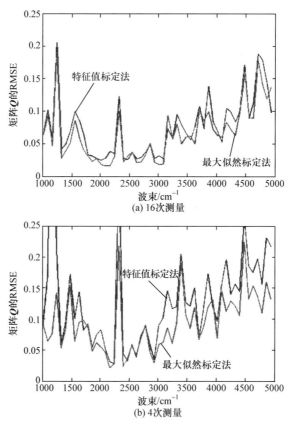

图 3.10　不同测量次数(信噪比)情况下，最大似然标定法和特征值标定法在不同波数下标定的
均方根误差

　　为了验证简化型 Mueller 偏振测量仪最大似然标定法的可行性，我们开展了光谱型 Mueller 偏振测量系统的标定实验。该系统中的光源为卤素灯，探测器为光谱仪。卤素灯光源的光谱图如图 3.11 所示。

　　首先采用两个偏振片和一个波片作为参考样品(称为 2P+R 模式)。两个偏振片的方向分别是 0° 和 90°，波片的方向是 30°。波片的延迟量与波长的关系如图 3.10 所示。基于这三个参考样品，可以采用特征值标定法和最大似然标定法进行标定，其标定结果如图 3.12 所示。

　　最大似然标定法的标定误差低于特征值标定法的标定误差，这是因为最大似然标定法考虑了噪声的统计规律，并且对矩阵 **W** 和 **A** 中的 Stokes 矢量进行了物理可行性约束。特征值标定法的标定误差在 494 nm 附近发散了，这是因为在该波长附近，波片的相位延迟量接近 180°，如图 3.12 所示。然而，最大似然标定法在各个波长下都能成功实现标定。另外，对比图 3.13(a)和(b)，可以发现，在低信噪比的情况下(图 3.13(a))，特征值标定法的误差在较宽的光谱范围(475～525nm)内都具有较大值，这也说明特征值标定法需要更高的信噪比以及合适的延迟量，而最大似然标定法不需要这些限制条件。

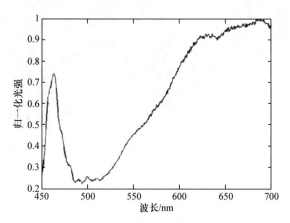

图 3.11　卤素灯光源的光谱图

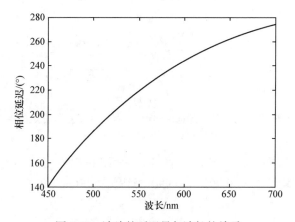

图 3.12　波片的延迟量与波长的关系

如果把三个样品中的波片替换为角度为 45°的偏振片(3P 模式)，并且将矩阵 W 和 A 中 Stokes 矢量的偏振度都设定为 1，最大似然标定法依然能成功实现标定，如图 3.13 所示。其中，在低信噪比情况下(图 3.13(a))，3P 模式最大似然标定法的标定误差与特征值标定法的标定误差相当。而在较高的信噪比下(图 3.13(b))，3P 模式的标定均方根误差比特征值标定法高 0.012，这对于16×16 的矩阵 Q 来说是个微小的误差。产生这个误差的原因是 W 和 A 矩阵中 Stokes 矢量的真实偏振度是略低于 1 的。

为了减小 3P 模式中微小的误差，需要把 W 和 A 矩阵中 Stokes 矢量偏振度的值设定为更接近真实值。在很高的信噪比情况下，测量了不同波长下 W 和 A 矩

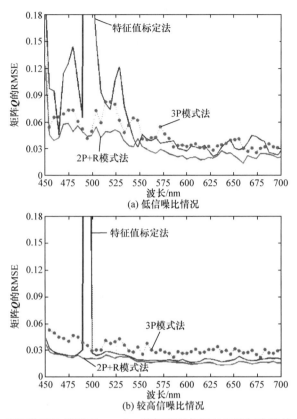

图 3.13　不同信噪比情况下 Mueller 偏振测量仪测量矩阵标定的均方根误差
图(b)中的信噪比是图(a)中的 10 倍

阵中 Stokes 矢量偏振度的平均值,如图 3.14 所示,可以看出,W 和 A 矩阵中 Stokes 矢量偏振度的平均值约为 0.995 和 0.990,这是由 PSG 和 PSA 中光学元件的非理想化导致的。

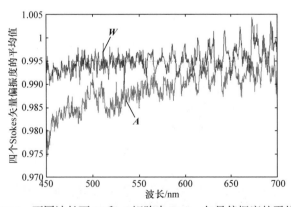

图 3.14　不同波长下 W 和 A 矩阵中 Stokes 矢量偏振度的平均值

　　PSG 和 PSA 中的微弱的退偏效应导致了 3P 模式下最大似然标定法标定误差的提高。如果把 W 和 A 矩阵中 Stokes 矢量偏振度的值分别设定为 0.995 和 0.990，则 3P 模式下最大似然标定法的标定精度可以进一步提升，如图 3.15 所示。从图 3.15 中可以看出，3P 模式下，最大似然标定法的标定误差总体小于特征值标定法的标定误差，并且几乎与 2P+R 模式下最大似然标定法的标定误差相似。这也说明了简化型最大似然标定法仅采用线偏振片作为参考样品，便可实现 Mueller 偏振测量仪的标定。

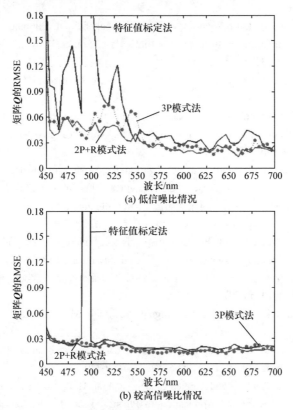

图 3.15　将 W 和 A 矩阵中 Stokes 矢量偏振度的值分别设定为 0.995 和 0.990 时，各种方法的标定均方根误差

参 考 文 献

[1] Goldstein D H. Polarized Light[M]. New York: CRC Press, 2016.

[2] 廖延彪. 偏振光学[M]. 北京:科学出版社, 2003.

[3] Twietmeyer K M, Chipman R A, Elsner A E, et al. Mueller matrix retinal imager with optimized polarization conditions[J]. Optics Express, 2008, 16(26): 21339-21354.

[4] 刘顺. 光谱全偏振成像系统中的关键控制技术研究[D]. 太原: 中北大学, 2017.

[5] Shibata S, Hagen N, Otani Y. Robust full Stokes imaging polarimeter with dynamic calibration[J]. Optics Letters, 2019, 44(4): 891-894.

[6] Laude-Boulesteix B, de Martino A, Dr'evillon B, et al. Mueller polarimetric imaging system with liquid crystals[J]. Applied Optics, 2004, 43(14): 2824-2832.

[7] Chen X, Liu S, Zhang C, et al. Accurate characterization of nanoimprinted resist patterns using Mueller matrix ellipsometry[J]. Optics Express, 2014, 22(12): 15165-15177.

[8] 李志腾. 穆勒矩阵椭偏仪主控系统设计与实现[D]. 武汉: 华中科技大学, 2015.

[9] Goldstein D H, Chipman R A. Error analysis of a Mueller matrix polarimeter[J]. JOSA A, 1990, 7(4): 693-700.

[10] Boulbry B, le Jeune B, Bousquet B, et al. Error analysis and calibration of a spectroscopic Mueller matrix polarimeter using a short-pulse laser source[J]. Measurement Science and Technology, 2002, 13(10): 1563.

[11] Boulbry B, Ramella-Roman J C, Germer T A. Improved method for calibrating a Stokes polarimeter[J]. Applied Optics, 2007, 46(35): 8533-8541.

[12] Watkins D S. Fundamentals of Matrix Computations[M]. New York: John Wiley & Sons, 2004.

[13] Press W H, Teukolsky S A, Vetterling W T, et al. Numerical Recipes in C[M]. Cambridge: Cambridge University Press, 1992.

[14] Goudail F. Noise minimization and equalization for Stokes polarimeters in the presence of signal-dependent Poisson shot noise[J]. Optics Letters, 2009, 34(5): 647-649.

[15] Li X, Liu T, Huang B, et al. Optimal distribution of integration time for intensity measurements in Stokes polarimetry[J]. Optics Express, 2015, 23(21): 27690-27699.

[16] Roussel S, Boety M, Goudail F. Polarimetric precision of micropolarizer gridbased camera in the presence of additive and Poisson shot noise[J]. Optics Express, 2018, 26(23): 29968-29982.

[17] Zhao F, Wu R, Feng B, et al. Pixel response model for a division of focal plane polarimeter[J]. Applied Optics, 2019, 58(29): 8109-8117.

[18] Kay S M. Fundamentals of Statistical Signal Processing[M]. New York: Prentice Hall PTR, 1993.

[19] Stoica P, Nehorai A. MUSIC, maximum likelihood, and Cramer-Rao bound[J]. IEEE Transactions on Acoustics, Speech, and Signal Processing, 1989, 37(5): 720-741.

[20] Meyer C D. Matrix Analysis and Applied Linear Algebra[M]. Philadelphia: SIAM, 2000.

[21] Bhatia R. Noise Theory and Application to Physics: From Fluctuations to Information[M]. Berlin: Springer, 2004.

[22] Hinrichs K, Eichhorn K J. Ellipsometry of Functional Organic Surfaces and Films[M]. Bern: Springer, 2018.

[23] Tompkins H, Irene E A. Handbook of Ellipsometry[M]. Norwich: William Andrew, 2005.

[24] Horn R A, Johnson C R. Matrix Analysis[M]. Cambridge: Cambridge University Press, 1985.

[25] Azzam R M A, Bashara N M, Ballard S S. Ellipsometry and polarized light[J]. Physics Today, 1978, 31(11): 72.

[26] Darouach M. Solution to Sylvester equation associated to linear descriptor systems[J]. Systems & Control Letters, 2006, 55(10): 835-838.

[27] Macias-Romero C, Török P. Eigenvalue calibration methods for polarimetry[J]. Journal of the European Optical Society-Rapid Publications, 2012, 7: 120041-120046.

[28] Ren H, Dekany R. Fast wave-front reconstruction by solving the Sylvester equation with the alternating direction implicit method[J]. Optics Express, 2004, 12(14): 3279-3296.

[29] Zhou B, Duan G R. On the generalized Sylvester mapping and matrix equations[J]. Systems & Control Letters, 2008, 57(3): 200-208.

[30] MacDuffee C C. The Theory of Matrices[M]. Berlin:Springer, 2012.

[31] Burgess H T. Solution of the matrix equation X-1AX= N[J]. Annals of Mathematics, 1917,(19)1: 30-36.

[32] Henderson H V, Searle S R. Vec and vech operators for matrices, with some uses in Jacobian and multivariate statistics[J]. Canadian Journal of Statistics, 1979, 7(1): 65-81.

[33] Graham A. Kronecker Products and Matrix Calculus with Applications[M]. Chichester:Courier Dover Publications, 2018.

[34] Coleman T F, Pothen A. The null space problem I. Complexity[J]. SIAM Journal on Algebraic Discrete Methods, 1986, 7(4): 527-537.

[35] Compain E, Poirier S, Drevillon B. General and self-consistent method for the calibration of polarization modulators, polarimeters, and Mueller-matrix ellipsometers[J]. Applied Optics, 1999, 38(16): 3490-3502.

[36] Hu H, Garcia-Caurel E, Anna G, et al. Maximum likelihood method for calibration of Mueller polarimeters in reflection configuration[J]. Applied Optics, 2013, 52(25): 6350-6358.

[37] Hu H, Garcia-Caurel E, Anna G, et al. Simplified calibration procedure for Mueller polarimeter in transmission configuration[J]. Optics Letters, 2014, 39(3): 418-421.

第4章　微光偏振成像技术

4.1　微光环境下偏振成像的内涵和挑战

在光学成像技术诸多实际应用中，由于存在光照不足、传播过程中光强信号衰减或者曝光时间短等因素，成像探测器件接收的光子数非常有限，形成了微光成像环境。在微光成像环境中，往往存在噪声大、对比度低、细节信息丢失严重等诸多图像质量退化问题，导致原本清晰可见的场景信息难以辨认。

夜视环境是传统的微光成像环境。在星光级夜视环境下，环境照度低于 1×10^{-3} lx[1]，对于成像质量具有重大挑战。此外，微光成像环境不仅局限于夜视环境，而且可以扩展到所有光子数受限的情况。在水下成像领域，水下 200 米以下可见光的照度不足水面照度的 0.01%，而在 1000 米以下深海环境中更是一片漆黑[2]；在光学遥感领域，以夜间、晨昏、阴影为代表的低照度环境，以及信号光在长距离成像传输过程中的严重衰减，共同形成了微光成像环境[3]；在生物成像领域，对于在体细胞进行成像的过程中必须使用弱光进行激发，以避免伤害在体细胞，特别是对于某些标记信号表达很弱的荧光现象的观测，成像探测的光信号极弱[4]；在天文观测中，由于部分天体发光或反射光的强度低且天体距离地球遥远，成像观测系统所能接收的光子数十分有限；在高速摄影中，由于相机快门时间极短，进入成像探测芯片的光子数极少。

上述微光环境均存在成像探测器件接收光子数受限的问题，信噪比低，光学成像质量严重退化，从而影响甚至限制对目标物的物理形态和特征属性的提取以及后续分析。因此，研究新型的光学成像方法，抑制低信噪比环境对成像质量的影响，提高微光环境下的光学成像探测水平，对于国防、海洋、遥感、天文、生物医学等关系国计民生的重大领域皆具有重要的意义。

偏振信息作为光波的基本属性之一，蕴含着场景丰富的物理信息，是光学成像探测的新维度。偏振成像技术便是基于对偏振信息获取和处理的新型光学探测技术。该技术可以有效弥补成像效果受环境影响较大的不足，并获得高清晰度的图像。尤其是偏振信息具有低光强依赖性，使得偏振成像技术具有"强光弱化，弱光强化"的特点，可以有效提高微光环境下的成像探测能力[5]。相较于基于像增强管的传统微光成像技术，偏振成像技术可以克服易受周边环境影响的问题，尤其是强光的干扰。而相较于红外微光成像技术，偏振成像技术具有成像分辨率高、图像细节丰富、对周边环境感应强等优势。另外，偏振信息是蕴含丰富物理机制的多维信息，因此相较于传统光学图像，偏振图像的信息更加丰富，更有利于图像质量的提升。偏振成像技术为微光环境下的光学成像探测提供了一种新的有力手段。

由于偏振成像技术对于微光环境下成像具有原理性优势，国内外诸多团队开展了微光环境下偏振成像技术的相关应用与研究。然而，偏振成像技术在微光环境中也面临着特殊的挑战。其关键问题是若干重要偏振参数(偏振度、偏振角等)对于噪声非常敏感。在微光环境下，偏振信号往往淹没在噪声里。对于同等强度的噪声，光强图像中目标清晰可见，而在偏振度图像中，噪声变得显著，尤其在偏振角图像中，目标的信息已经几乎淹没在噪声中，无法辨认，如图 4.1 所示。此外，偏振图像的输出，还需要对这些偏振参数进行线性或非线性处理，进一步放大噪声，使成像质量进一步退化。偏振成像技术要想更好地应用于微光环境，就必须解决噪声引起的偏振图像质量退化问题。针对微光环境下的偏振成像问题，诸多学者以偏振图像的噪声抑制为切入点，开展了多种微光图像增强方法的研究。

(a) 光强图像　　　　　　　(b) 偏振度图像　　　　　　　(c) 偏振角图像

图 4.1　同一噪声环境下的光强图像、偏振度图像、偏振角图像[6]

4.2　传统的微光图像增强方法

低照度成像的质量严重限制了实际生活生产需求。在低照度环境下，相机捕获到的光子数很少，获取到的图片灰度分布在非常窄的范围，亮度较低且包含大量的噪声，如果拍摄现场有人造光源或者光照不均匀，还会出现色差问题。

要想改善微光图像的质量，有两种方法：第一是从硬件入手，升级硬件，如更换大光圈镜头等，或者修改硬件参数，比如延长曝光时间、提高灵敏度等；第二是从软件入手，通过图像后处理算法提高图像质量。由于升级硬件需要更多成本，修改硬件设置会引入噪声、模糊等额外因素，这里主要讨论数字图像算法。

如何提升低照度下的图像质量，满足人们主观视觉要求以及后续研究处理，一直是数字图像处理的一大挑战与研究热点。目前主流的传统微光图像增强方法大体上分为以下几种，分别是基于灰度变换的微光图像增强、基于直方图均衡微光图像增强，以及基于 Retinex 模型的微光图像增强。

4.2.1　基于灰度变换的微光图像增强方法

灰度变换也被称为图像的点运算，通过变换函数对图像单像素点直接操作，以实现对比度增强，是所有图像处理技术中最简单的技术[7]。灰度变换函数公式如下：

$$g(x,y) = T[f(x,y)] \qquad (4.1)$$

其中，$g(x,y)$ 代表经过变换处理后的输出图像；$f(x,y)$ 代表待处理的输入原始图像；灰度变换函数 T 表示关于 (x,y) 的一种算子。灰度变换方法可以根据所选用的灰度变换函数的类型分成两大类，分别是线性变换以及非线性变换。

图像的线性变换法通过建立一个线性变换函数，把待处理图像的灰度值映射到其他灰度值来实现图像灰度的拉伸，同时进一步根据该变换函数是否对所有像素值进行相同的变换线性变换方法又可以分为全域线性变换和分段线性变换。其中，全域线性变换是指对全部像素点采用相同的变换扩展，一般在输入图像灰度值被局限在较小的范围内的情况之下，该变换方法具有较好的增强效果。其计算方法公式如下：

$$g(x,y) = \frac{d-c}{b-a}[f(x,y)-a]+c \qquad (4.2)$$

其中，$[a,b]$ 代表输入图像 $f(x,y)$ 素点的灰度变化范围；$[c,d]$ 代表处理后结果图像 $g(x,y)$ 像素的灰度变化范围。根据上式可知，当 $(d-c)/(b-a)<1$ 时，图像像素的灰度变换范围减小，则处理后的图像对比度(image contrast，IC)降低；当 $(d-c)/(b-a)>1$ 时，图像像素的灰度值变换范围将得到正向拉伸，则处理后的输出图像对比将增大。

分段线性变换也是采取线性变换函数变换，但与全域线性变换不同的是，它对图像不同像素点采用的是分段式函数进行变换，因此与全域线性变换的增强处理相比，具备能够任意多样变换函数的分段线性变换，往往能够产生相对细致的增强变换结果。

非线性变换比线性变换的变换函数形式更加丰富，包括对数变换和伽马变换等。对数变换的通用公式为

$$s = c \times \log(1+r) \qquad (4.3)$$

其中，s 表示对数变换处理后的输出结果；c 是一个设置好的常数；假设 $r \geq 0$。由上式可以看出，对数变换将原始输入图像中较窄范围内的像素值拉伸为变换输出结果中较宽范围内的像素值。

伽马变换的通用公式为

$$s = cr^{\gamma} \tag{4.4}$$

其中，c 和 γ 都表示为设定的大于零的常数；r 为输入原始图像像素点的灰度值，和对数变换相似，通过改变参数伽马变换同样可以将原始图像里较窄变化范围内的像素值拉伸为增强结果里较变化范围内的像素值。

4.2.2　直方图均衡微光图像增强方法

直方图是用来表示各个灰度级在图像中占据的比例的统计图[8]。如图 4.2 所示，在光照不充足的低照度图像中，直方图的分布一般集中在灰度级的低处，同时如果一张图片的对比度越高，灰度变化值越大，那么该图的像素灰度值也会越趋于均匀分布在整个灰度级中。因此，运用直方图均衡的方法，将图像的灰度直方图尽可能地均匀拉伸到整个灰度范围，就能够得到动态变换范围更大且细节更丰富的图像[9]。

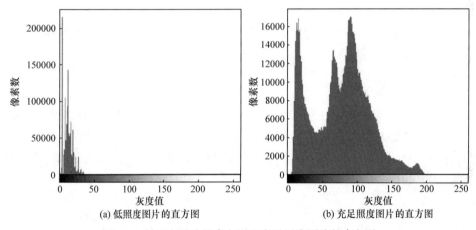

(a) 低照度图片的直方图　　　　　　　(b) 充足照度图片的直方图

图 4.2　低照度图片的直方图和充足照度图片的直方图

与灰度变换法相比，直方图均衡不用额外的设置参数，更加简单方便，传统的直方图均衡是基于累积分布函数实现的，其公式如下：

$$S_k = T(r_k) = \sum_{j=0}^{k} \frac{n_j}{n} \tag{4.5}$$

其中，r_k 代表原图归一化后的灰度级，取值为[0,1]，$k = 0, 1, 2, \cdots, L-1$，L 代表图像的总灰度级；n_j 代表输入图像中第 j 个灰度级的像素总数；n 为原图像像素总数；S_k 代表均衡化处理后输出的灰度级；T 代表灰度变换函数，例如八位的灰度图 L 的取值为 256。

直方图均衡化的步骤如下。

(1) 确定均衡化处理前后图像的灰度级范围 $i, j = 0, 1, 2, \cdots, L-1$。

(2) 计算输入图中各个灰度级的像素数量 n_i。

(3) 计算输入图的灰度直方图 $p(i) = n_i / n$。

(4) 计算累积分布直方图 $S_k = \sum_{j=0}^{k} n_j / n$。

(5) 规定灰度级变换函数的映射关系 $S_{k_A} = [(L-1)S_k + 0.5]$，[]表示取整操作。

(6) 统计灰度级变化后的图像中各个灰度级的像素数量 n_j。

(7) 计算均衡变换后的直方图 $p(j) = n_j / n$。

通过上述分析可以得到，原始输入图像中的不同灰度级之间的差异值可以表示为

$$d = S_{k_1} - S_{k_2} = \sum_{j=k+1}^{k_2} \omega_{j-k_1} \frac{n_j}{n} \tag{4.6}$$

其中，$\omega_0 = 1$，$\omega_{j+1} = \omega_j + 0.5$。该方法可以有效避免灰度级过度归并导致的细节丢失和色彩失真问题。

4.2.3　Retinex 微光图像增强方法

20世纪70年代，Land 等[10]首次提出 Retinex 理论，这个词是由视网膜(retina)和大脑皮层(cortex)两个词组合构成的。该理论认为一幅图像可以分为亮度图和反射图两个部分，色觉不是由照射到人眼的可见光光强即光强图决定的，而是由物体表面固有的反射率即反射图决定。图 4.3 为 Retinex 模型示意图。

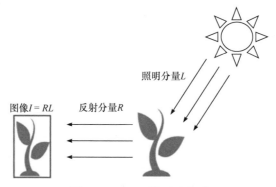

照明分量L

图像I = RL　　反射分量R

图 4.3　Retinex 模型示意图

基于这个理论，可以通过减少亮度图对反射图的影响从而增大对比度。Retinex 理论模型可以简化为如下形式：

$$I(x, y) = L(x, y)R(x, y) \tag{4.7}$$

其中，$I(x,y)$ 表示人眼看到的图像；$L(x,y)$ 表示光强图，反映了场景的光照情况；$R(x,y)$ 表示反射图，反映了物体的本质特征属性。为了简化计算，在实际应用中先对等式两边做对数运算：

$$i(x,y) = l(x,y)r(x,y) \tag{4.8}$$

其中，$i(x,y) = \log[I(x,y)]$；$r(x,y) = \log[R(x,y)]$；$l(x,y) = \log[L(x,y)]$。

Retinex 的基本算法流程图如图 4.4 所示。

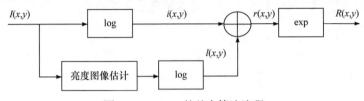

图 4.4　Retinex 的基本算法流程

自 Retinex 理论提出以来，各种 Retinex 模型相继出现，取得了越来越好的效果，比如常用的单尺度 Retinex(single-scale Retinex，SSR)算法[11]、多尺度 Retinex(multi-scale Retinex，MSR)算法[12]，以及针对色彩恢复的多尺度 Retinex (multi-scale Retinex with color restoration，MSRCR)算法[13]。

SSR 算法由 Jobson 等于 1997 年提出，该算法的基本思路是：首先构建高斯环绕函数，然后利用高斯环绕函数分别对图像的三个色彩通道(R、G 和 B)进行滤波，则滤波后的图像就是所估计的光照分量，接着再在对数域中对原始图像和光照分量进行相减得到反射分量作为输出结果图像。其具体的表达式如下：

$$r_i(x,y) = \log[R_i(x,y)] = \log[I_i(x,y)] - \log[I_i(x,y) * G(x,y)] \tag{4.9}$$

其中，$I(x,y)$ 为原始图像；$R(x,y)$ 为反射分量；$r_i(x,y)$ 表示第 i 个色彩通道的反射图像；*代表卷积；$G(x,y)$ 为高斯环绕函数，$G(x,y)$ 的构造如下：

$$G(x,y) = \frac{1}{2\pi\sigma^2} e^{\left(\frac{x^2+y^2}{2\sigma^2}\right)} \tag{4.10}$$

其中，σ 被称为高斯环绕的尺度参数，它是整个算法中的唯一可调节的参数，所以它可以非常容易影响到图像增强的最终结果。当 σ 比较小的时候，高斯模板尺度小，此时能够较好地保持边缘的细节信息，动态范围变大，但是色彩无法保持；当 σ 比较大的时候，色彩恢复很好，但动态范围变小，细节保持差。

SSR 算法需要在颜色保真度和细节保持度上追求一个完美的平衡，而这个平衡在应对不同图像的时候一般都有差别，针对这个情况，Jobson 等再次提出了多尺度的 Retinex 算法，即对一幅图像在不同的尺度上利用高斯滤波器进行滤波，然后再对不同尺度上的滤波结果进行平均加权，获得所估计的照度图像。其公式如下：

$$r_i(x,y) = \sum_{k=1}^{N} \omega_k \{\log[I_i(x,y)] - \log[I_i(x,y) * F_k(x,y)]\} \tag{4.11}$$

其中，N 是尺度参数的个数，如果 N 为 1，则为 SSR 算法。当 N 取 3，即使用三个不同尺度的高斯滤波器对原始图像进行滤波处理时，效果最好。ω_k 是第 k 个尺度在进行加权的时候的权重系数，它需要满足如下的公式：

$$\sum_{k=1}^{N} \omega_k = 1 \tag{4.12}$$

$F_k(x,y)$ 是在第 k 个尺度上的高斯滤波函数，即

$$F_k(x,y) = \frac{1}{\sqrt{2\pi}c_k} \exp\left(-\frac{x^2+y^2}{2c_k^2}\right) \tag{4.13}$$

MSR 算法在颜色保持和细节突出等方面比 SSR 算法更加优越，但在时间复杂度上要超出很多。

尽管 MSR 算法能够得到较好的增强效果，但图像可能会因为增加了噪声，而使得局部细节色彩失真，色彩保真度仍有不足，整体视觉效果变差。针对这一点不足，MSRCR 算法在 MSR 算法的基础上，加入了色彩恢复因子 C 来调节图像局部区域对比度增强而导致颜色失真的缺陷。其公式如下：

$$R_{\text{MERCR}i}(x,y) = C_i(x,y)R_{\text{MSR}i}(x,y) \tag{4.14}$$

其中，$R_{\text{MERCR}i}(x,y)$ 表示第 i 个通道的输出值；$C_i(x,y)$ 表示对应通道引入的色彩恢复因子，满足下式：

$$C_i(x,y) = \beta\left\{\log[\alpha S_i(x,y)] - \log\left[\sum_{n=1}^{N} S_i(x,y)\right]\right\} \tag{4.15}$$

其中，α 表示受控的非线性增强强度；β 表示增益常数。

与 MSR 算法相比，MSRCR 算法针对颜色丢失的不足引入了色彩恢复因子，不会失去原始图像中各颜色通道之间的联系，能够保持较高的色彩真实度。

上述各类微光图像增强方法，均可用于微光偏振图像的增强。图 4.5 为上述灰度变换、直方图均衡化、Retinex 增强效果图，可以看出对于光强图各方法均有一定的增强效果，能够有效提升低照度图像的光强和对比度，但其对图像中存在的噪声并不能很好地去除，增强后的光强图仍残留了大量噪声。并且，传统的低照度增强算法针对的都是普通光强图像，对于偏振信息并没有明显的增强效果，DoLP 图和 AoP 图像质量没有显著提升。

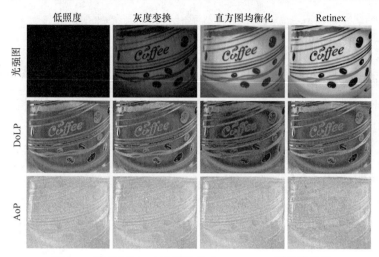

图 4.5　灰度变换、直方图均衡化、Retinex 增强效果图

4.2.4　BM3D 图像去噪算法

传统低照度图像增强方法通常应用于非偏振成像，而当应用到偏振图像时，由于偏振参数(偏振度、偏振角等)对于噪声非常敏感，偏振图像的输出，还需要对这些偏振参数进行线性或非线性的处理，这会放大噪声，导致成像质量进一步退化。偏振成像技术要更好地应用于低照度环境，还要解决噪声引起的偏振图像质量退化问题。因此，对于偏振图像而言，需要更为优越的图像去噪算法。

BM3D(block-matching and 3D filtering)算法是目前去噪效果最强的传统非深度学习去噪算法[14]，其核心思想是图像中有很多冗余信息，将整张图分成若干块后，图像块之间有很多是相似的。BM3D 算法根据这个原理，在一定大小的搜索范围内找出相似的图像块，并将相似的图像块集合成一个三维矩阵，然后对三维矩阵在变换域滤波，最后进行三维逆变换得到二维去噪后的图像。BM3D 算法如图 4.6 所示。

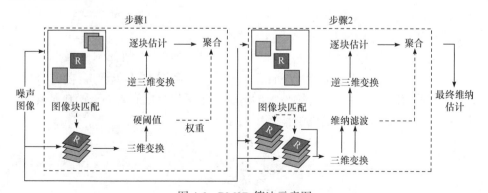

图 4.6　BM3D 算法示意图

如图 4.6 所示，BM3D 算法主要分为基础估计和最终估计两大部分。

1. 基础估计

(1) 图像块匹配。在原始噪声图像 u 中，以 $k \times k$ 大小的图像块 P 为中心，在 $n \times n$ 大小的搜索窗口中搜索相似图像块，并将相似图像块加入集合 $\mathcal{P}(P)$，$\mathcal{P}(P)$ 由以下公式定义：

$$\mathcal{P}(P) = \{Q : d(P,Q) \leqslant \tau^{\text{hard}}\} n \times n \tag{4.16}$$

其中，τ^{hard} 是 d 的距离硬阈值，在这个阈值内，两个图像块可以认为是相似的。d 是图像块之间的标准欧氏距离，其公式如下：

$$d(P,Q) = \frac{\left\| \gamma'(P) - \gamma'(Q) \right\|_2^2}{k^2} \tag{4.17}$$

将 $\mathcal{P}(P)$ 集合中所有图像块叠成一个三维矩阵 $\boldsymbol{P}(P)$ 后，为了加速算法，通过设置硬阈值 N，只保留 $\boldsymbol{P}(P)$ 中最接近参考图像块的 N 个图像块，并按距离从近到远，排列成最终的三维矩阵 $\boldsymbol{P}(P)$。

(2) 协同滤波。将三维矩阵 $\boldsymbol{P}(P)$ 进行三维线性变换，并对其系数进行缩放以便衰减噪声，最后进行反变换，得到全部图像块的去噪后估计值。整个过程公式如下：

$$\boldsymbol{P}(P) = \tau_{\text{3D}}^{\text{hard}^{-1}} \left(\gamma \left(\tau_{\text{3D}}^{\text{hard}} \left(\boldsymbol{P}(P) \right) \right) \right) \tag{4.18}$$

其中，$\tau_{\text{3D}}^{\text{hard}}$ 代表三维变换，在实际应用中通常被拆解为矩阵中二维图像块的二维变换(如小波变换或 DCT 变换)，和矩阵的第三个维度的一维变换两部分；γ 是一个阈值为 $\lambda_{\text{3D}}^{\text{hard}} \sigma$ 的硬阈值算子，变换后对小于阈值的元素系数置 0，其公式为

$$\gamma(x) = \begin{cases} 0, & \text{若 } |x| \leqslant \lambda_{\text{3D}}^{\text{hard}} \sigma \\ x, & \text{其他} \end{cases} \tag{4.19}$$

其中，$\lambda_{\text{3D}} \sigma$ 是三维变换的阈值，σ 是噪声的标准差。过滤后通过在第三维的一维反变换和二维反变换得到处理后的图像块。

(3) 聚合。协同滤波后，每个二维图像块都得到一个估计值，每个图像块中，每个像素也都有不定数量的估计值。这一步将各图像块融合到之前的坐标，每个像素的灰度值由对应坐标图像块的值加权求平均，权值取决于置 0 元素的数量和噪声大小。基础估计得到的图像可表示为

$$u^{\text{basic}}(x) = \frac{\sum_P w_P^{\text{hard}} \sum_{Q \in \mathcal{P}(P)} \chi_Q(x) u_{Q,P}^{\text{hard}}(x)}{\sum_P w_P^{\text{hard}} \sum_{Q \in \mathcal{P}(P)} \chi_Q(x)} \tag{4.20}$$

其中，w_P^{hard} 为权重：

$$w_P^{\text{hard}} = \begin{cases} \left(N_P^{\text{hard}} \right)^{-1}, & \text{若} N_P^{\text{hard}} \geqslant 1 \\ 1, & \text{其他} \end{cases} \tag{4.21}$$

N_P^{hard} 是硬阈值处理后三维矩阵中非零系数的数量；$u_{Q,P}^{\text{hard}}(x)$ 是协同滤波期间图像块 Q 中像素 x 的估计值；$\chi_Q(x)$ 是特征函数，当 $x \in Q$ 时，$\chi_Q(x) = 1$，否则为 0。

2. 最终估计

最终估计部分可以恢复更多的细节，提高去噪性能，具体步骤和基础估计类似，由以下几个步骤构成。

(1) 图像块匹配。对初步去噪后的图像 u^{basic} 进行图像块匹配，其方法和基础估计中一样，不同的是使用维纳滤波而不是硬阈值，公式如下：

$$\mathcal{P}^{\text{basic}}(P) = \left\{ Q : d(P,Q) \leqslant \tau^{\text{wien}} \right\} \tag{4.22}$$

将 $\mathcal{P}^{\text{basic}}(P)$ 集合中所有图像块叠成一个三维矩阵 $\boldsymbol{P}^{\text{basic}}(P)$ 后，在原始图像 u 中取出相同位置的图像块，以同样的顺序叠成一个三维矩阵 $\boldsymbol{P}(P)$。和基础估计中一样，为了加速算法，只保留两个三维矩阵中中最接近参考图像块的 N 个图像块，并按距离从近到远排列。

(2) 协同滤波。对两个三维矩阵进行三维变换，在应用中通常采取二维变换加一维变换的方式进行。之后用维纳滤波对其进行系数缩放，该收缩系数根据 $\boldsymbol{P}^{\text{basic}}(P)$ 的值和噪声强度得出。用公式表示为

$$\boldsymbol{P}^{\text{wien}}(P) = \tau_{\text{3D}}^{\text{wien}^{-1}} \left(\omega_P \tau_{\text{3D}}^{\text{wien}} \left(\boldsymbol{P}(P) \right) \right) \tag{4.23}$$

其中，$\tau_{\text{3D}}^{\text{wien}}$ 表示三维变换；ω_P 是缩放系数，可以由下式得出：

$$\omega_P(\xi) = \frac{\left| \tau_{\text{3D}}^{\text{wien}} \left(\boldsymbol{P}^{\text{basic}}(P) \right)(\xi) \right|^2}{\left| \tau_{\text{3D}}^{\text{wien}} \left(\boldsymbol{P}^{\text{basic}}(P) \right)(\xi) \right|^2 + \sigma^2} \tag{4.24}$$

其中，σ^2 是噪声的方差。

(3) 聚合。这一步将各图像块融合到之前的坐标，每个像素的灰度值由对应坐标图像块的值加权求平均，权值由噪声的大小和维纳滤波系数决定：

$$u^{\text{final}}(x) = \frac{\displaystyle\sum_P w_P^{\text{wien}} \sum_{Q \in \mathcal{P}(P)} \chi_Q(x) u_{Q,P}^{\text{wien}}(x)}{\displaystyle\sum_P w_P^{\text{wien}} \sum_{Q \in \mathcal{P}(P)} \chi_Q(x)} \tag{4.25}$$

其中，

$$w_P^{\text{wien}} = \left\| \omega_P \right\|_2^{-2} \tag{4.26}$$

$u_{Q,P}^{\text{wien}}(x)$ 是协同滤波期间图像块 Q 中像素 x 的估计值；$\chi_Q(x)$ 是特征函数，当 $x \in Q$ 时，$\chi_Q(x) = 1$，否则为 0；u^{final} 即最终去噪后的图像。

　　传统的 BM3D 算法只适用于灰度图，效果如图 4.7 所示，针对彩色图像，需要将图像进行 RGB 颜色空间到 YUV 颜色空间的转换。YUV 色彩空间一开始被用来对电视信号的颜色统一编码，其中，Y 分量为亮度信号，U、V 分量为色度信号。在 YUV 色彩空间中，较其他分量，Y 分量包含着更多的图像信息，拥有着更高的信噪比，因此，针对彩色图像去噪的 BM3D 方法使用 Y 分量进行图像块的匹配，U、V 分量使用 Y 分量相同的位置信息，其他处理过程与原始 BM3D 相同，这种针对彩色图像的 BM3D 去噪方法，被称为 CBM3D[15]。

图 4.7　BM3D 去噪效果图

　　偏振图像和彩色图像有很多相似的地方，就像 RGB 图像一样，I_0、I_{45}、I_{90} 图像彼此在视觉上是相似的，各自包含了场景的大部分信息。当 RGB 转化为 YUV 时，大部分信息包含在亮度 Y 中；同样，偏振分量 I_0、I_{45}、I_{90} 转换到 Stokes 分量 S_0、S_1、S_2 时，大部分信息都包含在 S_0 中。由于这种相似性，Tibbs 等[16]将针对彩色图的 CBM3D 方法应用于偏振图像的去噪上，构成 PBM3D 方法。

4.3　深度学习技术

4.3.1　深度学习的基本概念及其在计算成像中的应用

　　视觉图像是人类认识世界的重要途径之一，成像技术是获取图像的主要方法。传统成像技术只能记录光的强度信息，无法记录光的相位信息，还对成像的波段有一定的限制, 而且当成像路径上出现随机散射颗粒时无法成像。为了解决传统光学成像系统所面临的问题, 计算成像技术应运而生。计算成像技术试图将前端光学系统设计和后端信号处理相结合, 通过计算机对相机采集到的原始数据进行后期处理以突破传统成像技术的限制, 从而实现从不完整的物理测量中恢复物体的完整信息[17]。该技术目前已经广泛应用于多种成像系统中, 解决了部分成像中的典型问题, 如超分辨技术、超光谱成像技术、相位信息恢复等。然而, 在实际的使用中, 计算成像技术的成像性能很大程度上受限于"正向数学模型的准确性"以及"逆向重构算法的可靠性", 实际物理成像过程的不可预见性与高维病态逆问题求解的复杂性成为这一领域进一步发展亟须解决的瓶颈问题[18]。

人工智能技术是一项旨在让电脑像人类大脑一样思考的技术。计算机科学之父阿兰·图灵这样描述人工智能:"我们需要的是一台可以从经验中学习的机器"。深度学习(deep learning, DL)则是实现人工智能的一种算法, 它也被称为深层神经网络, 是一种模仿生物的神经元结构设计而成的神经网络算法, 其特点是极深的层数、大批量数据以及大规模算力。由于"深", 深度学习更加擅长提取数据中的高层、抽象的特征信息, 在实现人工智能上有更好的性能, 目前已是人工智能领域的主流算法。随着深度学习算法的崛起, 人工智能在部分任务上取得了类人甚至超人的智力水平, 围棋竞技上, 谷歌公司研发的 AlphaGo 围棋程序曾先后击败人类顶尖的围棋棋手, 在"星际争霸 2"这款即时战略类游戏上, 名为 DeepMind 的智能程序以 10∶1 战胜了高水平人类玩家。

近年来, 人工智能与深度学习技术的飞跃式发展为计算光学成像技术突破诸多限制性因素提供了新手段与新思路。传统的计算成像技术是以物理模型为驱动, 深度学习下的计算成像技术则是以样本数据驱动, 它一经提出就迅速被应用到计算成像的众多子领域中, 并在一定范围内解决了计算成像领域内长期未解决的一些问题, 比如散射成像、超分辨成像等, 图 4.8 展示了深度学习在微光成像中的应用。在一些实际拍摄场景中, 各种各样的限制缺乏充足的光照, 这就导致相机传感器接收到的光子数较少, 这样采集的图像不仅不能获得拍摄目标的有效信息, 还存在很大的噪声干扰。传统的方法能较好地提高图片的亮度, 让目标信息更突出, 但是不能有效地抑制噪声, 为了解决这一问题, Chen 等[19]提出了结合深度学习的计算成像方法。在该研究中, 研究人员通过固定三脚架来保证相机位置稳定, 然后调节曝光、ISO 等参数来分别获得微光图像与正常照明图的数据组合, 以此作为训练集训练神经网络, 所得模型能从微弱光照的图像中恢复目标信息。

在深度学习网络中, 最基本的运算单元是根据生物神经元结构提出的神经元数学模型, 称为 MP 神经元模型。如图 4.9 所示, 每一个神经元都对应着多个输入, 每个输入有不同的权重, 对所有输入进行加权求和之后再通过一个非线性函数进行激活, 就得到了该神经元的输出。

(a) 相机拍摄的JPEG格式图片　　　　　(b) 传统方法处理的图片

(c) 深度学习方法处理的图片

图 4.8　深度学习在微光成像中的应用[19]

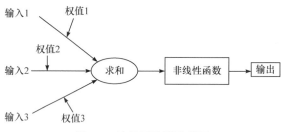

图 4.9　神经元计算示意图

　　基于生物神经元数学模型将多个神经元有机组合，就可以可得到多层感知机 (multilayer perceptron，MLP)的基本结构，最典型的 MLP 包括三层：输入层、隐藏层和输出层，其中，层(layer)是神经网络里的重要组成部分，每一层都表示了数据的一些抽象特征。

　　在图 4.10 所示的多层感知机中，输入和输出个数分别为 4 和 3，中间的隐藏层中包含了 5 个隐藏单元(hidden unit)。由于输入层不涉及计算，图 4.10 中的多层感知机的层数为 2。由图 4.10 可见，隐藏层中的神经元和输入层中各个输入完全连接，输出层中的神经元和隐藏层中的各个神经元也完全连接，这种层叫作全连接层(fully connected layer)。因此，多层感知机中的隐藏层和输出层都是全连接层。在图 4.10 全连接层的每一个指示箭头上，都有一个对应的权重系数，而深度学习的"学习"过程，就是通过一系列算法，不断迭代求出组能使输出结果最优的权值。下面将介绍几个神经网络算法"学习"过程中用到的基础概念。

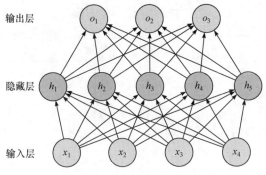

图 4.10　多层感知机示意图

1. 正向传播与反向传播

正向传播(forward propagation)是指对神经网络沿着从输入层到输出层的顺序，依次计算并存储模型的中间变量(包括输出)。反向传播(back propagation)指的是计算神经网络参数梯度的方法。总体来说，反向传播依据微积分中的链式法则，沿着从输出层到输入层的顺序，依次计算并存储目标函数有关神经网络各层的中间变量以及参数的梯度。

2. 激活函数

作为深度学习的基本单元之一，全连接层只是对数据做仿射变换(affine transformation)，这是一个线性变换，所以多个仿射变换的叠加仍然是一个仿射变换，由这样线性变换组成的网络表达能力偏弱，不能学习复杂的数据特征。解决问题的一个方法是引入非线性变换，例如对隐藏变量使用按元素运算的非线性函数进行变换，然后再作为下一个全连接层的输入。这个非线性函数被称为激活函数(activation function)。下面介绍几个常用的激活函数。

常见的激活函数有 Sigmoid、Tanh、ReLU (rectified linear units)和 Leaky-ReLU 等[20]非线性激活函数，如图 4.11 所示。Sigmoid 激活函数在早期经常出现在神经网络中，但是其本身具有软饱和特性，容易产生梯度消失，所以不适合深度神经网络的训练。Tanh 激活函数以(0,0)为中心，收敛速度快于 Sigmoid 函数，但是依旧存在饱和导致梯度消失的问题。ReLU 激活函数简单、高效，从很大程度上缓解和避免了梯度消失问题，成为目前深度学习模型中应用最广泛的激活函数。相比 ReLU 而言，Leak-ReLU 主要针对 ReLU 在负半轴出现硬饱和的问题，因此，该函数在 $x < 0$ 处引入一个小斜率以保证导数不为零。

3. 损失函数

损失函数是神经网络中至关重要的一部分。在神经网络的训练中，损失函数是网络需要最小化的一个函数，用来评估网络的输出 $f(x)$ 与参考值 Y 的不一致程度，损失函数越小，模型的性能就越好。在图像复原这类回归问题上，主要的损失函数都可以归于两大类：L_1 损失函数和 L_2 损失函数[21,22]。

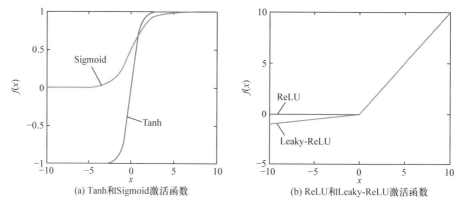

(a) Tanh和Sigmoid激活函数　　　　　　(b) ReLU和Leaky-ReLU激活函数

图 4.11　常见的几种非线性激活函数

L_1 损失函数是回归问题中最常用的损失函数，其值为目标值 Y_i 与估计值 $f(x_i)$ 的绝对差值的总和：

$$\text{Loss\_}L_1 = \sum_{i=1}^{n} \left| Y_i - f\left(x_i\right) \right| \tag{4.27}$$

L_2 损失函数也是回归问题中常用的损失函数，其值为目标值 Y_i 与估计值 $f(x_i)$ 的差值平方和：

$$\text{Loss\_}L_2 = \sum_{i=1}^{n} (Y_i - f(x_i))^2 \tag{4.28}$$

由于 L_1 损失函数在 0 处不可导，梯度可能反复跳动，因此收敛到一定程度后网络稳定性不如 L_2 损失函数。但相对 L_1 损失函数，L_2 损失函数的平方操作会对损失进行放大，模型误差较 L_1 损失函数更大，对数据也更敏感。因此，当数据中出现异常值时，L_2 损失函数鲁棒性没有 L_1 损失函数好。

4.3.2　卷积神经网络

深度学习能够在计算机视觉领域得到成功应用，很大程度上都是得益于卷积神经网络的发展，卷积神经网络是基于卷积操作的一种滤波方法，主要用于对图像进行特征提取。在实际应用中，通过多层卷积神经网络的组合实现深度卷积神经网络可以提取更丰富的特征，实现更复杂的任务。随着对卷积神经网络的深入研究，计算机视觉领域已经发展出许多基于卷积网络的衍生网络，卷积神经网络也逐渐在其他诸如自然语言处理、推荐系统和语音识别等领域广泛使用。

图 4.12 展示了 Lecun 等[23]设计的最早的卷积神经网络之一——LeNet，并应用于识别美国邮政服务提供的手写邮政编码数字。

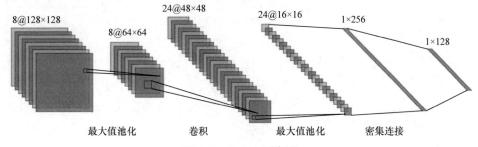

图 4.12　LeNet 示意图

如图 4.12 所示，除了输入层、输出层和全连接层，卷积网络主要由两个基本网络层组成：卷积层和池化层。卷积层是卷积神经网络最重要的组成部分，由多个卷积核构成。卷积核蕴含着卷积神经网络的两大核心思想：局部感受野和参数共享。局部感受野是指当前特征图的像素值，仅由上一层特征图某一邻域内的像素通过卷积得到，图 4.13 展示了二维卷积的过程。卷积网络摒弃了传统神经网络中所有像素单元之间的一对一连接，而使用卷积操作，利用的是图像的二维结构以及邻域内像素通常高度相关的事实。这样对输入进行局部加权组合，不同的权重能体现输入信号的不同特性。因此，训练好的卷积核能捕捉输入信号中所包含的最突出、最重要的信息，对信号的内容进行有力推断。参数共享是指卷积神经网络在每个通道的输入特征图所有像素上，都使用相同的卷积核，每个通道的输出特征图都由此卷积核与输入卷积生成。反观全连接层，对于二维图像输入来讲，其需要训练的参数量是极其庞大的。一个很简单的例子就可以说明权值共享的优势，假设有一个 4 层全连接层的网络，用来处理 16 × 16 大小的图片，那么其总参数量大约是 34 万个，仅储存就需要 1.34 MB，而 LeNet 所使用的计算机内存才 256 KB。由此可见，权值共享这一重要特性使卷积神经网络与传统全连接神经网络相比，所依赖的参数更少，极大提升了训练效率。

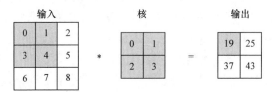

图 4.13　卷积操作示意图

池化层也可以称为降采样层，蕴含着卷积神经网络的第三大核心思想：降采样。同卷积层一样，池化层每次对输入数据的一个固定形状窗口(又称池化窗口)

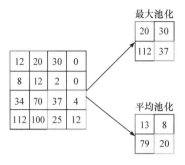

图 4.14　最大池化和平均池化

中的元素计算输出。不同于卷积层里计算输入和核的互相关性，池化层直接计算池化窗口内元素的最大值或者平均值。图 4.14 分别展示了这两种计算方法，即最大池化和平均池化。通过池化运算可以成倍地缩小图片尺寸，从而进一步降低网络中的参数数量，减少过拟合，并且池化后同样大小的感受野可以表示输入的更多的特征，因此池化层非常适用于图片数据的处理，并逐渐成为卷积神经网络中的重要组成部分。

4.3.3　残差网络

随着深度学习的发展，神经网络的层数变得越来越深，这是因为深层网络有更好的泛化能力，然而随着深度的加深，会出现"梯度消失"与"梯度爆炸"等问题，即在网络训练过程中梯度为 0 或者为一个很大的值。为了解决这一问题，人们提出深度残差网络 ResNet[24,25]。这是一个超过 150 层的新型网络架构，是迄今为止最深的神经网络之一。其主要的贡献在于它提出了残差学习的概念，使网络梯度下降的反向传播过程中梯度消失的问题得到了解决。它每一层都会在输入的基础上，通过跳层连接的方式学习一个增量映射，而不是像其他卷积神经网络架构那样直接学习映射，这种结构被称为残差块，其公式为

$$H(x) = F(x) + x \tag{4.29}$$

其中，$H(x)$ 表示该层的输出；x 表示该层输入的直接映射；$F(x)$ 表示残差网络学习到的残差映射。残差网络的核心思想是在深度神经网络中，学习到的深层特征和最终输出高度近似，因此通过跳层连接忽略相同的主体信息，只学习细微的变化比直接学习整个映射更加容易，而且浅层的网络不容易出现梯度消失与梯度爆炸的问题，那么连接一条到浅层的通路会使得模型更加稳定。

残差网络由多个残差模块构成，图 4.15 为残差模块结构示意图，图中上方的曲线为直接映射的 x，$F(x)$ 即为残差映射，一般由两层或者三层卷积层构成，卷积层之间使用 ReLU 激活函数激活。由于直接映射 x 的存在，在网络反向传播过程中，前一层网络能够直接访问下层的损失函数，因此能很好地解决梯度消失的问题，而且网络没有引入更多的参数，不会额外增加网络的计算量和训练速度。由于残差网络突出的性能表现，残差思想已经成为卷积神经网络的基本思想之一，在各种深度学习网络里都能见到它的身影，由此可见 ResNet 的作用之大，影响之广。

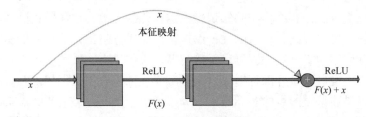

图 4.15 残差模块结构示意图

4.3.4 密集连接网络

ResNet 的成功给研究人员带来了新的灵感，可以此来尝试不同的连接方案。DenseNet[26]就是其中的成功案例，它将残差连接的概念进一步推进，并在网络训练中取得了更好的效果。在 DenseNet 中，每一层网络都通过跳层连接的方式连接到所有后续具有相同大小的特征图层中，从而形成一个密集连接模块，如图 4.16 所示。

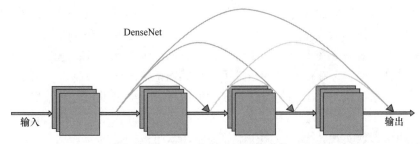

图 4.16 DenseNet 密集连接模块结构示意图

与 ResNet 不同的是，DenseNet 并不直接将当前特征图与前一层的特征图相加，而是将特征图进行通道上的串联拼接，这样每一层的输出都包含了前面所有层的输出。用 x_l 表示该层原输出特征图，$H(x_l)$ 表示该层最终输出特征图，则该层最终输出可以用以下公式表示：

$$H(x_l) = F(x_{l-1}, \cdots, x_1, x_0) \tag{4.30}$$

其中，$(x_{l-1}, \cdots, x_1, x_0)$ 表示第 $0,1,\cdots,l-1$ 层网络的特征图；$F(\cdot)$ 表示串联操作。这种方式使得 DenseNet 在每一层可以使用很少的卷积核，因为通过将在前层提取的特征推送到层次结构中较高的其他层，实现了特征的复用，避免了可能的冗余信息。重要的是，这些深度跳层连接使得梯度的流动更为顺畅，因为较低层可以更直接地访问损失函数。这使得 DenseNet 只需要更少的参数就能和其他网络模型取得同等的效果，并产生更少的过拟合。

4.4 基于深度学习的偏振图像去噪技术

目前针对偏振图像的去噪方法使用的都是传统图像去噪方法。与深度学习方法相比，该类方法需要许多先验知识来设定具体的参数，往往导致该类方法的泛化性不够好；另一方面，现有的几种偏振图像去噪方法都是采用高斯噪声模型，但是在实际应用中，噪声来源可以是传感器产生的噪声，如散粒噪声、热噪声和暗电流噪声，也可以是外部环境噪声等多种噪声的综合结果[27,28]，所以高斯噪声模型不足以描述偏振图像的实际噪声。为了解决上述问题，本节针对 DoFP 偏振相机提出了基于残差密集神经网络的偏振图像去噪方法，残差密集神经网络[29]能够有效提取并利用输入图像的分层特征实现更好的去噪效果。本节将从偏振图像数据集的制作、损失函数的设计、残差密集神经网络的搭建以及网络训练参数的设置对偏振去噪方法进行详细分析。

4.4.1　偏振图像数据集的制作

为了实现基于残差密集神经网络的偏振图像去噪方法，需要制作一个样本量足够大的偏振图像数据集。在本次实验中，为了模拟偏振图像的噪声，需要在真实环境中对目标场景成像采集"噪声-无噪声"偏振图像对。曝光时间和增益是相机的两个基本参数，在高曝光的条件下，传感器记录的光子数就越多，采集的图像就会越亮；反之，在低曝光的条件下，传感器记录的光子数越少，采集的图像就会变暗。增益就是对图像信号进行放大的过程，一般来说相机增益都会产生噪声，增益越小，噪声越小，增益越大，噪声越大，因此采用调节相机的曝光时间和增益两个参数实现"噪声-无噪声"偏振图像对的采集。

采用的偏振图像采集设备为商用 DoFP 偏振相机 PHX050S-P, LUCID®，该相机像素数为 2048 × 2448。相机曝光时间和增益参数与成像质量直接相关，在长曝光时间和低增益参数下可以采集到基本无噪的图像，在低曝光和高增益的参数下可以采集到含噪声的图像[30]。在采集无噪图像时，为了减少随机噪声对图像质量的影响，对同一场景进行 50 次曝光，然后对这 50 张偏振图像求平均得到基本无噪声的参考图像。相反，将 DoFP 偏振相机的曝光时间降低，同时增大增益，在该情况下采集的图像作为噪声偏振图像。在采集过程中，通过调节曝光时间和增益水平保证采集的噪声图像和无噪声参考图像的光强基本一致。最后一共采集了 150 组"噪声-无噪声"图像对作为偏振图像数据集。为了增强方法对不同材料的噪声图像具有更好的鲁棒性，在数据集采集过程中，分别对四种常见的材料进行成像，主要包括金属、塑料、木质材料和布质材料。

图 4.17 为采集的偏振图像数据集中的一组硬币偏振图像样本。分别从"噪声-无噪声"偏振图像对中重建了光强图，噪声的光强图和无噪声的光强图如图 4.17(a)和(b)所示。区域 A-1 和区域 A-2 分别为图 4.17(a)和(b)的区域放大图，如 4.17(d)所示，使用曝光和增益两个参数模拟噪声的方法可以明显降低图像质量。为了进一步观测噪声对图像质量的影响，在图 4.17(a)和(b)中同一水平位置观察像素的变化，如

图 4.17(c)所示，从图可知，无序的噪声会导致光强图像素值分布变得不稳定。

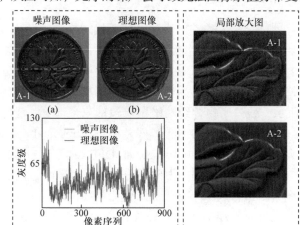

图 4.17　噪声对光强图像的影响

　　对偏振成像而言，DoLP 和 AoP 为偏振光的基本属性，因此，分别从该硬币"噪声-无噪声" DoFP 偏振图像对中重构出线性偏振度图和偏振角图。如图 4.18 所示，图 4.18(a)和(b)分别表示从 DoFP 图像重建的噪声 DoLP 图和无噪声 DoLP 图，(c)和(d)分别表示重建后的噪声 AoP 图和无噪 AoP 图。在 DoFP 偏振图像重建的光强图、DoLP 图和 AoP 图中，含噪声的光强图尚可辨析图片上的纹理信息，但是含噪声的 DoLP 图和 AoP 图上的图像细节基本已经无法辨认，可知后者对噪声更加敏感。然而 DoLP 和 AoP 往往是目标检测和识别的重要信息，所以有效的偏振图像去噪方法必须对 DoLP 图和 AoP 图也具有很好的去噪效果。

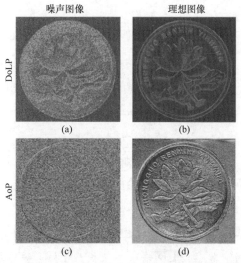

图 4.18　基于深度学习技术的偏振图像去噪实验结果

4.4.2 偏振图像去噪深度神经网络结构

残差密集神经网络结合了残差网络和密集连接网络的优点，可以充分利用输入图像所有不同层次的特征，借鉴该思路，本节提出了基于残差密集神经网络的 DoFP 偏振图像去噪方法。在本节中，对该网络结构进行详细的分析，主要包括残差密集神经网络的整体结构、残差密集块和密集特征融合结构的具体实现。

如图 4.19 所示，残差密集神经网络主要包括三个部分：浅层特征提取网络 (shallow feature extraction net，SFENet)、残差密集块(residual dense block，RDB) 以及密集特征融合结构(dense feature fusion net，DFFNet)。首先将具有四个不同方向的 DoFP 偏振图像按照不同的偏振方向拆分为四张子图($0°$, $45°$, $90°$, $135°$)，然后将四张偏振子图重新组合成一个三维图组作为网络的输入。在残差密集神经网络中，噪声偏振图像首先被浅层特征提取网络进行特征提取，然后将提取的浅层特征送入残差密集块中，每个残差密集块将输出不同层次特征信息，得到密集特征，再通过密集特征融合结构将不同层次的特征进行密集特征融合。然后使用卷积层对融合后的特征信息再进行一次特征提取，最后通过全局残差网络实现全局残差学习(global residual learning，GRL)，得到残差图的输出。

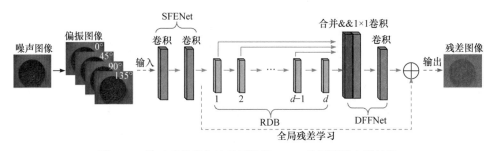

图 4.19 基于残差密集神经网络的 DoFP 偏振图像去噪结构

定义 I^n 和 I^r 分别表示残差密集神经网络输入的噪声偏振图像和输出的残差图像。残差密集神经网络中浅层特征提取层由两个卷积层组成，第一个浅层特征提取层的输出为 F_{-1}，可以由式(4.31)描述如下：

$$F_{-1} = H_{SFE1}(I^n) \tag{4.31}$$

其中，$H_{SFE1}(\cdot)$ 表示第一层浅层特征提取层的卷积操作。然后将 F_{-1} 进一步进行特征提取得到浅层特征提取中第二层卷积的输出结果 F_0：

$$F_0 = H_{SFE2}(F_{-1}) \tag{4.32}$$

其中，$H_{SFE1}(\cdot)$ 表示第浅层特征提取的第二层卷积操作，浅层特征提取的结果 F_0 将作为残差密集块的输入。假设网络中一共有 D 个残差密集块，将所有残差密集块都按照串联的方式进行拼接，该结构为残差密集神经网络的核心部分。其中第 d 个残差密集块的输出可以用式(4.33)表示：

$$
\begin{aligned}
F_d &= H_{\mathrm{RDB},d}(F_{d-1}) \\
&= H_{\mathrm{RDB},d}(H_{\mathrm{RDB},d-1}(\cdots(H_{\mathrm{RDB},1}(F_0))))
\end{aligned}
\tag{4.33}
$$

其中，$H_{\mathrm{RDB},d}$ 表示第 d 个密集残差块对其输入特征进行复合操作。在残差密集块中，多个残差密集块对输入进行特征提取，可以得到不同层次的特征信息。下一步使用密集特征融合结构将残差密集块产生的所有密集特征进行融合。密集特征融合结构由全局特征融合(global feature fusion，GFF)和全局残差学习组成，该模块可以充分利用前面网络产生的所有特征信息，可以表示为下式：

$$
I^{\mathrm{r}} = H_{\mathrm{DFF}}(F_{-1}, F_0, F_1, \cdots, F_D)
\tag{4.34}
$$

其中，I^{r} 是密集特征融合结构使用组合函数 H_{DFF} 处理后得到的输出映射。

残差密集块的结构如图 4.20 所示，每个残差密集块包含多个网络单元，每个网络单元由卷积层和非线性激活函数 ReLU 组成。每个残差密集块都有局部特征融合(local feature fusion，LFF)和局部残差学习(local residual learning，LRL)结构，网络单元之间存在大量密集连接，形成连续记忆机制，然后利用局部特征融合模块自适应地保留特征，通过局部残差学习加快网络收敛速度。

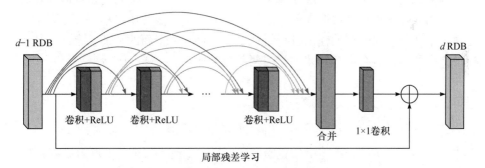

图 4.20　残差密集块网络结构

(1) 连续记忆机制。网络中上一个残差密集块的所有特征信息都输到当前残差密集块的每一个卷积层中实现连续记忆机制。F_{d-1} 和 F_d 作为第 d 个残差密集块的输入和输出，都有 G_0 个特征图，则第 d 个残差密集块的第 c 个卷积层的输出可以表示为

$$
F_{d,c} = \sigma(W_{d,c}[F_{d-1}, F_{d,1}, \cdots, F_{d,c-1}])
\tag{4.35}
$$

其中，σ 表示 ReLU 激活函数；$W_{d,c}$ 表示第 d 个残差块中第 c 个卷积层的参数；$[F_{d-1}, F_{d,1}, \cdots, F_{d,c-1}]$ 表示前 $d-1$ 个残差密集块的特征图与第 d 个残差密集块的前 $c-1$ 个卷积层的特征图的融合。假设第 d 个残差密集块中第 c 个卷积层的输出

$F_{d,c}$ 中包含 G 个特征图，则最后一共得到 $G_0 + (c-1)G$ 个映射图。该结构不仅保留了前面的特征，还保存了局部密集特征。

(2) 局部特征融合。由于连续记忆机制，每个残差块中都会产生很多特征，为了减少冗余信息，提出局部特征融合方法。该方法自适应地融合前面残差密集块的状态与当前残差密集块中所有卷积层的特征。如上所述，将 $d-1$ 个残差密集块的特征映射以串联的方式直接引入到第 d 个残差密集块中，进行局部特征融合对减少特征个数十分必要。在每个残差密集块中，使用 1×1 卷积层自适应地控制输出信息，可以使用式(4.36)描述：

$$F_{d,\mathrm{LF}} = H_{\mathrm{LFF}}^d([F_{d-1}, F_{d,1}, \cdots, F_{d,c}, \cdots, F_{d,C}]) \tag{4.36}$$

其中，H_{LFF}^d 表示对第 d 个残差密集块的特征进行 1×1 卷积操作。

(3) 局部残差学习。残差密集块中的最后一个模块为局部残差学习。残差密集模块会产生大量特征，网络深度比较大并且特征数比较多的情况下训练过程会很慢，在模块中增加残差学习可以加快训练过程。利用局部残差学习将 F_{d-1} 和 $F_{d,\mathrm{LF}}$ 的特征进行相加，所以第 d 个残差密集块的输出 F_d 可以通过如下式表示：

$$F_d = F_{d-1} + F_{d,\mathrm{LF}} \tag{4.37}$$

局部残差学习可以自适应地保留累积的特征，进一步提升网络的表达能力。

使用残差密集模块提取局部密集特征之后，进一步使用密集特征融合结构来将每一个残差密集模块的输出进行特征融合，得到一个新的特征。全局特征融合模块由全局特征融合和全局残差学习两部分组成。

(1) 全局特征融合。全局特征融合将所有残差密集块提取到不同层次的特征进行全局融合，可以使用下式表示：

$$F_{\mathrm{GF}} = H_{\mathrm{GFF}}([F_1, F_2, \cdots, F_D]) \tag{4.38}$$

其中，$[F_1, F_2, \cdots, F_D]$ 表示将由残差密集块 $1, 2, \cdots, D$ 产生特征图的联合映射；H_{GFF} 表示 1×1 和 3×3 两个卷积的复合函数。1×1 卷积层用于自适应融合一系列不同层次的特征，3×3 卷积层用于提取用于全局残差学习的特征。

(2) 全局残差学习。全局残差学习将第一层浅层提取的映射 F_{-1} 和融合之后的全局特征 F_{GF} 进行相加，得到网络的最终输出，如公式描述如下：

$$I^{\mathrm{r}} = F_{-1} + F_{\mathrm{GF}} \tag{4.39}$$

其中，I^{r} 表示网络学习得到噪声映射，将含噪声的 DoFP 图像与网络学习的残差映射 I^{r} 相减得到最后的无噪声图像，用公式描述如下：

$$I_{\mathrm{clean}} = I^{\mathrm{n}} - I^{\mathrm{r}} \tag{4.40}$$

其中，I_{clean} 表示去噪后的 DoFP 偏振图像。

4.4.3　去噪网络损失函数的设计

对于 DoFP 偏振图像，假设噪声观测图像 $I_\theta^n(x,y)$ 定义如下：

$$I_\theta^n(x,y) = I_\theta(x,y) + n_\theta(x,y) \tag{4.41}$$

其中，(x,y) 表示图像的像素坐标；$I_\theta(x,y)$ 表示 DoFP 图像中无噪声的偏振图像；$n_\theta(x,y)$ 表示 DoFP 图像中的噪声信息，$\theta=\{0°,45°,90°,135°\}$。受到去噪卷积神经网络 DnCNN[31,32]的启发，从网络中学习参考无噪图像和噪声图像之间的残差图比直接从噪声图像中预测无噪图像更容易，因此设计从噪声图像中学习残差图像而不是直接预测干净的无噪声图像，损失函数为预测残差图与真实残差图像的均方误差，如式(4.42)所示：

$$l(\Theta)=\frac{1}{2N}\sum_{i=1}^{N}\sum_{\theta}\left\|R\left[I_{i,\theta}^n(x,y);\Theta\right]-\left[I_{i,\theta}^n(x,y)-I_{i,\theta}(x,y)\right]\right\|_F^2 \tag{4.42}$$

其中，N 为训练样本的数量；$R\left[I_{i,\theta}^n(x,y);\Theta\right]$ 为网络学习的残差图，$I_{i,\theta}^n(x,y)-I_{i,\theta}(x,y)$ 表示的是原始含噪声偏振图像与参考无噪声图像的残差值。网络的预测残差图 $R\left[I_\theta^n(x,y)\right]\approx n_\theta(x,y)$。对测试样本而言，网络的输出为预测的残差图，所以最后的无噪声的偏振图像可以由式(4.43)进行估算：

$$I_\theta(x,y)=I_\theta^n(x,y)-R\left[I_\theta^n(x,y)\right] \tag{4.43}$$

4.4.4　去噪网络训练及性能分析

在训练网络时，将数据集按照常见的 8∶1∶1 的划分比例分为训练集、验证集和测试集。在 150 组图像中，使用 120 组图像作为训练数据，剩下的 30 组分为测试数据和验证数据。其中，为了验证本书算法对不同材料偏振图像去噪具有泛化性，需要保证划分的三种数据中都包含金属材料、塑料、木质材料和布质材料的偏振图像。DoFP 偏振图像的像素尺寸为 2448×2448，首先将四个不同偏振方向的图像拆分，得到四张不同方向偏振子图，即 $I_{0°}$，$I_{45°}$，$I_{90°}$ 和 $I_{135°}$，然后将四个不同方向的偏振子图组合成一个三维图组作为一个训练样本，得到每个训练样本的大小为 1024×1224×4。为了进一步扩充样本数据，将每一个训练样本对按尺寸为 64×64，步长为 32 的窗口进行裁剪，最终得到 1147×120 组训练样本。

本次实验中，使用基于数据流的深度学习框架 TensorFlow[33]进行残差密集神经网络的搭建。在训练过程中，使用 MSRA 初始化方法[34]对网络权重进行初始化，然后将学习率初始化为 10^{-4}，使用指数衰减法对学习率进行更新，选择 Adam 优化器[35]优化损失函数进行网络参数的更新。为了提高训练效率，对网络的输入数据采用小批量输入法，设置批次大小 mini-batch 为 64。在训练过程中，如果训练误差连续迭代 5 轮都没有低于设定阈值则终止训练。最后在 NVIDIA RTX 2080Ti GPU 上对该去噪网络模型进行了 60 轮迭代优化训练。

残差密集块是残差密集神经网络的核心部分，残差密集块的数量 d 与网络深度直接相关，从而影响网络的整体性能。随着 d 增大，网络加深，网络的表达能力也加强，但是训练时间也会变得更长。所以在本节中，通过建立不同参数的网络模型来分析残差密集块数量 d 对网络去噪性能的影响。然后通过消融研究分析密集特征融合(dense feature fusion，DFF)和 GRL 对网络性能的作用，进一步验证了本书去噪网络的有效性。

知道如何训练以后，我们主要讨论残差密集块数量 d 对网络性能的影响。使用控制变量法固定其他网络参数，搭建具有不同残差密集块数量的残差密集神经网络，然后分别对不同网络的去噪效果进行分析。在本次实验中，设置每个网络中残差密集块的卷积层数 $c=6$，然后分别考虑残差密集块个数 $d=\{4,6,8,10\}$ 四种情况下的去噪效果。最后分别训练了四个网络模型，为了分析网络的去噪性能，在训练过程中，分别计算光强(intensity)图、DoLP 图以及 AoP 图的平均峰值信噪比(peak signal-to-noise ratio，PSNR)。训练过程中不同网络的 PSNR 随网络训练次数变化曲线如图 4.21 所示。

由图 4.21 可知，PSNR 随着训练轮数的增大逐渐上升并趋于稳定，当训练轮数超过 25 个迭代周期(epoch)时，网络性能逐渐趋于稳定，PSNR 的变换也处于相对平稳的状态。对比不同残差密集块数量 d 网络的 PSNR 变化曲线可知，在训练稳定前，不同残差密集块的 PSNR 都随着训练次数增大而上升，直到训练次数到达 25 个迭代周期左右，残差密集块个数 d 越大的网络模型 PSNR 越高。因此，选取 25～45 个迭代周期之间的曲线进行局部放大，从区域放大图可以看出，残差密

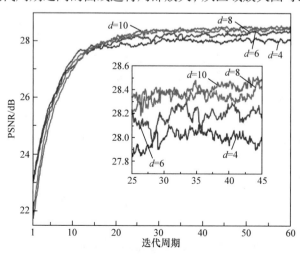

图 4.21　残差密集块数量 d 对网络性能的影响

集块 d 从 4 增加到 8 的过程中，PSNR 都有明显的提升，另外，d 越大，曲线收敛性更好。但是，d 从 8 增加到 10 的时候，PSNR 不再有明显的增加。

训练时间可以反映网络的收敛速度，也是网络性能的一个重要衡量标准，表 4.1 为不同残差密集块个数 d 训练 60 个迭代周期的时间表。从表可以得知，残差块数量越多，训练所需的时间也越长，因此，权衡训练时间和网络去噪性能，在后续的实验中选择残差密集块 $d=10$。

表 4.1　不同残差密集块数量 d 的训练时间

残差密集块数量 d	训练时间
4	5 h35 min
6	7 h49 min
8	10 h15 min
10	12 h8 min

对残差密集神经网络的不同模块进行分析，然后通过消融研究验证当前残差密集神经网络结构的有效性。该网络的基础结构部分(Baseline)只包含浅层特征提取(shallow feature extraction，SFF)和残差密集块。本次实验分别讨论密集特征融合结构和全局残差学习结构对网络性能的影响，因此，本节分别设计了四种不同的网络结构，分别包括 Baseline (Net-1)、Baseline+DFF(Net-2)、Baseline+GRL(Net-3)和 Baseline+DFF+GRL(Net-4)。

分别训练了上述四个网络结构。为了分析不同网络结构的去噪效果，分别重建了光强图、DoLP 图以及 AoP 图，并计算它们的平均 PSNR。训练过程中 PSNR 随着网络训练次数变化曲线如图 4.22 所示。由图可知，PSNR 随着待训练过程趋

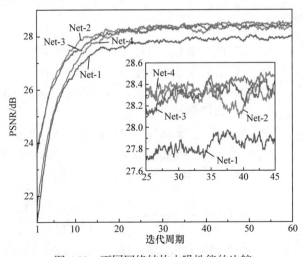

图 4.22　不同网络结构去噪性能的比较

于稳定，直到训练轮数超过 25 个迭代周期时，PSNR 不再有明显的上升。另外，从图中可以明显看到 Net-1 相对其他三个网络收敛的 PSNR 要低，这说明密集特征融合结构和全局残差学习结构均能提高 PSNR。将各个网络模型的 PSNR 曲线进行局部放大，从区域放大图可以看出，密集特征融合结构和全局残差学习结构的效果可以进行叠加，进一步提升网络性能，使得训练的 PSNR 更高，同时，使用密集特征融合与全局残差学习结构能够稳定训练过程，使网络的收敛性更好。

最后，为了进一步比较不同网络模型的去噪性能，分别使用训练好的四个模型在测试集上进行测试，使用去噪后的 DoFP 偏振图像重建偏振信息，然后分别计算 PSNR，如表 4.2 所示。从表得知，没有使用密集特征融合结构和全局残差网络结构的 Net-1 的 PSNR 最低，分别使用密集特征融合结构和全局残差学习结构的 Net-2 和 Net-3 的 PSNR 都有所提升，同时使用这两种结构的 Net-4 获得最高的 PSNR，网络的去噪性能最好。因此，使用密集特征融合结构和全局残差学习能够增强网络的表达能力，提升网络的去噪性能。

表 4.2　不同网络模型在测试集的 PSNR

功能指标	Net-1	Net-2	Net-3	Net-4
DFF	×	√	×	√
GRL	×	×	√	√
PSNR/dB	27.58	28.32	28.38	28.52

4.4.5　偏振图像去噪结果及质量评价

1. 客观评价方法

图像质量的客观评价标准通常通过设计可见性误差函数实现，该函数会以某种标准计算参考图像与待评估图像之间的距离，最后使用计算值作为指标来衡量待评估图像的质量。两种常用的图像质量评价客观指标包括 PSNR[36]和结构相似性(structural similarity，SSIM)[37]。

PSNR 是衡量图像噪声水平和失真程度最普遍的客观评价指标，该评价指标使用待评估图像和参考图像对应的像素坐标之间的误差表示[38]。PSNR 越大，图像噪声水平或者失真程度越低，具体定义如式(4.44)表示：

$$\text{PSNR}(I_1,I_2)=10\log_{10}\left(\frac{\text{MAX}_I^2}{\text{MSE}(I_1,I_2)}\right) \tag{4.44}$$

其中，I_1 和 I_2 分别表示参考图像与待评估图像；$\text{MSE}(I_1,I_2)$ 表示 I_1 和 I_2 的均方

误差，定义如下：

$$\text{MSE}(I_1, I_2) = \frac{1}{mn} \sum_{x=1}^{m} \sum_{y=1}^{n} \left[I_1(x,y) - I_2(x,y) \right]^2 \tag{4.45}$$

其中，$m \times n$ 表示图像尺寸；(x,y) 表示图像像素坐标。

SSIM 是一种衡量两幅图像相似度的指标，与 PSNR 不同，该评价指标分别从亮度、对比度和结构三个方面对图像相似度进行度量[39]，待评估图像与参考图像的结构相似性越高，待评估图像的噪声水平或者失真程度越小，具体定义如式(4.46)所示：

$$\text{SSIM}(I_1, I_2) = \frac{\left(2\mu_{I_1}\mu_{I_2} + C_1\right)\left(2\sigma_{I_1 I_2} + C_2\right)}{\left(\mu_{I_1}^2 + \mu_{I_2}^2 + C_1\right)\left(\sigma_{I_1}^2 + \sigma_{I_2}^2 + C_2\right)} \tag{4.46}$$

其中，μ 表示图像光强的平均值；$\sigma_{I_1 I_2}$ 表示两张图像的协方差；σ^2 表示图像的方差；C_1 和 C_2 为常数。

2. 主观评价方法

人眼视觉系统是从图像中获取信息最直接的一种方法。人眼视觉系统从图像所获取信息的充分性和准确性对图像质量的评价起决定性作用。图像质量的主观评价方法就是以人为观察者，对图像的优劣做出主观的定性评价。实际上主观评价方法是基于统计学角度的，所以，为了保证图像质量主观评价符合统计学观测模型，要求参与评价的人员数量具有一定规模，并且各观测者之间保持独立，这样可使评价结果更准确、可靠。

主观评价包括绝对评价和相对评价。绝对评价需要使用参考图像作为基准，在具体实施过程中，观察者将待评估图像按照某方面的认识和理解与参考图像进行对比，判断待评估图像的优劣[40]。绝对评价通常都是观察者按照参考图像对待评估图像采用双刺激连续质量评价法(double stimulus continuous quality evaluation，DSCQE)[41]给出一个直接的质量评价值。国际上规定了五级绝对评价尺度，包括质量尺度和妨碍尺度，如表 4.3 所示。

表 4.3　绝对评价尺度[42]

分数	质量尺度	妨碍尺度
5	丝毫看不出图像质量变坏	非常好
4	能看出图像质量变坏但不妨碍观看	好
3	清楚看出图像质量变坏，对观看稍有妨碍	一般
2	对观看有妨碍	差
1	非常严重地妨碍观看	非常差

相对评价则不需要原始图像作为参考，它是由观测者对一批待评价的图像进行相互比较，从而判断出每个图像的优劣顺序并给出相应的评价值。通常，相对评价采用单刺激连续质量评价法(single stimulus continuous quality evaluation，SSCQE)[41]。相对于主观绝对评价，主观评价也规定了相应的评分方式，称为"群优度尺度"，如表4.4所示。

表 4.4　相对评价尺度与绝对评价尺度对照表[42]

分数	相对测量尺度	绝对测量尺度
5	一群中最好的	非常好
4	好于该群平均水平的	好
3	该群中的平均水平	一般
2	差于该群中平均水平的	差
1	该群中最差的	非常差

本节将分别使用上述两种评价指标对偏振图像去噪方法的性能进行评估。分别使用基于 PCA、基于 K-SVD、基于 BM3D 以及基于残差密集神经网络的去噪方法对 DoFP 偏振图像进行去噪。然后使用去噪后的偏振图像重建光强图、DoLP 图和 AoP 图。分别计算去噪后 DoFP 偏振图像和该偏振图像重建的光强图、DoLP 图以及 AoP 图的 PSNR 和 SSIM，从而定量评价去噪效果。

表 4.5 展示了测试集上的 10 组 DoFP 偏振图像在不同去噪方法处理后计算的 PSNR，从该表可以看出，去噪前的 DoFP 偏振图像的 PSNR 在 25 dB 左右，PCA、K-SVD 和 BM3D 三种去噪方法都可以提高图像的 PSNR，具备一定的去噪效果。其中，K-SVD 的 PSNR 比 PCA 的 PSNR 高，BM3D 去噪方法可获得最高的 PSNR(接近 40 dB)。从表 4.5 的最后一列可以看出，本节提出的基于残差密集神经网络的偏振图像去噪方法取得最高的 PSNR，与其他三种方法对比，本节方法的去噪效果最好。

表 4.5　不同去噪方法在测试 DoFP 偏振图像上的 PSNR　(单位：dB)

序号	噪声图像	PCA	K-SVD	BM3D	本节方法
1	25.092	32.257	35.459	39.038	41.471
2	25.372	30.980	34.760	39.782	42.755
3	26.963	32.065	36.715	40.001	43.319
4	25.175	31.744	34.474	38.783	40.416
5	26.081	29.873	34.979	37.962	39.931
6	25.702	33.370	36.854	39.773	42.129
7	24.852	33.935	36.799	37.618	40.694

续表

序号	噪声图像	PCA	K-SVD	BM3D	本节方法
8	25.267	30.634	34.952	38.886	42.735
9	26.066	32.374	35.042	38.670	39.999
10	26.634	33.019	35.136	38.077	43.964

考虑去噪后 DoFP 偏振图像对偏振信息的重建效果，分别重建光强图、DoLP 图和 AoP 图，然后分别计算 PSNR，如表 4.6 所示。从表中可以看出，四种方法都可以提升偏振图像的 PSNR，提高偏振图像的质量，相对其他三种偏振图像去噪方法，基于残差密集神经网络的去噪方法重建的偏图像息可获得更高的 PSNR。特别地，去噪后 DoLP 图像的 PSNR 提高了 159.8%，比 BM3D 方法提高 34.5 个百分点；去噪后 AoP 图的 PSNR 提高了 93.1%，比 BM3D 方法高 51.7 个百分点。

表 4.6　不同去噪方法重建的光强图、DoLP 图和 AoP 图的 PSNR　　（单位：dB）

偏振参数	噪声图像	PCA	K-SVD	BM3D	本节方法
光强	26.062	30.134	33.050	37.544	41.512
DoLP	12.276	21.168	24.886	27.652	31.897
AoP	6.348	7.150	7.364	8.978	12.257

表 4.7 为不同偏振图像去噪方法处理后得到的 DoFP 偏振图像与参考无噪声 DoFP 偏振图像之间的结构相似性。通过表中 10 组测试图像的 SSIM 可知，PCA、K-SVD 和 BM3D 三种方法都可以提高噪声图像的 SSIM，在这三种方法中，BM3D 去噪方法的 SSIM 最高。但是，从表 4.7 最后一列可以看出，基于残差密集神经网络的偏振图像去噪方法获得的 SSIM 比 BM3D 更高，去噪效果更好。

表 4.7　不同去噪方法在测试 DoFP 偏振图像上的 SSIM

序号	噪声图像	PCA	K-SVD	BM3D	本节方法
1	0.311	0.624	0.887	0.922	0.961
2	0.345	0.713	0.903	0.937	0.975
3	0.411	0.733	0.929	0.942	0.986
4	0.309	0.643	0.883	0.920	0.955
5	0.367	0.658	0.899	0.914	0.955
6	0.305	0.746	0.921	0.943	0.979
7	0.289	0.693	0.900	0.906	0.967
8	0.308	0.685	0.923	0.934	0.984
9	0.362	0.625	0.841	0.920	0.951
10	0.462	0.755	0.906	0.905	0.982

　　同理，使用不同去噪方法处理后的 DoFP 偏振图像进一步重建光强图、DoLP 图与 AoP 图，并分别计算其 SSIM，如表 4.8 所示。从表可知，PCA、K-SVD 和 BM3D 三种去噪方法都能提高偏振信息的 SSIM，其中 BM3D 方法获得的 SSIM 更高。与 BM3D 去噪方法相比，基于残差密集神经网络的去噪方法在光强图、DoLP 图和 AoP 图的 SSIM 均比 BM3D 的高，去噪效果更好。特别地，从表中数据可知基于残差密集神经网络的去噪方法对于 DoLP 图和 AoP 图的重建尤为显著。

表 4.8　不同去噪方法重建的光强图、DoLP 图和 AoP 图的 SSIM

偏振参数	噪声图像	PCA	K-SVD	BM3D	本节方法
光强	0.576	0.683	0.792	0.920	0.944
DoLP	0.092	0.421	0.582	0.785	0.851
AoP	0.060	0.063	0.071	0.126	0.210

　　为了比较不同去噪方法处理噪声图像后的视觉效果，使用不同的去噪方法对测试集的噪声偏振图像进行去噪处理，然后使用去噪后的 DoFP 图像重建光强图、DoLP 图与 AoP 图进行视觉评估。图 4.23 展示的是利用 PCA、K-SVD、BM3D 以及基于残差密集神经网络去噪方法对金属硬币噪声偏振图像处理的结果。图中第一行为带噪声的原始图像(noisy image)，最后一行为理想图像(ground truth，GT)；第一列为光强图，第二列为 DoLP 图，第三列为 AoP 图。其中，光强图展示的是去噪后 DoFP 偏振图像直接重建的效果图，对于 DoLP 图和 AoP 图，为了展示更多细节信息，以伪彩色图的形式展示。

　　从图 4.23 中可以看出，PCA 去噪方法的效果并不理想，虽然去噪后的光强图已经去除了部分噪声，但是图像却变得很模糊，导致图中的很多细节无法辨析；DoLP 图和 AoP 图重建效果与无噪声参考的伪彩色图存在较大的差异，图像失真比较严重。相对于 PCA 去噪方法，K-SVD 去噪效果更好，但是依然存在去噪后图像变得模糊的问题，主要表现在重建的 DoLP 图无法提供更多的细节信息，并且 AoP 图存在大量的残余噪声。BM3D 去噪方法在视觉效果上比前两种方法效果更好，并且重建的光强图和 DoLP 图与在视觉效果与理想图像比较接近。BM3D 方法虽然可以重建更多的细节，但对于 AoP 图而言，仍然存在大量残余的噪声。基于残差密集神经网络的偏振图像去噪方法在光强图、DoLP 图与 AoP 图中都取得了很好视觉的效果。相比 BM3D，能够恢复更多的图像细节且能够去除残余噪声。通过对图 4.23 最后两行可以看出，基于残差密集神经网络的去噪方法几乎重建了图像的所有细节信息，并且与理想图像十分接近。特别地，相对于其他三种偏振图像去噪方法，在 DoLP 图和 AoP 图的恢复效果尤为显著。

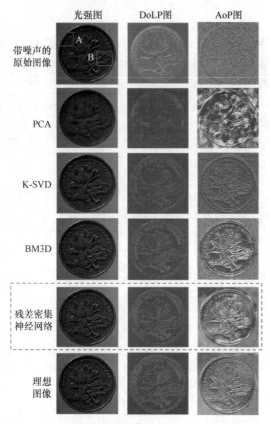

图 4.23　不同去噪方法重建的光强图、DoLP 图和 AoP 图

　　为了进一步对比不同方法去噪后的细节效果，将图 4.23 中的 A 区和 B 区进行放大，得到区域放大图如图 4.24 所示。从噪声图的放大区域可以发现被噪声污染的光强图尚可辨析图像的纹理细节，但是 DoLP 图和 AoP 图已经被噪声严重污染，几乎无法辨别图像上的细节信息。首先考察位于图 4.24 中第一列的光强图的去噪效果，可以发现使用 PCA 方法去噪后重建的光强图细节严重丢失，而 K-SVD 去噪方法重建的光强信息视觉效果图在一定程度上优于 PCA 去噪方法。BM3D 去噪方法与基于残差密集神经网络去噪方法重建的光强图效果相仿，都和理想图像的视觉效果很接近，因此分别计算两种方法去噪后光强图的 PSNR，基于残差密集神经网络的去噪方法的 PSNR(30.06 dB)比 BM3D 去噪方法的 PSNR (28.64 dB)更高。

　　从图 4.24 中 DoLP 图和 AoP 图可以看出，PCA 方法只能恢复 DoLP 图和 AoP 图的少量细节信息，但是与参考无噪声的偏振信息相比，PCA 方法恢复的信息已经出现严重失真。与噪声图像相比，K-SVD 在视觉效果上取得了一定的效果，但是却无法提供更多的细节。如图 4.24 中第二和第三行，PCA 与 K-SVD 去

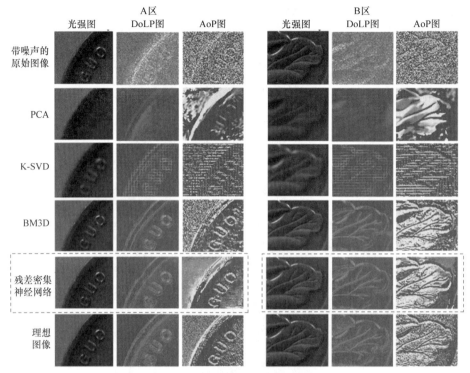

图 4.24　不同去噪方法在 A 区和 B 区去噪结果的放大图

噪后都无法辨别 A 区域中的字母"GUO"。相比 K-SVD，BM3D 能够恢复更多
图像细节，明显提高视觉效果，但是 BM3D 重建的 AoP 图仍然存在很多残差噪
声，并且与理想图像相比，恢复的 AoP 信息有一定程度的失真。使用基于残差
密集神经网络的去噪方法重建的偏振信息在图 4.24 中使用虚线框标出，与上述
三种方法相比，在去噪和保留图像细节方面都具有显著的优势，很大程度上与
理想图像的偏振图像相吻合，并且这些结果与定量比较分析结果一致。值得注
意的是，基于残差密集神经网络的去噪方法去噪后的效果在视觉效果上比理想
图像的噪声更低，主要有两点原因：一是参考无噪声图像是在真实环境中采集
的，图像传感器产生的电流噪声与环境噪声无法避免；二是深度学习方法是一
种数据驱动方法，其处理效果主要与数据集规模、网络结构和损失函数的设计
相关。

　　最后，为了验证去噪方法对不同材料偏振图像的泛化能力，使用 DoFP 偏振
相机对不同材料进行成像，最终得到四种常见材料在噪声环境下的 DoFP 偏振图
像，包括：金属、塑料、木质材料和布质材料。图 4.25 展示了本书方法对不同材
料偏振图像的去噪效果，对于每种不同材料场景，分别利用去噪后的 DoFP 图像
重建了光强图、DoLP 图和 AoP 图，PSNR 在对应图像的右上角显示。

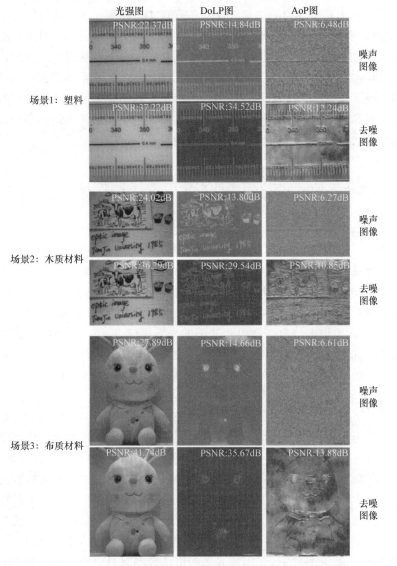

图 4.25 本书方法对塑料、木质材料和布质材料的去噪效果

从图 4.25 可以看出，基于残差密集神经网络的去噪方法对不同材料的偏振图像都具有较好的去噪效果，去噪后重建的偏振图像不仅可以提高视觉效果，而且也获得了较高的 PSNR。例如图中第一个场景中的"尺子"(塑料材质)，从含噪声的 DoFP 偏振图像中重建的光强图、DoLP 图和 AoP 图如图 4.25 所示。从图可以看出噪声 DoFP 偏振图像重建的 DoLP 图和 AoP 图已经被噪声严重干扰，DoLP 图中"尺子"的刻度已经无法辨析，且该图的 PSNR 为 14.84dB；对于 AoP 图，该"尺子"的大致轮廓几乎完全丢失，且无法分辨出实物，其 PSNR 仅为 6.48dB。使

用基于残差密集神经网络的去噪方法对该噪声 DoFP 偏振图像进行处理，去噪后重建的偏振图像显示在对应噪声图像的下一行。从去噪后的图像可以看出，基于残差密集神经网络的去噪方法可以极大抑制 DoLP 图和 AoP 图中的噪声，并能明显提高 PSNR，去噪后重建的 DoLP 图从 14.84dB 提高到 34.52dB，AoP 图从 6.48dB 提高到 12.24dB。同理，从另外两个场景的偏振图像去噪效果来看，方法对木质材料和布质材料的偏振图像也具有类似的去噪效果，因此，基于残差密集神经网络的去噪方法对不同材料的偏振图像具有很好的泛化性。

4.5　基于深度学习的微光彩色偏振成像技术

现有的低照度图像复原方法均仅基于光强、光谱信息，信息维度较少，并且这些方法大多采用后期图像处理调整参数的方式制作低照度数据集，但真实环境中图像退化更为复杂，模拟模型不足以表示真实的低照度场景。本节将偏振信息引入低照度图像复原，使用彩色 DoFP 偏振成像系统采集制作真实的低照度图像数据集，该系统获取的图像同时包含彩色 R、G、B 三通道光强信息和 0°、45°、90°、135° 四通道偏振信息，形成多通道的光强-偏振联合，增加信息维度。下面将从数据集的制作、网络结构的设计、损失函数的设计，以及网络训练参数的设置对本章多通道光强-偏振联合的低照度图像复原方法进行详细分析。

4.5.1　低照度彩色偏振图像数据集的制作

深度学习是一种数据驱动的方法，要制作一个样本量足够大的低照度彩色偏振图像数据集供其训练。对于本实验，由于彩色 DoFP 偏振相机感光性能的限制，真实的低照度彩色偏振图像数据是通过改变曝光时间的方法来获取的：在长曝光时间下，感光元件接收的光子数更多，得到的图像更亮；反之，在短曝光时间下，感光元件接收的光子数更少，得到的图像也更暗。实验中将在长曝光时间下获取的高照度图像用作标签图像即复原的参考图像，在短曝光时间下获取的低照度图像用作输入图像。每张短曝光低照度图像都有对应的长曝光参考图像，形成一一对应的数据对。所有的数据集均通过一台空间分辨率为 2448 × 2048 的商用彩色 DoFP 偏振相机(LUCID PHX050S)采集，相机被安装在固定的三脚架上并通过连接的电脑控制，整个拍摄过程中相机均保持静止。在每个场景中，为了最大限度地提高参考图像的质量，相机的设置如光圈、ISO、对焦等都经过了仔细地调整，为了降低随机噪声对参考图像的影响，对同一场景进行 20 次采集，然后对获取到的 20 张图像做平均处理，得到最终的参考图像。参考图像的曝光时间设定在 1/30～1/20s 之间，短曝光低照度图像的曝光时间为对应的参考图像的

1/20～1/50。因为无法在同一时间对同一场景进行高/低曝光两次成像，而所有的数据对都必须保证像素一一对齐，所以数据集中的所有场景都是静止的。

为了保证所提出的方法在不同场景下都有很好的复原效果，数据集包含了各种不同偏振特性的室内和室外场景一共 300 对图像，图 4.26 展示了其中部分数据对，参考图像在前，低照度图像在后，需要注意的是，视觉效果上低照度图像光强图几乎都是全黑的。实验中所有的数据对按照 7∶1∶2 的比例，随机分成 210 组图像作为训练集、30 组图像作为验证集以及 60 组图像作为测试集，分别用来训练网络，调节网络超参数和验证网络的性能。

图 4.26　数据集中部分低照度图像-参考图像对

下面对数据集中一组数据的光强图、DoLP 图和 AoP 图进行分析。图 4.27 是一组数据的光强图像，图 4.27(a-1)是原始低照度光强图，可以看到，低照度下的光强图几近全黑，肉眼无法看出任何有效的信息，为了能分析其成像质量，对其光强进行了 30 倍的放大之后，得到的光强图如图 4.27(a-2)所示，可以看出图像存在大量噪声且颜色出现了明显的偏差，整体偏红。图 4.27(b)为参考图像的光强图，需要注意的是，它并不是完全无噪声的。低照度图像复原的目的并不是为了得到完全无噪声的图像，因此，参考图像存在少量的噪声是被允许的。对恢复光强后的低照度图 4.27(a-2)和参考图 4.27(b)进行局部放大后，放大的图像如图 4.27(c)、图 4.27(d)所示，可以看到低照度光强图出现明显色差，且被强噪声覆盖，图案部分噪声更为严重，原有纹路细节完全丢失。

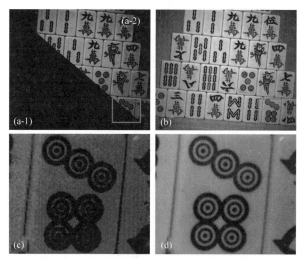

图 4.27　一对低照度-参考图像的光强图

　　图 4.28 是该组数据对的 DoLP 和 AoP 对比图。对于 DoLP 和 AoP 图像而言，对比几乎全黑的光强图，在低照度环境下明显地体现了偏振成像对光强不敏感的优点。由图可以看出，低照度环境下 DoLP 图和 AoP 图能够有效检测出目标，并识别出较大的轮廓信息，但由于偏振信息特别是 AoP 对噪声敏感，低照度环境下的 DoLP 图和 AoP 图有很大的噪声，细节被噪声淹没，对比度较低。因此，本书提出的方法必须同时考虑光强和偏振信息，对光强图，DoLP 图和 AoP 图都要有很好的复原效果。

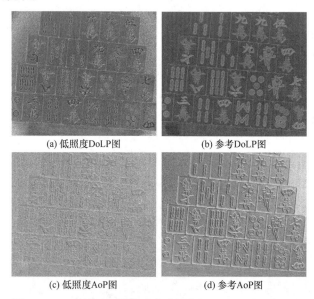

(a) 低照度DoLP图　　　　　　　　(b) 参考DoLP图

(c) 低照度AoP图　　　　　　　　(d) 参考AoP图

图 4.28　一对低照度图像和参考图像的 DoLP 图和 AoP 图

4.5.2　多通道光强-偏振联合的低照度图像复原网络

光强信息和偏振信息对噪声和照明条件有不同的敏感性和响应，因此，传统的只针对光强信息复原的网络不能够确保偏振信息的正确复原，为了同时复原光强和偏振信息，本节提出多通道光强-偏振联合的低照度图像复原网络结构 (IPLNet)，如图 4.29 所示，网络整体框架由负责复原光强信息的 RGB-Net 和负责复原偏振信息的 Polar-Net 两个子网络串接而成。

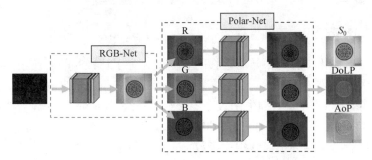

图 4.29　多通道光强-偏振联合的低照度图像复原网络结构

为了减少网络运算量，提升网络学习速度，从相机获取的原始图像文件需要先进行预处理。相机采集的图像为像素按彩色-偏振阵列排布的单通道灰度图，分辨率为 $2048 \times 2448 \times 1$，将其按 R、G、B 通道进行拆分，并从通道维度上拼接成 $1024 \times 1224 \times 3$ 的三通道彩色图，每个通道都可以看成一张单通道 DoFP 偏振图像，如图 4.30 所示。

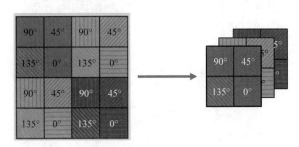

图 4.30　图像预处理，彩色-偏振阵列单通道图变为三通道彩色偏振图

将包含偏振信息的三通道彩色图作为输入，首先输入 RGB-Net 子网络。RGB-Net 子网络对其进行第一步的颜色和光强信息的复原。处理完成后将图像三通道分离，分别输出 R、G、B 三张单通道特征图。这些特征图分别输入 Polar-Net 的三个通道，进行偏振信息的复原及进一步的颜色和光强信息的复原。处理后每个通道分别输出四通道偏振子图，其中每个通道分别为 0°、45°、90°、135°为偏振方向图。即网络输出三张 R、G、B 颜色分量图，每张图由 0°、45°、

90°、135°四个偏振分量通道构成。因此，每张图都是偏振的，对其分别求光强图，DoLP 图和 AoP 图，将得到的三张单通道光强图合并成一张三通道彩色光强图，从而得到彩色光强复原图；将三张 DoLP 图和 AoP 图求平均，得到复原后的平均 DoLP 图和 AoP 图。

RGB-Net 和 Polar-Net 在内部均由残差密集网络构成，残差密集网络在结构上综合了残差连接和密集连接，能够充分利用输入图像所有不同层次的特征。其具体网络结构已在 4.4.3 节中进行介绍，这里不再重复。

4.5.3　彩色图像损失函数的设计

损失函数作为一种约束具有很强的导向性，为了让预测的彩色偏振图像和参考图像之间的误差最小，达到同时恢复多通道光强和偏振信息的目的，需要设计一个多通道光强-偏振联合损失函数，不仅约束最终 Polar-Net 的输出结果图，还要约束 RGB-Net 的输出特征图。RGB-Net 输出的特征图还未进行偏振信息的恢复，因此仅设计了多通道光强损失函数，直接计算输出结果各通道灰度值和参考图像各通道灰度值损失。对于 Polar-Net 的输出结果，由于其已经完成了多通道光强和偏振信息的恢复，从光强和偏振两方面设计了损失函数，先从输出图像中重构出了光强图、DoLP 图和 AoP 图，并计算它们和参考光强图、DoLP 图和 AoP 图之间的损失。考虑到去噪过程中引入一定的平滑效果，会导致图像模糊，在最后输出的光强图中还引入了梯度信息的损失函数。梯度可以描述图像中灰度的变化，在边缘检测中有广泛的应用，通过计算输出结果和参考图像之间的梯度损失可以有效增强图像的细节纹理、边缘等信息，防止图像过度平滑。

因此，总的损失函数可以分为光强损失和偏振损失两个部分。

光强损失：

$$\begin{cases} L_{\text{rgb}} = \lambda_1 \left\| I_{\text{rgb}} - I_{\text{rgb-gt}} \right\|_n \\ L_{S_0} = \left\| I_{S_0} - I_{S_0\text{-gt}} \right\|_n + \lambda_2 \left\| G_{S_0} - G_{S_0\text{-gt}} \right\|_n \end{cases} \tag{4.47}$$

偏振损失：

$$L_{\text{p}} = \sum_{\text{R,G,B}} \left(\left\| \text{DoLP} - \text{DoLP}_{\text{gt}} \right\|_n + \lambda_3 \left\| \text{AoP} - \text{AoP}_{\text{gt}} \right\|_n \right) \tag{4.48}$$

其中，L_{rgb} 和 L_{S_0} 分别表示 RGB-Net 和 Polar-Net 的多通道光强损失；L_{p} 表示 Polar-Net 的偏振损失；I_{rgb} 指 RGB-Net 的输出特征图；"gt" 指参考图像；I_{S_0} 代表输出光强图；G_{S_0} 代表输出光强图的梯度图；λ_i 是各部分损失函数的权重参数，根据网络训练经验手动赋值；$\left\| \right\|_n$ 表示对第 n 张图计算 L_1 损失。

选择 L_1 损失函数作为网络的损失函数主要有如下考量。

(1) AoP 图像对噪声敏感性较光强图和 DoLP 图更大,损失值波动大,容易出现异常值。L_2 损失会放大这种异常,导致网络难以收敛。

(2) 对于多任务学习而言,不同的学习任务需要不同损失函数约束。但不同损失之间的数量级和学习难度存在很大差异,通常需要手动赋予每个损失一定的权重,将各损失调整到同一量级,以维持各损失之间的平衡并同步下降达到收敛,完成各任务的学习。但由于 L_2 损失放大了各损失之间的差异,手动设置合适的权重较 L_1 损失更为困难,网络调参效率低。

除了上述手动赋值的权重外,对于光强损失 L_{rgb}、L_{S_0} 和偏振损失 L_{p},本书还设计了一个能够根据各损失大小自动调整其权重的自适应函数,用于协同光强损失和偏振损失两个部分,构成最终的总损失。其公式如下:

$$L = w_{\mathrm{rgb}}L_{\mathrm{rgb}} + w_{S_0}L_{S_0} + w_{\mathrm{p}}L_{\mathrm{p}} \tag{4.49}$$

其中,

$$w_i = L_i / \sum L_i, \quad i \in \{\mathrm{rgb}, S_0, \mathrm{p}\} \tag{4.50}$$

该权重自适应函数能够根据训练过程中各损失变化,及时调整网络优化方向,搜寻出一条最快的梯度下降路线。图 4.31 为网络训练过程中损失函数变化曲线图。需要注意,由于总损失函数是各损失函数的加权结果,其值会介于各分量损失函数之间。

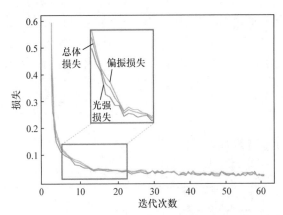

图 4.31　网络训练过程中各损失下降曲线

如图 4.31 所示,在整个网络的训练过程中,光强损失和偏振损失函数同步下降且拥有接近的幅值,因此在总损失中占相似的比例,保证了光强信息和偏振信息的复原能够同步稳定进行。

4.5.4　网络训练及性能分析

1. 实验数据预处理

为了加快网络训练速度,扩充数据集大小,对训练图像进行裁剪,以 64 为步长将图像裁剪成分辨率为 64 × 64 的小图。裁剪后的数据按一定概率随机进行上下、左右翻转和逆时针旋转 90°、180°、270°,进一步对数据集进行扩充。经过预处理后,最终训练集的数据量扩充到 40 万张左右。

2. 网络超参数设置

超参数即网络中需要手动预先进行设置,且不可学习更新的参数。本书的多通道光强-偏振联合网络模型超参数设置如下。

(1) 每层网络的卷积核个数为 32。

(2) 除密集特征融合使用的 1 × 1 卷积核外,所有卷积核尺寸均为 3 × 3 大小。

(3) 卷积核内参数均使用均值为 0、标准差为 0.001 的高斯分布进行初始化。

(4) 使用 Mini-batch 方式进行训练,batch-size 设置为 32。网络迭代次数为所有数据训练 60 轮次。

3. Adam 网络优化器

随机梯度下降广泛应用于最小化神经网络的损失函数,但这种方法使用固定的学习率更新网络中全部权重,可能会导致网络陷入局部最优,无法得到全局最优解。Adam 优化器通过对损失梯度的均值和方差进行综合考虑,自适应地计算出不同的学习率,并将其限制在一定范围,从而使网络参数的更新更加稳定。Adam 算法实现简单计算高效,对内存需求低,因此使用 Adam 优化器来最小化损失函数。

4. 实验环境配置

深度学习的实验环境如表 4.9 所示。

表 4.9　深度学习实验环境

器件	配置
CPU	Intel i7-8700
GPU,显存	Nvidia GTX 2080Ti,11G
内存	32G
操作系统	Ubuntu 16.04
实验平台	TensorFlow

神经网络的核心部分是网络模型的设计和损失函数的设计。其中，网络模型包括整体的多通道光强-偏振联合网络框架以及每个子网络中的残差密集网络结构，而损失函数也包含光强损失和偏振损失两个部分。在本节中，通过搭建不同结构的网络以及使用不同损失函数进行了一系列的消融实验，进一步验证本书所设计的多通道光强-偏振联合网络以及多通道光强-偏振联合损失函数的有效性。

RGB-Net 子网络可以看作传统的针对仅包含光强信息的低照度复原网络，为了验证 Polar-Net 子网络的有效性，通过控制变量的方法，固定了其他网络参数，搭建了仅包含 RGB-Net 的 Net-1 和包含 RGB-Net + Polar-Net 的 Net-2。分别使用相同的训练集对两个网络训练相同的轮次，在网络稳定后，使用相同的测试集数据分别完成两个网络的测试。为了分析不同网络的复原效果，分别重构了光强图、DoLP 图与 AoP 图，并计算了测试集的平均 PSNR，如表 4.10 所示。

表 4.10　不同网络模型在测试集的平均 PSNR

网络模型	光强图	DoLP 图	AoP 图
Net-1	36.56	24.13	9.64
Net-2	34.76	28.52	11.43

从表 4.10 中可以看出，对于光强图而言，只包含 RGB-Net 的 Net-1 比包含 RGB-Net + Polar-Net 的 Net-2 有更好的复原效果，其平均 PSNR 比 Net-2 高 5.18%。但是对于偏振图像 DoLP 图和 AoP 图而言，Net-2 的复原效果明显好于 Net-1，其平均 PSNR 增幅分别为 18.19% 和 18.57%。这种现象是因为 Net-2 中包含了专门针对偏振信息复原的 Polar-Net，能够更加有效地恢复偏振信息，而光强信息和偏振信息对噪声和光照条件有不同的敏感度和响应曲线，在复原过程中两者并不能够完全同步取得最优的效果。为了得到总体上最优的复原效果，需要在光强-偏振中得到一个平衡。在加入 Polar-Net 之后，虽然光强信息的复原性能有所减弱(4.92%)，但是偏振信息 DoLP 和 AoP 的复原性能大大提高(18.19% 和 18.57%)。偏振信息的引入对低照度图像复原的增强效果并不是直接体现在对光强复原性能的增强上，而是偏振信息作为一个新的信息维度，丰富了低照度下图像的信息量。因此，总体上来说，多通道光强-偏振联合网络框架能够得到更好的复原效果。

接下来讨论残差密集模块数 d 对网络性能的影响。这里的 d 指在 RGB-Net 子网络和 Polar-Net 子网络每个通道中各自的残差密集模块数。本实验中每个残差密集模块中设置了五层卷积层，每层卷积层中卷积核个数为 32。采用控制变量的方法确定其他网络参数，然后分别使用相同的训练集训练，实验一共测试了 $d = \{3,4,5,6\}$ 四种网络结构。为了分析网络的复原性能，计算了光强图、DoLP

图和 AoP 图的平均 PSNR。在训练过程中，不同网络的 PSNR 随网络训练的变化曲线如图 4.32 所示。

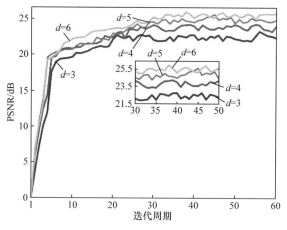

图 4.32　网络训练过程中 PSNR 变化曲线

　　总体来说，各网络的 PSNR 随着网络训练轮数的增加均逐渐上升，当训练轮数达到 30 个迭代周期时，网络的性能慢慢趋于稳定，PSNR 也开始在小范围内波动，没有明显的升降。通过对比四个有不同残差密集模块数网络的 PSNR 曲线可以看到，在训练刚开始时，所有的四个网络 PSNR 都有很快的增长速度，区别不明显。当训练轮数达到 10 个迭代周期左右，所有网络的增速都开始变慢，且残差密集模块数越大，网络 PSNR 越高。当训练轮数达到 30 个迭代周期之后，所有网络的 PSNR 都趋于稳定，不再增长。通过 30~50 个迭代周期之间的 PSNR 局部放大曲线可以看到，残差密集模块数 d 从 3 增加到 6 的过程中，PSNR 的增长逐渐变小，特别地，当 $d=5$ 和 $d=6$ 时，PSNR 增加已较不明显。

　　除了网络的复原能力外，网络的训练时间也是评价网络性能好坏的重要指标。拥有不同残差密集模块数的 4 个网络训练 60 个迭代周期的时间如表 4.11 所示。由表可知，残差密集模块数越多，网络训练时间越长。因此，综合权衡网络性能和效率，在之后的实验中，RGB-Net 和 Polar-Net 每个通道中均设置了 6 个残差密集模块。

表 4.11　拥有不同数量残差密集模块的网络训练时间

残差密集模块数 d	训练 60 个迭代周期所需时间
3	8h 37min
4	10h 49min
5	13h 21min
6	15h 14min

为了在网络训练过程中同时对光强和偏振信息的进行约束，相较于以往只对光强信息约束的损失函数，设计了多通道光强-偏振联合损失函数。为了验证其有效性，分别对仅使用光强损失函数(inten-loss)，仅使用偏振损失函数(polar-loss)，和使用多通道光强-偏振联合损失函数(total-loss)的三个网络用相同的训练集进行训练，除了损失函数不同外，三个网络其他参数均相同。为了分析不同损失函数的复原效果，得到三个网络的输出光强图、DoLP 图和 AoP 图，如图4.33所示。图中第一行为输入低照度图像，第二行为仅包含光强损失网络的输出图，第三行为仅包含偏振损失网络的输出图，第四行为包含多通光强-偏振联合损失网络的输出图，第五行为高照度的参考图像。图示第一列为光强图，第二列为 DoLP 图，第三列为 AoP 图。其中，输入光强图亮度太低，几乎全黑，对角线上方的部分光强放大了 30 倍以便更好看清细节。

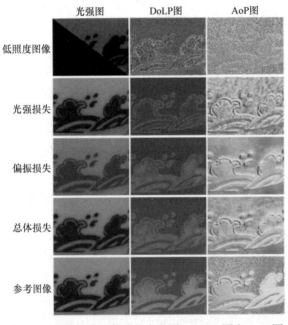

图 4.33　不同损失函数下的光强图、DoLP 图和 AoP 图

从图中可以看出，当损失函数中仅包含光强损失时，光强信息能够得到最好的恢复，亮度、对比度得到提升的同时也有很好的去噪效果，复原后的光强图和参考图像最接近；但是仅用光强损失对偏振信息的恢复却不是很理想，对于 DoLP 图，虽然去除了图像中大部分噪声，但偏振信息并没有被正确的复原，和参考图像图对比仅恢复了纹理的边缘，图案中间浪花的高偏信息完全被丢失。对于 AoP 图，复原后仍然残留了大量噪声，特别是图片背景部分，图案部分的高偏信息也没有被正确恢复。

当损失函数中仅包含偏振损失时，对于偏振信息的恢复效果最好，DoLP 图和 AoP 图去掉了绝大部分噪声，偏振度和偏振角也都得到了正确的复原，但偏振信息和光强绝对量无关，导致 RGB 三通道光强值没有被正确恢复，出现了明显的颜色的偏差，图案由蓝色变成了红色。

仅用光强损失函数和偏振损失函数不能同时兼顾光强和偏振信息的复原，因此，使用多通道光强-偏振联合损失函数是必要的。由图可知，使用多通道光强-偏振联合损失同时取得了很好的光强和偏振信息的复原效果，虽然单从光强图、DoLP 图和 AoP 图来看，它并没有达到最好的复原效果，但总体上，它实现了光强和偏振信息的兼顾，用略微减弱的效果换取了同时同步的光强、偏振信息复原。因此，在后续的实验中使用多通道光强-偏振联合损失函数作为网络的损失函数。

4.5.5　微光偏振成像实验结果及分析

为了测试微光偏振成像网络的有效性，分别使用 RetinexNet + CBM3D 方法、SIDNet 图像增强方法分别与 IPLNet 光强-偏振联合微光图像增强方法进行了对比。RetinexNet 是一种低照度图像增强方法，能够有效提升低照度图像的光强和对比度，但其对图像中存在的噪声并不能很好地去除，因此在 RetinexNet 处理的基础上，对输出图像使用 CBM3D 进行图像去噪。SIDNet 是一种仅针对光强信息的基于神经网络的微光图像增强方法，能直接对输入图像进行增强和去噪。实验使用的测试数据来自测试集，没有在网络训练中使用，并且与训练集中的图像在内容和颜色信息方面有较大差异。对于主观视觉评价，随机从测试集中选取了 3 张图片，对于客观评价，从测试集中随机选取了 10 张图片。

为了比较不同图像复原方法结果的视觉效果，分别对比了输入图像、参考图像和三种方法恢复后的光强图、DoLP 图和 AoP 图。图 4.34 展示了三个场景在不同方法处理后得到的光强图，每个场景中，第一行为整体图，第二行为局部细放大节图。第一列为输入的低照度图像，考虑到其光强太低几乎全黑，将对角线上方部分光强值乘以 20 以方便对比；最后一列为高照度环境下的参考图像。

对于光强图，Retinex + CBM3D 方法复原效果有限，依然存在明显的颜色偏差的问题，场景 1 和场景 3 的细节放大图颜色明显偏红。RetinexNet 作为一种图像增强方法本身不具备去噪效果，而 CBM3D 图像去噪方法依赖对噪声大小的估计，并且主要适用于加性高斯白噪声的去除，对真实场景中存在的噪声去噪效果较为一般，在场景 2 细节放大图的图案边缘以及场景 3 细节放大图中，能够看到明显的残余噪声。SIDNet 和本书的方法都能较好地解决输入图像颜色偏差的问题，输出图和参考图像颜色保持一致。在去噪方面，SIDNet 和 IPLNet 都取得了

很好的效果，但去噪过程中也引入了平滑效果，导致图像模糊，例如场景 3 细节
放大图中文字变得模糊。

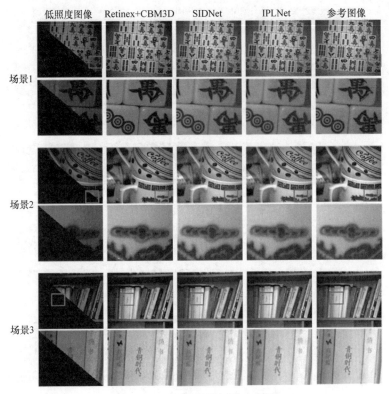

图 4.34　不同方法复原的光强图

　　图 4.35 展示了三个场景在不同方法处理后得到的 DoLP 图，每个场景中，第
一行为整体图，第二行为局部细节图。第一列为输入的低照度图像，最后一列为
高照度环境下的参考图像。

　　对于 DoLP 图，Retinex + CBM3D 方法效果很微弱，仍然残留了大量的噪
声，且大噪声导致 DoLP 信息错误和细节的丢失，如场景 1 中字符笔画边缘，场
景 2 中团边缘，场景 3 中左上角的"蝴蝶"图标，均表现除了错误的高偏振度信
息。这是这些像素位置真实照度实在太弱，未去除的噪声产生伪偏振信息导致
的。SIDNet 方法能够去除大部分的噪声，但细节信息例如场景 1 中麻将的背景，
场景 2 中陶瓷杯背景部分中仍然残留了部分的噪声，导致整张图看起来不够干
净。另外，SIDNet 方法对纹理的恢复也不够好，例如场景 2 中陶瓷杯的图案、场
景 3 中"青铜时代"几个字的边缘都不够清晰。对比 Retinex + CBM3D 和 SIDNet，
IPLNet 去噪效果非常明显，细节图中可以看出几乎去除了所有噪点，图像干净

清楚。在细节纹路的复原上，也明显优于另两种方法，得到了最接近参考图像的结果。

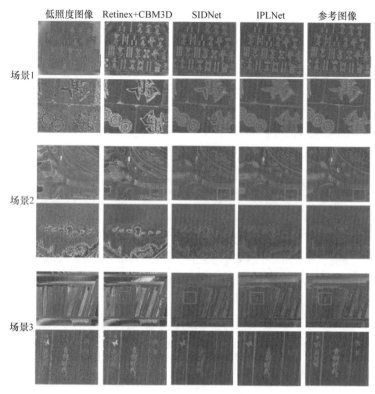

图 4.35　不同方法复原的 DoLP 图

　　图 4.36 展示了三个场景在不同方法处理后得到的 AoP 图，每个场景中，第一行为整体图，第二行为局部细节图。第一列为输入的低照度图像，最后一列为高照度环境下的参考图像。

　　由于 AoP 信息对噪声特别敏感，在输入图中有效信息几乎被噪声淹没。Retinex ＋ CBM3D 方法微弱地提升了图像对比度，但仍然残留了大量的噪声，只能够看到总体的轮廓而缺失细节信息。SIDNet 方法在复原过程中引入了更大的噪声，虽然总体来看提升了对比度，但从细节图中可以看到，巨大的噪声导致细节无法辨认。对比 Retinex ＋ CBM3D 和 SIDNet，IPLNet 取得了非常显著的复原效果，不仅正确提取出了图像的轮廓和细节，而且去掉了绝大部分的噪声，整张图平滑干净，特别是场景 3 中"青铜时代"几个字，取得了比参考图像中还要清楚的效果。这一方面因为参考图像是在真实环境中采集的，高照度环境下只能保证尽量减少噪声，并不能达到完全没有噪声的效果。另一方面也是因为神经网络由大量数据驱动，在单张图片上可能取得高于参考图像的质量。并且，IPLNet

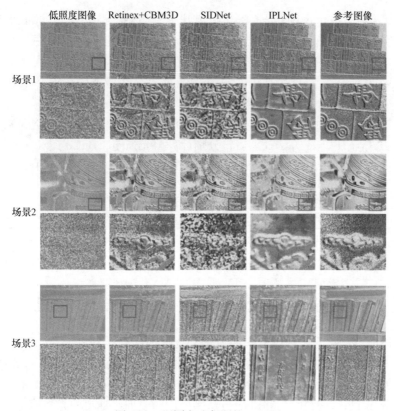

图 4.36 不同方法复原的 AoP 图

使用的多通道光强-偏振网络模型和多通道光强-偏振联合损失函数针对偏振信息进行了优化。

为了进一步对不同方法复原的颜色信息进行明显对比，使用 24 色测试卡进行测试，用彩色 DoFP 偏振相机分别在低照度和正常照度下对色卡进行成像，并将低照度下的图片分别使用不同方法进行复原，复原结果对比如图 4.37 所示。

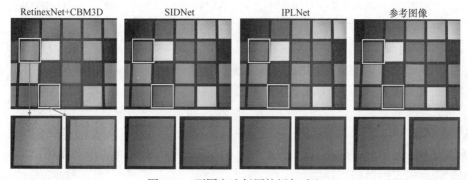

图 4.37 不同方法复原的颜色对比

可以看到，RetinexNet + CBM3D 方法色差明显，整体颜色风格均偏冷，多个色块颜色明显和参考图像不同。SIDNet 整体色差较小，但少数色块存在较明显色差，例如左上角框选出的色块由品红色变为橙黄色，且整体亮度较暗淡。IPLNet 整体颜色复原较为准确，只有少数色块存在微弱的色差和饱和度的降低，在几个方法中最接近参考图像。

在本节中，对测试集随机选取的十组图片经过 Retinex + CBM3D 方法、SIDNet 方法与 IPLNet 方法处理后，分别计算出光强图、DoLP 图和 AoP 图与相应参考图像之间的 PSNR 和 SSIM。对得到的 10 组结果求取了平均值，最后的结果如表 4.12 所示。

表 4.12　不同复原方法的光强图、DoLP 图和 AoP 图的 PSNR/SSIM

偏振参数	输入图	Retinex + CBM3D	SIDNet	IPLNet
S_0	10.72/0.740	26.25/0.909	35.40/0.964	34.61/0.953
DoLP	13.82/0.193	17.97/0.443	24.74/0.722	29.60/0.834
AoP	10.19/0.209	10.73/0.339	9.95/0.347	13.51/0.532

由表可知，对于光强图，三种方法都有效地提高了 PSNR 和 SSIM，其中 Retinex + CBM3D 方法提升效果较弱，与另两种方法有较大差距，而 SIDNet 和 IPLNet 方法提升效果接近。IPLNet 方法在 PSNR 上低于 SIDNet 2%，在 SSIM 上低于 SIDNet 1%，这是因为 IPLNet 方法需要同时复原多通道的光强信息和偏振信息，而光强和偏振信息具有不完全同步性，对偏振信息的复原会导致光强信息复原效果发生一定的弱化，因此会略低于仅针对于光强信息复原的神经网络。但这种微弱的退化换来的是偏振信息复原效果显著的增强，对于偏振信息 DoLP 和 AoP，IPLNet 方法取得了更高的 PSNR 和 SSIM，并且明显优于另外两种方法。对于 DoLP，IPLNet 方法在 PSNR 上对输入图有 114% 的提升，是 Retinex + CBM3D 提升量的 3.8 倍，是 SIDNet 提升量的 1.45 倍；在 SSIM 上，IPLNet 方法对输入图有 332% 的提升，是 Retinex + CBM3D 提升量的 2.56 倍，是 SIDNet 提升量的 1.21 倍。对于 AoP，IPLNet 方法在 PSNR 上对输入图有 33% 的提升，是 Retinex + CBM3D 提升量的 6.15 倍，而 SIDNet 的 PSNR 比输入更低，没有提升效果；在 SSIM 上，IPLNet 方法对输入图有 155% 的提升，是 Retinex + CBM3D 提升量的 2.48 倍，是 SIDNet 提升量的 2.34 倍。

从上面的分析可以看出，IPLNet 方法以微弱的光强复原性能损失(PSNR 和 SSIM 仅比 SIDNet 低 2% 和 1%)，在偏振信息特别是 AoP 的复原上，取得了数倍于其他方法的效果，显示了 IPLNet 方法多通道光强-偏振联合网络和多通道光强-偏振联合损失函数的优越性。

4.5.6　微光偏振成像外场应用研究

室外场景拍摄目标更繁杂，光线更多变，细节信息更丰富，并且存在运动的目标，复原难度较室内场景更大。为了验证 IPLNet 方法在室内外各种环境的鲁棒性，本节分别展示了室外静止目标和运动目标复原效果图，并对其复原效果进行分析。对于静止目标能够获取其高照度参考图像，并从主客观评价复原效果；对于运动目标无法获取参考图像，将从主观视觉上进行评价分析。

图 4.38 所示为一静止在停车位的货车，图中低照度下光强图的光强值 S_0 经过了 20 倍的放大。对比参考图像，IPLNet 方法光强图整体的亮度、颜色都得到了较好复原，噪声也得到了很好的去除。对于 DoLP 图，低照度下的 DoLP 图中泛黄部分为明显由噪声引起的假高偏振度信息，而车轮及地上的阴影处照度太低，获取的图像灰度值为 0，因此无法得到有效的偏振信息，DoLP 图呈现为深蓝色。IPLNet 方法对 DoLP 图有很好的去噪效果，在去除噪声后，由噪声引起的假偏振信息也被去除。对于车轮处这种照度太低获取到的数据全为 0 的情况，IPLNet 方法复原后效果较为模糊，但是对于其他非极端情况下 DoLP 信息，IPLNet 方法成功去除了输入中存在的大量噪声，大大增加了 DoLP 图像的对比度。对于 AoP 信息，低照度下的 AoP 图噪声严重，细节难以辨认，经过 IPLNet 方法的复原后噪声明显减弱，车身印的车牌号等信息清晰可见，对比度甚至高于参考图像。

图 4.38　室外静止目标复原效果图

对于运动目标，本书展示了道路上的车流场景的复原效果。该组数据在傍晚光照明显变暗时拍摄，并通过调节相机曝光时间进一步降低照度，获取低照度图像。对于运动的目标无法同时获取其高照度参考图像，因此对比数据中没有参考图像。另外由于图像数据格式的限制，以下分析无法直观地表现运动状态。

图 4.39 所示为从人行天桥拍摄的两张行驶中的车辆图，两张图拍摄时间间隔 1 s，图中对低照度下光强图的光强值 S_0 放大了 20 倍，并对 DoLP 图和 AoP 图赋予了伪彩色。从图 4.39 中可以看出，低照度光强图在恢复亮度后仍然较暗，且存在大量的噪声，导致车牌信息较难辨认，经过 IPLNet 方法处理后，整张图接近无噪状态，车牌信息清晰可见。对于偏振信息 DoLP 图和 AoP 图，低照度下噪声

图 4.39　行驶中车辆的复原效果图

明显，车牌信息完全被噪声淹没不可辨认，经 IPLNet 方法处理后噪声明显减弱，车牌细节上虽然仍有部分因噪声干扰未被恢复，但对比度已有了明显提升，已经可以识别出车牌信息。

以上多组对比实验可以说明，IPLNet 方法在室外静止及运动的场景中，均获得很好的复原效果，有很好的鲁棒性，这得益于深度学习技术强大的特征提取和学习能力。

参 考 文 献

[1] Holst G C, Krapels K A, Roy N, et al. Novel approach to characterize and compare the performance of night vision systems in representative illumination conditions[C]//International Society for Optics and Photonics, Baltimore, 2016.

[2] 全向前, 陈祥子, 全永前, 等. 深海光学照明与成像系统分析及进展[J]. 中国光学, 2018, 11(2): 153-165.

[3] Levin N, Kyba C, Zhang Q, et al. Remote sensing of night lights: A review and an outlook for the future[J]. Remote Sensing of Environment, 2020, 237(C): 111443.

[4] Boudreau C, Wee T L, Duh Y R, et al. Excitation light dose engineering to reduce photo-bleaching and photo-toxicity[J]. Scientific Reports, 2016, 6(1): 30892.

[5] 晏磊, 顾行发, 褚君浩, 等. 高分辨率定量遥感的偏振光效应与偏振遥感新领域[J]. 遥感学报, 2018, 22(6): 901-916.

[6] Tibbs A B, Daly I M, Roberts N W, et al. Denoising imaging polarimetry by adapted BM3D method[J]. Journal of the Optical Society of America A, 2018, 35(4): 690-701.

[7] 余章明, 张元, 廉飞宇, 等. 数字图像增强中灰度变换方法研究[J]. 电子质量, 2009, (6): 18-20.

[8] 冈萨雷斯. 数字图像处理(第三版)[M]. 阮秋琦等译. 北京: 电子工业出版社, 2011.

[9] Abdullah A W M, Kabir M H, Dewan M A A, et al. A dynamic histogram equalization for image contrast enhancement [J]. IEEE Transactions on Consumer Electronics, 2007, 53(2): 593-600.

[10] Land E H, McCann J J. Lightness and Retinex theory[J]. JOSA, 1971, 61(1): 1-11.

[11] Hines G, Rahman Z, Jobson D, et al. Single-scale Retinex using digital signal processors[C]// Global Signal Processing Expo and Conference, Santa Clara, 2004.

[12] Rahman Z, Jobson D J, Woodell G A. Multi-scale Retinex for color image enhancement[C]// Proceedings of 3rd IEEE International Conference on Image Processing, Lausanne, 1996.

[13] Zhang S, Zeng P, Luo X, et al. Multi-scale Retinex with color restoration and detail compensation[J]. Journal of Xi'an Jiaotong University, 2012, 46(4): 32-37.

[14] Dabov K, Foi A, Katkovnik V, et al. Image denoising with block-matching and 3D filtering[C]// Processing of SPIE—The International Society for Optical Engineering, San Jose, 2006.

[15] Dabov K, Foi A, Katkovnik V, et al. Color image denoising via sparse 3D collaborative filtering with grouping constraint in luminance-chrominance space[C]// IEEE International Conference on Image Processing, San Antonio, 2007.

[16] Tibbs A B, Daly I M, Roberts N W, et al. Denoising imaging polarimetry by adapted BM3D

method[J]. Journal of the Optical Society of America A, 2018, 35(4):690-701.

[17] Barbastathis G, Ozcan A, Situ G H. On the use of deep learning for computational imaging[J]. Optica, 2019, 6(8): 921-943.

[18] Zuo C, Feng S J, Zhang X Y, et al. Deep learning based computational imaging: Status, challenges, and future[J]. Acta Optica Sinica, 2020, 40(1):0111003.

[19] Chen C, Chen Q, Xu J, et al. Learning to see in the dark[C]//Proceedings of the IEEE Conference on Computer Vision and Pattern Recognition, Salt Lake City, 2018.

[20] Chung J, Gulcehre C, Cho K, et al. Empirical evaluation of gated recurrent neural networks on sequence modeling[C]//NIPS 2014 Workshop on Deep Learning, Edinburgh, 2014.

[21] Wang Q, Ma Y, Zhao K, et al. A Comprehensive survey of loss functions in machine learning[J]. Annals of Data Science, 2020, 9(2): 187-212.

[22] Janocha K, Czarnecki W M. On loss functions for deep neural networks in classification[J]. Schedae Informaticae, 2016, 25: 49-59.

[23] Lecun Y, Bottou L, Bengio Y, et al. Gradient-based learning applied to document recognition[J]. Proceedings of the IEEE, 1998, 86(11): 2278-2324.

[24] He K, Zhang X, Ren S, et al. Deep residual learning for image recognition[C]//Proceedings of the IEEE Conference on Computer Vision and Pattern Recognition, Seattle, 2016.

[25] 华臻, 张海程, 李晋江. 基于残差的端对端图像超分辨率[J]. 计算机科学, 2019, (6): 246-255.

[26] Huang G, Liu Z, van der Maaten L, et al. Densely connected convolutional networks[C]// Proceedings of the IEEE Conference on Computer Vision and Pattern Recognition, Honoiulu, 2017.

[27] Nam S, Hwang Y, Matsushita Y, et al. A holistic approach to cross-channel image noise modeling and its application to image denoising[C]//Proceedings of the IEEE Conference on Computer Vision and Pattern Recognition, 2016.

[28] Li X, Goudail F, Hu H, et al. Optimal ellipsometric parameter measurement strategies based on four intensity measurements in presence of additive Gaussian and Poisson noise[J]. Optics Express, 2018, 26(26): 34529-34546.

[29] Zhang Y, Tian Y, Kong Y, et al. Residual dense network for image restoration[J]. IEEE Transactions on Pattern Analysis and Machine Intelligence, 2020, 43(7): 2480-2495.

[30] Plotz T, Roth S. Benchmarking denoising algorithms with real photographs[C]//Proceedings of the IEEE Conference on Computer Vision and Pattern Recognition, 2017.

[31] Zhang K, Zuo W, Chen Y, et al. Beyond a Gaussian denoiser: Residual learning of deep CNN for image denoising[J]. IEEE Transactions on Image Processing, 2017, 26(7): 3142-3155.

[32] 孙颖. 基于 3D 残差密集网络的视频烟雾检测研究[D]. 长春: 东北师范大学, 2019.

[33] Abadi M, Barham P, Chen J, et al. Tensorflow: A system for large-scale machine learning[C]// 12th USENIX Symposium on Operating Systems Design and Implementation, Sacannah, 2016.

[34] He K, Zhang X, Ren S, et al. Delving deep into rectifiers: Surpassing human-level performance on imagenet classification[C]//Proceedings of the IEEE international Conference on Computer Vision. 2015.

[35] Kingma D P, Ba J. Adam: A method for stochastic optimization[C]//international Conference on

Learning Representations, San Diego, 2015.

[36] Ouali B. Peak signal-to-noise ratio[EB/OL]. https://www.mathworks.com/matlabcentral/dileexch ange/40612-peak-signal-to-noise-ratio, 2013-3-4.

[37] Wang Z, Bovik A C, Sheikh H R, et al. Image quality assessment: From error visibility to structural similarity[J]. IEEE Transactions on Image Processing, 2004, 13(4): 600-612.

[38] 刘昱, 刘厚泉. 基于对抗训练和卷积神经网络的面部图像修复[J]. 计算机工程与应用, 2019, 55(2): 116-121.

[39] 华臻, 张海程, 李晋江. 基于残差的端对端图像超分辨率[J]. 计算机科学, 2019, (6): 246-255.

[40] 李钊. 下穿立交监控图像质量提升算法研究[D]. 合肥: 安徽建筑大学, 2019.

[41] BT 500-11. Methodology for the subjective assessment of the quality of television pictures[S]. Geneva: International Telecommunication Union, 2002.

[42] 任雪. 图像质量客观评价方法的研究与实现[D]. 南京: 南京航空航天大学, 2009.

第5章 散射环境下偏振成像信息处理方法

随着各个领域发展的需求以及地球环境的改变，在诸多情况下，光学成像探测的环境受到散射介质的干扰，尤其当散射程度较强时(如浓雾、重霾、浑水等)，成像的清晰度将严重退化，甚至导致探测失效，这也对光学成像技术提出了特殊的要求和挑战[1-3]。传统的光学成像技术大多基于光场强度特征和波长特征所提供的信息，然而其重要缺陷之一是受光线传播环境的影响较大。在实际情况中，烟雾、雾霾、沙尘、水下等散射环境严重影响着传统光学成像技术的成像质量和探测效果。例如，在军事领域，战场上的硝烟和烟幕弹使得军事目标难以清晰成像；在公共安全领域，浓雾霾或重沙尘天气下，检测道路情况的相机不能清晰成像，因而不能有效识别车牌和道路交通状况等信息，严重影响生命财产安全；在海洋领域，对浑浊水下环境中的物体成像不清晰且成像距离短；在遥感领域，气溶胶影响了目标成像及识别效果；在生物医学领域，大部分生物组织在可见光波段可视作高散射介质，光在生物组织中传播时往往经历多次散射，直接影响光学成像质量。各类散射环境严重制约着光学成像的清晰度和应用范围。因此，研究新型的光学成像探测技术，降低散射环境对成像探测的干扰，提高散射环境下的光学成像探测水平，对于国防、海洋、遥感、公共安全、生物医学等关系国计民生的重大领域皆具有重要的意义[4-17]。

作为光波的基本物理信息之一，偏振信息可以提供其他光波信息所不能提供的被测物信息。偏振成像技术便是基于此思想发展起来的新型光学探测技术。偏振成像技术包含偏振信息测量和偏振信息处理两个核心环节，通过对偏振信息进行数字化处理，可以有效弥补成像效果受环境影响较大的不足，并获得高清晰度的图像[18-29]。在散射环境下，偏振成像技术具有其他成像方式无法比拟的独特优势。具体来说，偏振成像技术可以有效减小光线传播环境中的干扰因素，如背向散射的干扰、背景光的干扰等，从而提高目标的成像质量，增强对目标特性的识别与感知。

5.1 水体散射介质下的偏振成像技术

在浑浊水下，探测器接收到的光辐射主要由来自散射介质的背向散射光和来自目标的场景光组成[30-32]。现有的基于偏振成像的水下图像复原技术主要分为两类。一类是基于偏振差分成像的水下图像复原方法[3-5]。该方法利用两个正交线偏振方向对应的图像之间的差异实现背向散射光抑制，进而实现对目标物体的识别和探测。另一类是基于物理退化模型的偏振图像复原方法[1,6]。该方法通过采集同一场景在不同偏振状态下的偏振图像[8-10]，准确估计出背向散射光的偏振特性(如偏振度、偏振角等)，反演退化过程，得到散射光强和透射系数等，实现场景光和散射光的分离，进而实现图像清晰度提升。

5.1.1　基于偏振差分的水下复原技术

偏振差分成像(polarization difference imaging，PDI)是一种受到某些鱼类的视觉系统的启发，由来自宾夕法尼亚大学摩尔电气工程学院的 Tyo 以及宾夕法尼亚大学神经科学研究所的 Rowe 等共同提出的可用于水下成像的偏振去散射方法[4,5]。偏振探测不仅存在于某些鱼类的视觉系统，具有自然界中最复杂视觉系统的螳螂虾也同样具有偏振探测能力，其可实现单目立体视觉、多通道光谱探测以及偏振成像等功能，如图 5.1 所示。通过对螳螂虾的眼部结构特性以及偏振光谱结合的光学特性进行仿生研究，部分学者已经将其应用于癌症诊断与预测、汽车自动驾驶、水下探测成像以及偏振元件设计与制造等诸多领域。

螳螂虾的眼睛包含了 16 种不同类型的光感受器，能够探测并分析可见光、紫外光、线偏振光以及圆偏振光，同时能够自动调节并识别到不同偏振度 DoP 的光线。这些特有的视觉信息获取以及处理能力使得螳螂虾能够适应各种不同程度的恶劣环境，从而使得螳螂虾在低照度、强散射等环境下仍然能够准确地捕获猎物、躲避天敌。

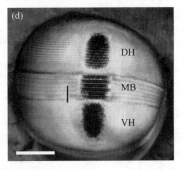

图 5.1　螳螂虾及其眼睛解剖示意图[7]

正是基于这一特性，Tyo 和 Rowe 等首次根据仿生学原理用偏振差分的方法进行水下成像，该方法的基本原理是利用散射光和目标光的偏振特性差异通过共模抑制的方法实现散射光的削减甚至去除。实操中，可通过在相机前放置偏振片以获得两张偏振方向互相垂直的偏振图像 $I_{//}$ 和 $I_\perp$。偏振差分图像通过两张偏振图像进行差分即可获得，其结果受到偏振片偏振轴方向不同的影响；二者之和为相机接收到的光的 Stokes 矢量的第一个分量，代表相机接收到的光强信息，其结果与偏振片偏振轴方向无关。此外，Tyo 等还详细分析了不同特性散射光和目标偏振特性下偏振差分成像的去散射效果。

2015 年，西安交通大学的管今哥等[3]在 Tyo 和 Rowe 等研究模型的基础上通过结合 AoP 实现了基于 Stokes 矢量的实时计算偏振差分水下成像方法的研究。

偏振差分水下成像技术基于背向散射光与目标反射光的偏振特异性差异以实现对背向散射光进行共模抑制,以此建立利用偏振差分水下成像方法进行水下目标探测与识别的物理模型[3-5],如图 5.2 所示。

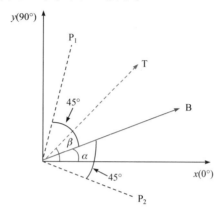

图 5.2　偏振差分探测原理图

α-背景光(B)偏振角;　β-目标光(T)偏振角;　$P_i(i=1,2)$,检偏器

根据马吕斯定律可知,当背景光偏振方向与相互正交的检偏器透过方向均为 45° 时,偏振差分成像通过光学检偏器的共模抑制作用来滤除背向散射光。文献[4]、[5]提出的传统偏振差分成像方法是通过检偏器的机械旋转得到差分图像:

$$I_{pd} = I_{//} - I_{\perp} \tag{5.1}$$

其中,$I_{//}$ 和 $I_{\perp}$ 分别表示偏振方向相互正交的强度分布图。

Stokes 矢量 $[I,Q,U,V]^{\mathrm{T}}$ 是完备描述光束偏振态的表征方法,其中,I 表示水平与垂直方向偏振光的强度之和,即总光强值;Q 代表水平与垂直方向偏振光的强度之差;U 代表 45° 与 135° 两个偏振方向光的强度之差,V 代表右旋偏振光与左旋偏振光的强度之差。此外,光矢量的振动方向可用偏振角 $\varphi = \frac{1}{2}\arctan(U/Q)$ 来表示。同时,对于 Stokes 矢量的检测与研究,现有的偏振成像系统已经可以实现实时 Stokes 矢量的获取[11,12]。基于此,管今哥等通过对传统偏振差分方法原理进行推导,提出了一种改进的基于 Stokes 矢量的计算偏振差分成像方法:

$$I_{\text{Stokes-pd}} = Q - \gamma U \tag{5.2}$$

其中,γ 表示权重系数,与背景光偏振方向有关。该方法与传统的偏振差分成像系统信息处理过程的比较如图 5.3 所示。

基于 Stokes 矢量的计算偏振差分方法中通过对 Stokes 矢量中的线偏振元素进行快速程序化处理,得到计算偏振差分图像,实现实时的偏振差分成像,进而实现对水下

(或其他散射介质中)目标的复原与识别，其结果与光强图像对比效果如图 5.4 所示。

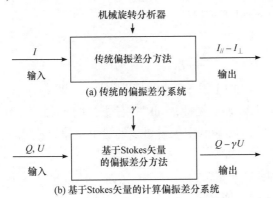

图 5.3　传统的偏振差分系统与基于 Stokes 矢量的计算偏振差分系统信息处理过程的比较[3]

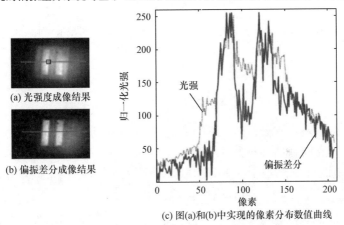

图 5.4　光强图像与基于 Stokes 矢量的计算偏振差分图像比较

基于 Stokes 矢量的实时计算偏振差分水下成像方法对 Stokes 矢量进行程序化处理，以代替传统偏振差分成像方法中光学检偏器无规则旋转，从而解决了传统偏振差分成像无法实现数字化实时水下成像及探测的问题。

5.1.2　三自由度偏振差分水下成像技术

在仅考虑线偏振的情况下，为了计算光束的 Stokes 矢量，可通过旋转线偏振片的角度得到不同的光强图进行计算得到。假设通过 0°偏振片(即水平偏振)的光强为 I_1，通过 90°偏振片(即竖直偏振)的光强为 I_2，通过 45°偏振片的光强为 I_3，则该光束的线偏振 Stokes 矢量可表示为

$$S = \begin{bmatrix} S_0 \\ S_1 \\ S_2 \end{bmatrix} = \begin{bmatrix} I_1 + I_2 \\ I_1 - I_2 \\ 2I_1 - I_1 - I_2 \end{bmatrix} \tag{5.3}$$

Mueller 矩阵常被用于描述物体偏振信息。设线偏振片偏振角与水平方向夹角为 γ ，则偏振片的 Mueller 矩阵为

$$M_{\mathrm{P}} = \frac{1}{2}\begin{bmatrix} 1 & \cos 2\gamma & \sin 2\gamma \\ \cos 2\gamma & \cos^2 2\gamma & \sin 2\gamma \cos 2\gamma \\ \sin 2\gamma & \sin 2\gamma \cos 2\gamma & \sin^2 2\gamma \end{bmatrix} \tag{5.4}$$

当得到一束光的 Stokes 矢量，同时在偏振片的 Mueller 矩阵已知的情况下，则这束光通过偏振片后的 Stokes 矢量可以通过下式得出：

$$S^{\mathrm{out}} = M_{\mathrm{P}} S^{\mathrm{in}} \tag{5.5}$$

因此只要得到场景光的 Stokes 矢量，就可以计算场景光通过任意角度偏振片后的 Stokes 矢量。特别地，该出射光 Stokes 矢量的第一个元素 S_0 即为相机接收的光强。

当相机前偏振片的角度分别旋转至为 γ_1 和 γ_2 时，对应得到两张光强图为

$$\begin{cases} I_{\gamma_1} = \frac{1}{2}\left[S_0 + S_1 \cos(2\gamma_1) + S_2 \sin(2\gamma_1) \right] \\ I_{\gamma_2} = \frac{1}{2}\left[S_0 + S_1 \cos(2\gamma_2) + S_2 \sin(2\gamma_2) \right] \end{cases} \tag{5.6}$$

与传统偏振差分方法不同，本书所提方法并不限制偏振片两次旋转的角度，因而偏振方向的调制具有两个自由度。

在此基础之上，通过引入差分系数 k ，可得到修正后的偏振差分光强：

$$I = kI_{\gamma 1} - I_{\gamma 2}, \quad 0 < k \leqslant 1 \tag{5.7}$$

为了定量地对图像成像质量进行评估，本书采用增强措施评估(measure of enhancement，EME)作为评价函数来评价图像的质量，其表达式为[13,14]

$$\mathrm{EME} = \left| \frac{1}{m_1 m_2} \sum_{l=1}^{m_2} \sum_{m=1}^{m_1} 20 \log \frac{i_{\max;m,l}^{\omega}(x,y)}{i_{\min;m,l}^{\omega}(x,y)+q} \right| \tag{5.8}$$

将图像分为横纵两个维度 (m,l) ，并将其分割为 $m_1 \times m_2$ 块，ω 用于标记每一块的序号便于区分不同区域，$i_{\max;m,l}^{\omega}(x,y)$ 和 $i_{\min;m,l}^{\omega}(x,y)$ 表示第 ω 块中的最大光强和最小光强，通过将 q (本书中等于 1×10^{-8})设置为一个非常小的常数来避免式(5.8)中分母出现为 0 的情况，且该操作不影响 EME 计算结果。由式(5.8)计算出的 EME 越高，则说明图像质量越好。

为使图像效果最佳，偏振片的两个角度 (γ_1, γ_2) 和系数 k 应满足图像的 EME 最大化，即

$$(\gamma_{1\mathrm{opt}}, \gamma_{2\mathrm{opt}}, k_{\mathrm{opt}}) = \underset{(\gamma_{1\mathrm{opt}}, \gamma_{2\mathrm{opt}}, k_{\mathrm{opt}})}{\arg} \max\{\mathrm{EME}(I)\} \tag{5.9}$$

基于式(5.9)搜寻得到偏振片的两个角度 (γ_1,γ_2) 和系数 k 的最优值后，根据式(5.6)计算得到偏振片的两个最优旋转角度对应的图像 $I_{\gamma1}$ 和 $I_{\gamma2}$，最后基于式(5.7)得到最优的偏振差分图像。

水下偏振成像实验装置如图 5.5 所示。目标被放在一个装满水的透明有机玻璃水缸中。通过将清水和牛奶混合，模拟产生浑浊水体。使用中心波长为 630 nm 的发光二极管(light-emitting diode，LED)作为照明光源。光源产生的光经过偏振角为 0°的偏振片 1，被调制为水平方向的偏振光照射目标物，反射的光经由偏振片 2 进入相机。通过旋转放置于相机前的偏振片 2，可获得三个不同偏振角度的光强图，从而得到场景光的线偏振 Stokes 矢量，基于此进行偏振差分成像计算。本实验中采用相机的型号为 AVT Stingray F-033B，拍摄照片像素大小为 492×656。

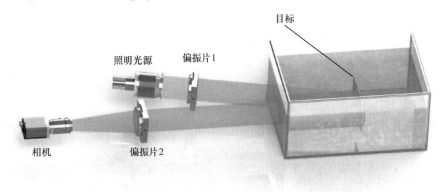

图 5.5　三自由度偏振差分水下成像实验装置图

基于图 5.5 的实验装置，本节首先开展了在牛奶浓度为 2.75 g/L 的浑浊水体环境下的实验研究。基于对浑浊水体环境下场景光 Stokes 矢量的测量，并根据式(5.9)，以获得 EME 的最大值为目标，搜寻得到该实验条件下偏振片 2 的两个最佳角度 (γ_1,γ_2) 以及差分系数 k 的最优值分别为

$$(\gamma_{1opt},\gamma_{2opt},k_{opt})=(-1.533°,84.648°,0.284) \tag{5.10}$$

两个最佳角度 (γ_1,γ_2) 以及差分系数 k 是由场景和背向散射光共同决定的，在场景或背向散射光发生变化时，最佳角度和差分系数的值都会发生改变。其数值由场景和背向散射光的偏振特性的变化量决定。另外，场景与背向散射光的偏振特性相差越大，偏振差分得到的结果越好。

为了展示图像质量与偏振片 2 的两个最优角度 (γ_1,γ_2) 以及差分系数 k 的关系，本书绘制了 $k=0.284$(最优值)与 $k=1$(传统差分方法的系数)时图像 EME 随偏振片角度 γ_1 和 γ_2 变化的曲线如图 5.6 所示。

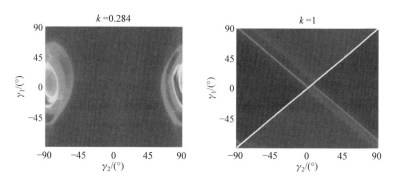

图 5.6　不同 k 值下 EME 随两个差分偏振图像偏振角度变化图

而对于传统的偏振差分成像方法，$k=1$，此时图像整体的 EME 较低。上述现象说明了在不同的系数 k 下，图像质量有着较大的差距，因此合理调整 k 的值可显著提高偏振差分图像质量。

在保持线偏振片角度不变、场景不变的基础上，对不同系数 k 的差分图像进行了对比，结果如图 5.7 所示。从图中可以看出，当系数 k 为最优值 0.284 时，差分方法得到的图像相较其他系数 k 值对应的图像而言，图像质量得到了较大提升，清晰度更高，说明系数 k 对偏振差分方法的影响较大。优化系数 k 可以实现图像质量的提升。

(a) $k=0.284$　　　　　　　　　　(b) $k=0.5$

(c) $k=0.75$　　　　　　　　　　(d) $k=1$

图 5.7　相同差分角度不同 k 值下偏振差分图

根据计算得到的系统最优参数 $(\gamma_{1\text{opt}}, \gamma_{2\text{opt}}, k_{\text{opt}})$，由式(5.6)和式(5.7)可以计算得出三自由度偏振差分图像，如图 5.8(b)所示。图 5.8(a)对应浑浊水下的原始光强图，图 5.8 中所有图片均为同一浑浊度下处理结果，光照条件、拍摄距离与相机分辨率均一致。对比图 5.8(a)和(b)可以看出，本节所提方法可显著提升水下成像的图像质量和可视化程度，具体表现为使得背景处灰度值较低，侧面说明背向散射光去除更为明显；同时，在硬币背面的花图案和硬币正面的汉字的复原上，相较原始光强图细节更加清晰，能清楚看到硬币的花纹路和汉字内容。此外，为了进行对比研究，本节还与两种不同的传统偏振差分方法进行了比较，两种传统差分方法分别为光强差分方法和西安交通大学朱京平教授课题组所提的改进偏振差分方法。在图 5.8(c)和(d)中分别给出了光强差分方法[1]和朱京平课题组所提的偏振差分方法[3]的结果图。通过比较，可以看到，本节所提方法相较传统偏振方法图像更加清晰，物体的细节信息更加明显，同时在去除背向散射光方面做得更好。

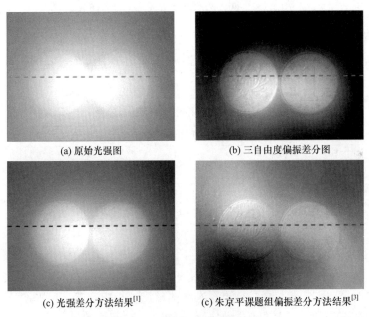

(a) 原始光强图　　　　　　　　　　　(b) 三自由度偏振差分图

(c) 光强差分方法结果[1]　　　　　　　(c) 朱京平课题组偏振差分方法结果[3]

图 5.8　不同方法处理效果图

此外，图 5.9 中亦给出图 5.8 中各个图像虚线部分处的光强值分布曲线。由曲线图可以看出，相较其他复原结果图，本节所提方法在强度的峰值和低谷数值差较大，同时在硬币细节处的像素分布表现出更大的波动性，在图像中表现为更高的对比度和更清晰的细节。

为了定量评价图像质量，表 5.1 给出了图 5.8 中各个复原结果图像及原始光强图对应的 EME。另外，还引入了常用的图像标准差 STD 作为图像质量的另一判据，以更全面地定量评价图像质量。从表 5.1 可以看出，该方法在 EME 和 STD

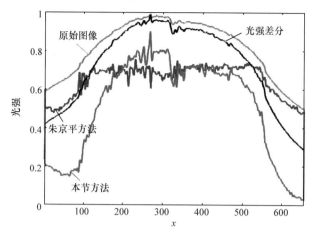

图 5.9　不同方法图划线处光强值分布曲线

上均明显高于其他方法，说明该方法得到的图像质量相对其他方法有较大提升幅度，这与图 5.8 中本节方法复原结果对比度更高、细节更加清晰的定性视觉判别结果相符合。

表 5.1　不同量化指标评价图像质量

方法	EME	STD
原始图像	0.744	0.143
本节方法	7.356	0.260
光强差分	1.354	0.198
朱京平方法	2.075	0.193

　　为了进一步验证所提方法的有效性，开展不同浑浊度水体环境下的实验研究，并与两种传统方法进行了对比。分别使用相对较低浓度牛奶(2.30g/L)和较高浓度牛奶(3.21g/L)，实现另外两种不同的浑浊水体环境，相应实验结果如图 5.10 所示。图 5.10(a)和(b)分别对应较低浓度牛奶和较高浓度牛奶原始光强图和三自由度偏振差分结果图以及两种传统方法处理结果图。可以看出，无论在低浑浊度和高浑浊度的水体环境下，三自由度偏振差分法均有较好的图像质量，在硬币的细节凸显和背向散射光的去除效果上较为显著，图像清晰度得到显著提升。

　　本节主要介绍了三种常见的基于直接偏振差分图像的水下图像复原算法，方法实现较为简单，虽然有一定的复原效果，但是十分有限。这是因为传统的及其改进的直接偏振差分算法旨在通过简单的偏振图像做差实现背向散射光的抑制，从原理上并没有考虑散射光和目标物体直射光之间的物理关联性，以及和散射介质中散射颗粒的交互性，亦未考虑散射环境下目标过程中散射光偏振特性的形成机制[6,8]。通过更加准确的物理模型可以合理地解释散射介质中的偏振成像问题，因此更有可能实现更佳的图像复原效果。在下一节，将会基于物理退化模型分析偏振成像系统和理论在水下图像复原领域的可能性及其最新进展。

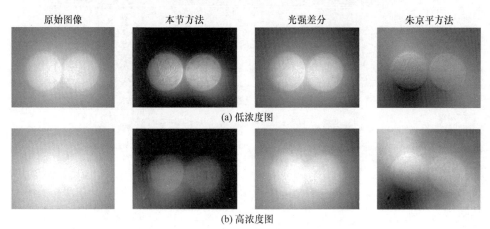

原始图像　　　本节方法　　　光强差分　　　朱京平方法

(a) 低浓度图

(b) 高浓度图

图 5.10　不同浑浊度水体原始光强图与不同偏振差分方法效果图

5.2　基于物理退化模型的水下图像偏振复原技术

一方面，由于水下能见度较低，成像的图像质量通常较差。更准确的散射介质下成像物理模型认为：水中微小粒子对场景辐射的光束产生的散射效应和吸收效应，使光束能量在传播过程中大量损耗；另外，水中散射粒子也会将一部分杂散光通过背向散射进入光电探测器中，使图像中存在类似于"白雾"的信息，严重降低图像的对比度，影响水下视觉和探测的效果。因此，基于该物理退化模型研究水下图像偏振复原技术相较于 5.1 节的直接差分方法更贴合实际场景，更有利于获得真实、清晰的复原图像。

本节围绕这一核心模型，介绍相关的基本原理及与偏振有关的最新进展。

5.2.1　水下成像的基本物理模型

为了克服水下成像过程中由光强衰减和杂散光的影响造成的图像模糊，学者们进行了图像增强相关的研究和探索。2005 年，以色列的 Schechner 等[1]提出了水下散射环境中基于偏振去雾的物理模型。该水下偏振去雾原理如图 5.11 所示，在探测散射介质中的目标时，相机(或其他探测器)接收的光束大致分为两部分。

第一部分信号由场景中物体发出的辐射光组成。水下场景中的发光物体，或是受到光源照明产生的反射光信号，称为物体辐射光信号 $L(x,y)$。这部分信号在进入光电探测器的过程中，受到水中散射粒子的吸收或散射而大量衰减。由光电

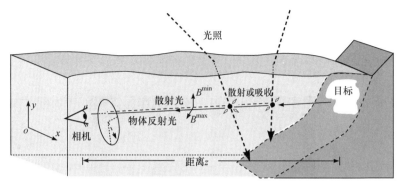

图 5.11　水下环境中偏振成像基本物理模型

探测器接收到的这部分衰减后的光信号称为直接传输信号或目标信号，可表示为

$$D(x,y) = L(x,y)t(x,y) \tag{5.11}$$

其中，(x,y) 代表图像中任意像素的位置坐标，$t(x,y)$ 代表光信号在水下介质中的传输系数，可表示为

$$t(x,y) = \mathrm{e}^{-\beta(x,y)\rho(x,y)} \tag{5.12}$$

显然，严格意义上该系数不是常量，且与位置坐标 (x,y) 有关。式(5-12)中的参数 $\beta(x,y)$ 为衰减系数，在水下成像环境中，衰减系数由吸收效应和散射效应共同决定。为方便研究，通常假设水下散射粒子分布接近均匀，因此认为吸收系数 $\beta(x,y)$ 在空间上保持不变，即 $\beta(x,y)=\beta_0$。因此，光信号在水下介质中的传输系数大小完全取决于光信号在水下的传输距离 $\rho(x,y)$。

　　光电探测器接收到的第二部分信号光来自水中散射粒子产生的背向散射光，如图 5.11 所示，散射粒子将其他光路的杂散光信号通过散射进入光电探测器中，使水下成像的图像产生一层类似于"白雾"的杂光信号。这部分光信号称为背向散射光(有关文献中亦称作后向散射光或天空光)，可以表示为

$$B(x,y) = A_\infty\big[1-t(x,y)\big] \tag{5.13}$$

其中，标量 A_∞ 表示水下视场中无穷远处对应的背向散射光的强度大小，受水中散射粒子和照明条件的共同影响。Sabbah 等[33]通过理论研究和实验证明，背向散射光属于部分偏振光(即偏振度 DoP < 1)。这对于将偏振成像应用于水下模糊图像复原具有非常重要的理论指导意义。

　　根据上述分析讨论，光电探测器获取的光信号可以表示为

$$I(x,y) = D(x,y) + B(x,y) \tag{5.14}$$

因此可以推导出物体辐射光信号 $L(x,y)$：

$$L(x,y) = \frac{I(x,y) - A_\infty\big[1-t(x,y)\big]}{t(x,y)} \tag{5.15}$$

从式(5-15)可以看出，A_∞ 和 $t(x,y)$ 是水下模糊图像复原的两个未知的关键参数。根据式(5-15)，对于光电探测器接收到的图像，不同位置的像素点对应不同的传输距离，即对应不同大小的传输系数。另外，物体辐射信号的衰减和背向散射光的强度都与 $t(x,y)$ 有关，因此采用适当的方法估算出传输系数 $t(x,y)$ 是水下模糊图像复原技术的关键。

5.2.2 水下成像的偏振特性

DoP 是偏振光的一个重要信息，国内外针对偏振度进行了大量卓有成效的研究。偏振度图像中每个像素对应的强度大小即为该点位置处反射光对应的偏振度，具有实际的物理意义。物体的材料、介质表面的反射率和物体表面的几何形状等特性都会影响从目标物体表面反射光的偏振度，因此不同偏振度反映出不同物体的表面信息[5-7]。在大多数情况下，偏振度图中的物体与背景的对比度与普通强度图像不同。许多普通强度图像中，色彩和亮度等信息十分接近，这使得目标隐藏在背景区域中，利用偏振度图像能有效提高将目标从背景区域中分离出来的能力，对于工业生产和军事目标识别都具有非常重要的意义[29,32]。

Sabbah 等[33]曾就浑浊水介质下传输光束的偏振特性进行研究。在本组工作中，采用主动式照明偏振成像系统进行成像。通过在照明光源后加入一个通光方向为水平方向(沿 x 轴方向)的线偏振片对照明光进行起偏，产生一束线偏振光对水下的场景进行照明。场景的反射光通过一个由旋转偏振片构成的偏振分析器进行调制，再由光电探测器接收光信号。利用这种方法，分别在旋转偏振片通光方向与照明光源偏振方向相同(沿水平方向)和垂直(沿竖直方向)时对图像进行拍摄。将这两幅图像分别命名为共线图像 $I^{\|}(x,y)$ 和交叉线图像 $I^{\perp}(x,y)$。为方便研究，假设共线图像的信号强度大于或等于交叉线图像的信号强度，即 $I^{\|}(x,y) \geqslant I^{\perp}(x,y)$。根据式(5.14)，可以将共线图像 $I^{\|}(x,y)$ 和交叉线图像 $I^{\perp}(x,y)$ 写成

$$I^{\|}(x,y) = D^{\|}(x,y) + B^{\|}(x,y) \tag{5.16}$$

$$I^{\perp}(x,y) = D^{\perp}(x,y) + B^{\perp}(x,y) \tag{5.17}$$

光电探测器获得的强度图像为

$$I(x,y) = I^{\|}(x,y) + I^{\perp}(x,y) \tag{5.18}$$

Cariou 等[12]的研究工作表明，背向散射光通常为线偏振光，并且偏振方向与入射光的偏振方向相同。因此，背向散射光的 DoP 可以写成

$$P_{\text{scat}}(x,y) = \frac{B^{\|}(x,y) - B^{\perp}(x,y)}{B^{\|}(x,y) + B^{\perp}(x,y)} \tag{5.19}$$

　　严格意义上说，由于散射介质中光束发生的多重散射过程，背向散射光的偏振度 $P_{\text{scat}}(x,y)$ 大小取决于光线传输的距离 $\rho(x,y)$，即图像中不同位置的像素点对应的背向散射光偏振度大小应该是不同的。Schechner 等的实验表明，在小视场中，背向散射光的偏振度变化非常小。因此，为了简化表达式，可假设背向散射光的偏振度 $P_{\text{scat}}(x,y)$ 为一个常数 P_{scat}。根据上述公式，背向散射光部分信号 $B(x,y)$ 可以写为

$$B(x,y)=\left\{\left[I^{\parallel}(x,y)-I^{\perp}(x,y)\right]-\left[D^{\parallel}(x,y)-D^{\perp}(x,y)\right]\right\}\cdot\frac{1}{P_{\text{scat}}}$$

$$=\left[\Delta I(x,y)-\Delta D(x,y)\right]\cdot\frac{1}{P_{\text{scat}}} \tag{5.20}$$

其中，$\Delta I(x,y)$ 和 $\Delta D(x,y)$ 分别表示探测光强信号的偏振差分图像和目标信号的偏振差分图像。根据式(5.13)和式(5.20)，可以推导得到传输系数 $t(x,y)$ 的表达式为

$$t(x,y)=1-\frac{\Delta I(x,y)-\Delta D(x,y)}{P_{\text{scat}}A_{\infty}} \tag{5.21}$$

　　根据式(5.21)可以看出，为了准确估算出场景的传输系数 $t(x,y)$，首先需要对与水下成像条件相关的两个全局参数 A_{∞} 和 P_{scat} 进行估算。另外，目标信号的偏振差分图像 $\Delta D(x,y)$ 对传输系数的估算具有很大的影响，换而言之，场景中物体表面反射光的偏振度不能被忽略。在现有的许多基于偏振成像对水下模糊图像进行复原的算法中，通常只考虑物体反射光的偏振度极小甚至为完全非偏振光的情况。这也是 Schechner 等所提方法及其相关改进方法的最大不足之处。然而，当场景中物体反射光具有一定的偏振度时，这种方法将会产生一定的误差，因此需要提出相应的算法对传输系数 $t(x,y)$ 进行校正，从而提高水下图像复原算法的图像增强效果。

5.2.3　水下偏振成像系统的搭建

　　实验采用基于两个线偏振片的分时、主动式偏振成像系统进行偏振成像。实验通过在有机玻璃水箱中装入掺有牛奶的浑浊液体以模拟浑浊海水中的成像环境。通过控制牛奶的浓度，使得水下物体信号在一定程度上得到衰减，但同时也能够被光电探测器所获取。另外，需要掺杂足够浓度的牛奶，使视场中背景处的区域能够符合无穷远处的条件。实验时在水箱的后壁贴有标志物，当牛奶浓度达到一定程度时，后壁的标志物无法看清，则认为此时背景处的区域可以满足无穷远处成像的条件，从而可以对全局参数 A_{∞} 和 P_{scat} 进行准确估算。

5.2.4　基于偏振成像的水下图像复原方法

　　1. 全局参数 A_{∞} 和 P_{scat} 的估算

　　为估算 A_{∞} 和 P_{scat}，分别在 $I^{\parallel}(x,y)$ 和 $I^{\perp}(x,y)$ 图像中的相同位置选取一块背景

区域进行计算。值得注意的是，两个区域内的灰度平均值，等效于用偏振分析器对 A_∞ 在两个正交状态下进行测量，即 $A_\infty^\parallel$ 和 $A_\infty^\perp$ 。因此 A_∞ 和 P_{scat} 的测量值可以分别写为

$$\hat{A}_\infty = A_\infty^\parallel + A_\infty^\perp \tag{5.22}$$

$$\hat{P}_{scat} = \frac{A_\infty^\parallel - A_\infty^\perp}{A_\infty^\parallel + A_\infty^\perp} \tag{5.23}$$

根据之前的分析可知，背向散射光的偏振度 P_{scat} 的值在整个视场内是有微小变化的，而实验通过选取背景处的一块区域对 P_{scat} 进行了全局估算，可能会产生一定的误差，影响水下模糊图像复原的最终结果。因此，可以通过引入一个偏置参数 ε 对 P_{scat} 的值进行调整，从而消除背景区域选取差异对复原算法的影响。这种方法也被其他水下偏振成像的研究人员应用到水下偏振成像的工作中。

2. 目标信号偏振差分图像的估算

结合之前的分析，可以将物体的辐射图像 $L(x,y)$ 写为

$$L(x,y) = \frac{\varepsilon\hat{P}_{scat}A_\infty I(x,y) - A_\infty\left[\Delta I(x,y) - \Delta D(x,y)\right]}{\varepsilon\hat{P}_{scat}A_\infty - \left[\Delta I(x,y) - \Delta D(x,y)\right]} \tag{5.24}$$

其中，光强图像的偏振差分图像 $\Delta I(x,y)$ 可以通过光电探测器获取的 $I^\parallel(x,y)$ 和 $I^\perp(x,y)$ 两幅图像计算得到，这种表示方法考虑了场景中物体反射光的偏振效应，适用于场景中存在反射光偏振度较大的物体的情况(例如场景中有光滑的金属表面的情况)。因此，为了准确对物体的辐射图像 $L(x,y)$ 进行估算，关键问题是准确估算出目标信号的偏振差分图像 $\Delta D(x,y)$ 。

根据公式推导，引入一个中间变量 $K(x,y)$ 图像，表达式为

$$K(x,y) = \frac{I^\parallel(x,y)}{A_\infty^\parallel} - \frac{I^\perp(x,y)}{A_\infty^\perp} = \frac{D^\parallel(x,y)}{A_\infty^\parallel} - \frac{D^\perp(x,y)}{A_\infty^\perp} \tag{5.25}$$

可以发现，中间变量 $K(x,y)$ 的表达式与 $\Delta D(x,y) = D^\parallel(x,y) - D^\perp(x,y)$ 非常相似，唯一的不同在于两个表达式中 $D^\parallel(x,y)$ 和 $D^\perp(x,y)$ 的系数，而 $K(x,y)$ 的表达式中的两个系数 $A_\infty^\parallel$ 和 $A_\infty^\perp$ 的值可以分别通过测量获得。因此可以推导出中间变量 $K(x,y)$ 和目标信号的偏振差分图像 $\Delta D(x,y)$ 之间的关系为

$$\Delta D(x,y) = A_\infty^\parallel K(x,y) + D^\perp(x,y)\left(\frac{A_\infty^\parallel - A_\infty^\perp}{A_\infty^\perp}\right)$$
$$= A_\infty^\perp K(x,y) + D^\parallel(x,y)\left(\frac{A_\infty^\parallel - A_\infty^\perp}{A_\infty^\parallel}\right) \tag{5.26}$$

定义光强的动态范围为 0~1(可根据实际光强探测器的具体情况调整，例如对于 8 位深的相机可修正为 0~255)。而目标信号的图像是包含在光电探测器获取的强度信息之中的，因此灰度值的动态范围也为 0~1 之间。另外，根据 5.3.2 节中的假设，有 $A_\infty^\parallel > A_\infty^\perp$ 和 $D^\perp(x,y) \leqslant D^\parallel(x,y)$。结合式(5.26)，可以得出目标信号的偏振差分图像 $\Delta D(x,y)$ 的变化范围为

$$\begin{cases} \Delta D(x,y) \geqslant 0, & \dfrac{A_\infty^\perp - A_\infty^\parallel}{A_\infty^\parallel A_\infty^\perp} \leqslant K(x,y) \leqslant 0 \\[3mm] \Delta D(x,y) \geqslant A_\infty^\parallel K(x,y), & 0 < K(x,y) \leqslant \dfrac{1}{A_\infty^\parallel} \\[3mm] \Delta D(x,y) \leqslant A_\infty^\perp K(x,y) + \dfrac{A_\infty^\parallel - A_\infty^\perp}{A_\infty^\parallel}, & \dfrac{A_\infty^\perp - A_\infty^\parallel}{A_\infty^\parallel A_\infty^\perp} \leqslant K(x,y) \leqslant \dfrac{1}{A_\infty^\parallel} \end{cases} \tag{5.27}$$

该不等式组构建了如图 5.12 所示的一个钝角三角形区域，该区域内的任意一点代表了变量 $K(x,y)$ 和差分图像 $\Delta D(x,y)$ 之间的映射关系。

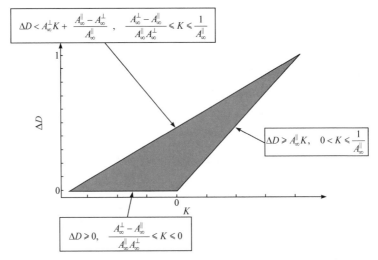

图 5.12　描述 $K(x,y)$ 和 $\Delta D(x,y)$ 之间关系的钝角三角形区域

可以看出，任意一个变量 $K(x,y)$ 的值对应了多个 $\Delta D(x,y)$ 的可能值，即这种关系不是一一映射的。假设可以利用一个数学公式对 $K(x,y)$ 和 $\Delta D(x,y)$ 之间的关系进行描述。通过图 5.12 可以看出，$\Delta D(x,y)$ 与 $K(x,y)$ 大体上呈现单调递增的趋势。另外，$K(x,y)$ 的值可以为负数，而 $\Delta D(x,y)$ 必须满足非负，因此采用灵活性高并且十分契合图 5.12 中的钝角三角形形状的指数函数对 $\Delta D(x,y)$ 与 $K(x,y)$ 之间的关系进行拟合：

$$\Delta \hat{D}(x,y) = a \cdot \exp[bK(x,y)] \tag{5.28}$$

其中，a 和 b 为两个待优化的系数，为保证 $\Delta D(x,y)$ 和 $K(x,y)$ 之间的关系呈现单调递增，a 和 b 必须同时大于 0。真实的 $\Delta D(x,y)$ 和 $K(x,y)$ 之间的关系可以用图 5.12 中三角形区域内的部分区域的集合表示，通过调整系数 a 和 b 的值可以使指数函数与这些区域集合表示的映射关系保持一致，从而通过 $K(x,y)$ 图像对 $\Delta D(x,y)$ 图像进行估算。

3. 水下成像的图像质量的最优化

根据式(5.24)和式(5.28)，本实验基于偏振成像的水下模糊图像复原算法有三个待定系数 a、b 和 ε 对图像复原的结果产生重要的影响。本书采用 EME 作为图像质量的评价函数。

实验中将一枚金属硬币粘贴在塑料魔方的表面作为被观测的物体。传统强度成像系统获取的图像如图 5.13 所示，普通灰度图像的 EME 为 0.6，能见度非常低，场景中许多信息被严重衰减。

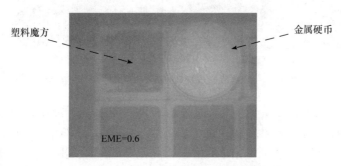

图 5.13　水下物体的普通灰度图像

根据 5.3.2 节中的介绍，本实验在旋转偏振片的两个正交状态下分别获取了共线图像 $I^{\parallel}(x,y)$ 和交叉线图像 $I^{\perp}(x,y)$，如图 5.14 所示。图中金属硬币对应的区域在两幅图中的灰度差异非常大，这也表示硬币表面反射光的偏振度非常大。为估算 A_{∞} 和 P_{scat} 的值，选取图 5.14 中的方块内的像素对 $A_{\infty}^{\parallel}$ 和 $A_{\infty}^{\perp}$ 进行估算，并根据公式计算 A_{∞} 和 P_{scat} 的测量值。

目前常用的水下偏振成像图像复原算法通常认为物体表面辐射光的偏振度可以忽略，即认为 $\Delta D(x,y) = 0$。因此，根据式(5.21)和式(5.24)，计算得到水下传输系数图像 $t(x,y)$ 和物体辐射图像 $L(x,y)$，如图 5.15 所示。

根据式(5.21)，在物体偏度大于 0 的区域采用原来的水下模糊图像复原方法将会对传输系数 $t(x,y)$ 估计不足。因此在图 5.15(a)中偏振度非常大的硬币对应的区域出现了负值，显示为黑色，与实际的水下成像物理模型不符，从而使复原图像的硬币区域也出现负值，产生一个黑色的圆形区域。

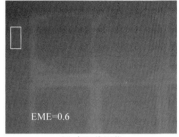

(a) 共线图像   (b) 交叉线图像

图 5.14　共线图像 $I^{\parallel}(x,y)$ 和交叉线图像 $I^{\perp}(x,y)$

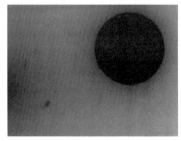

(a) 传输系数图像   (b) 复原图像

图 5.15　忽略物体偏振影响的传输系数和复原图像

　　在许多情况下，需要考虑物体辐射光的偏振效应。根据 5.2.2 节的分析，用指数函数对目标信号的偏振差分图像 $\Delta D(x,y)$ 进行估算。以 EME 作为最优化的目标函数，对三个待定系数 a、b 和 ε 的值进行优化。本实验采用变步长迭代的方法对三个待定系数的最优值进行全局搜寻。首先在 $5 \times 5 \times 5$ 范围的区域内以 1 为步长进行搜寻；在局部最大值附近 $1 \times 1 \times 1$ 范围的区域内以 0.1 为步长进行最优值搜寻；最后，在 $0.1 \times 0.1 \times 0.1$ 范围内以 0.01 为步长进行最优值搜寻，得到最终最优化的结果。本实验通过 MATLAB 编写程序实现水下模糊图像复原算法，处理器为 Intel Pentium G3220@3.00 GHz 计算机，运行时间为 70s，通过计算三个待定系数的最优值分别为 $a = 0.10$、$b = 2.53$ 和 $\varepsilon = 1.09$。

　　图 5.16 为采用该水下模糊图像复原算法后的结果，物体辐射图像 $L(x,y)$ 的 EME 提高到了 2.3。对比图 5.13 中的原始光强图，优化后的图像视觉效果有了很大程度上的提升。复原后的图像消除了普通强度图中的"白雾"，并且物体上的很多细节也得到还原，变得更加清晰，如图 5.17 所示。可以看出，特别是硬币区域，原始光强图中相关的纹理十分模糊，但是在复原后的结构中变得清晰可见，例如字母"R"。

 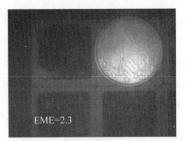

(a) 传输系数图像   (b) 复原图像

图 5.16 采用水下模糊图像复原算法后的结果

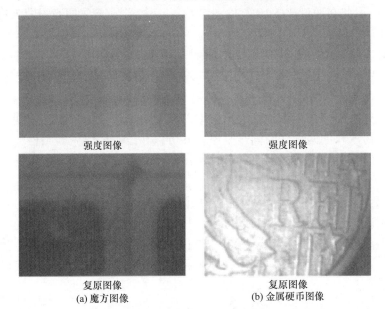

强度图像   强度图像

复原图像   复原图像

(a) 魔方图像   (b) 金属硬币图像

图 5.17 普通灰度图像和复原图像细节对比图

本节介绍了水下偏振成像的基本模型，在此基础上提出了基于偏振成像对水下模糊图像进行复原的方法。针对场景中物体反射光的偏振度不能忽略的情况，分析了原有水下偏振成像方法的局限性。考虑物体辐射光的偏振效应，本节提出了通过引入中间变量并使用曲线拟合的方法对目标信号的偏振差分图像进行估算，克服了物体反射光具有偏振度带来的问题。根据成像模型，搭建了水下成像系统并通过实验证明了算法的有效性。

5.2.5 基于传输函数校正的水下散射环境中偏振图像复原方法

正确估算出水下光信号的传输函数 $t(x, y)$ 是获得真实的物体反射光 $L(x, y)$ 的关键。根据式(5.21)可知，水下光信号的传输函数 $t(x, y)$ 与两个全局参数 A_∞ 和 P_{scat} 有关，因此只需要准确估算得到两个参数 A_∞ 和 P_{scat} 值，便可计算得到水下传输函数

$t(x,y)$。此外，物体反射光的偏振差分参数 $\Delta D(x,y)$ 对水下传输函数 $t(x,y)$ 的估算精度也有一定影响。当探测物体为低偏振度物体(木制品、石头、塑料等)时，物体反射光的偏振差分图像 $\Delta D(x,y)$ 是可以忽略不计的，即 $\Delta D(x,y)\approx 0$。但是当探测物体为高偏振度物体(金属、镜子、汽车、湖面等)时，$\Delta D(x,y)$ 是不可以忽略的。

在现有的偏振图像去散射技术中[1,6,34]，一般假设物体为低偏物体，物体反射光的偏振度很小或者为自然光，即 $\Delta D(x,y)\approx 0$，且背向散射光为部分偏振光。当成像视场中的被探测物体为高偏物体时，其物体反射光将为部分偏振光，$\Delta D(x,y)\neq 0$。若仍按处理低偏物体的方式假设 $\Delta D(x,y)\approx 0$，会导致估算 $t(x,y)$ 时出现负值，因此在通过式(5.18)复原图像 $L(x,y)$ 时，会出现复原光强图为负值的情况，从而导致对于高偏物体复原失败。

针对上述问题，Hu 等[14]提出了一种基于水下传输函数 $t(x,y)$ 校正的图像复原方法，用于正确估计传输函数 $t(x,y)$ 和复原图像 $L(x,y)$。引入中间变量 $K(x,y)$ 和偏振正交差分信号 $\Delta D(x,y)$ 的关系，并对二者关系曲线进行拟合优化，估算目标偏振正交差分信号，正确推导出散射环境中的透过率。该方法实现了浑浊水下对高偏物体和低偏物体的同步复原，并可以在没有任何先验条件的情况下，应用到任何具有复杂几何形状的目标物体上，显著提升了水下成像的图像复原质量。

采用基于 PSG 和 PSA 的分时主动式偏振成像系统成像，二者均由独立线偏振片构成，装置如图 5.18 所示，采用 632.8nm 波长的 He-Ne 激光器作为照明光源。利用 PSG(一块光轴沿水平方向的偏振片)对激光进行起偏，获得线偏振光。水下目标反射光经过 PSA 调制后由光电探测器采集，从而获得目标图像信息。

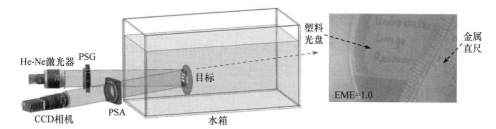

图 5.18　水下偏振成像实验系统

如果按照传统的水下偏振物理模型理论，即 $\Delta D(x,y)=0$，估算得到的传输函数 $t(x,y)$ 分布如图 5.19 所示。可以看到，在金属直尺和塑料光盘边缘的传输函数 $t(x,y)$ 值为负数，这是由于忽略了这部分区域物体反射光的偏振度，低估了反射光的 $\Delta D(x,y)$。

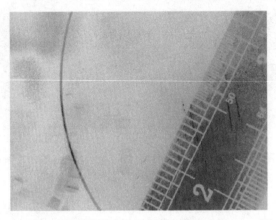

图 5.19　利用传统模型估计得到的传输函数 $t(x,y)$图

在大部分成像环境中，需要考虑物体反射光的偏振度，并对水下传输函数 $t(x,y)$ 进行校正。假设两个全局参数 A_∞ 和 P_{scat} 在空间上是固定不变的常数[1]，根据式(5.13)和式(5.21)可知，当 $\rho(x,y) \to \infty$ 时，$t(x,y) \to 0$，则有

$$B(x,y) = A_\infty \left[1 - t(x,y) \right] \to A_\infty \tag{5.29}$$

选取图 5.20 中正交偏振图 $I^{\parallel}(x,y)$ 和 $I^{\perp}(x,y)$ 中方框内的背景部分[20]，分别取像素平均值作为 $A_\infty^{\parallel}$ 和 $A_\infty^{\perp}$。根据式(5.19)可知，当 $\rho(x,y) \to \infty$ 时，P_{scat} 可以写成

$$P_{\mathrm{scat}}(x,y) \to \frac{A_\infty^{\parallel} - A_\infty^{\perp}}{A_\infty^{\parallel} + A_\infty^{\perp}} = P_{\mathrm{scat}} \tag{5.30}$$

根据上述公式可知，A_∞ 和 P_{scat} 的估算可以写成

$$A_\infty = I_{\mathrm{back}} \tag{5.31}$$

$$P_{\mathrm{scat}} = \frac{\Delta I_{\mathrm{back}}}{I_{\mathrm{back}}} \tag{5.32}$$

其中，下标"back"对应图 5.20 中 $I^{\parallel}(x,y)$ 和 $I^{\perp}(x,y)$ 图像中的方框背景部分。

实际实验中，A_∞ 和 P_{scat} 通常根据背景中的指定区域来计算。若在背景中选择不同的区域，计算得到的灰度平均值可能会有细微差别，相应的图像复原效果也不同。因此，使用参数 ε 将 P_{scat} 修正为 $\varepsilon P_{\mathrm{scat}}$，以便找到合适 $\varepsilon P_{\mathrm{scat}}$，从而实现较好的图像复原[1,6,34,35]。

由式(5.20)和式(5.21)可知，$\Delta B(x,y)$ 对水下传输函数 $t(x,y)$ 估算的准确度有很大影响。在传统的水下偏振成像模型中，假设物体反射光的偏振度可以忽略，物体反射光的 $\Delta D(x,y)$ 近似为 0，即 $\Delta D(x,y) = 0$。因此，式(5.21)中水下传输函数可以近似写为

(a) 水平偏振态光强图

(b) 垂直偏振态光强图

图 5.20　通过旋转相机前的偏振分析装置 PSA，得到两种相互正交的偏振态 $I^\parallel$ 和 $I^\perp$ 的光强图
方框表示背景区域

$$t(x,y)=1-\frac{\Delta B(x,y)}{P_{\text{scat}}A_\infty}=1-\frac{\Delta I(x,y)}{P_{\text{scat}}A_\infty}=1-\frac{I^\parallel(x,y)-I^\perp(x,y)}{P_{\text{scat}}A_\infty} \tag{5.33}$$

物体表面不同位置的深度不会有太大的变化，这意味着物体表面深度相近的像素具有几乎相同的传播距离 $\rho(x,y)$ 和透光率 $t(x,y)$。因此，通过以下公式对透光率进行强度转换：

$$t_{\text{co}}(x,y)=\begin{cases}t_{\text{unco}}(x,y), & t_{\text{unco}}(x,y)>t_{\text{inf}}\\ t_{\text{inf}}, & t_{\text{unco}}(x,y)\leqslant t_{\text{inf}}\end{cases} \tag{5.34}$$

其中，$t_{\text{co}}(x,y)$ 表示修正后的传输函数；$t_{\text{unco}}(x,y)$ 表示未经修正的传输函数，由式(5.33)计算所得；t_{inf} 是由式(5.34)给出的水下传输函数的拐点，如图 5.21 所示。

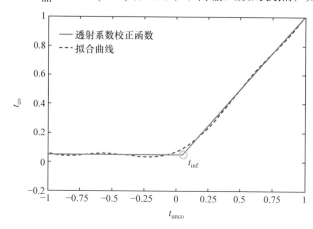

图 5.21　传输函数 $t(x,y)$ 校正图

对于 $\Delta D(x,y)=0$ 的低偏振度物体区域，根据式(5.33)计算传输函数。对于高偏振度物体区域则应根据式(5.34)，将负数传输函数值修正为正数。由于传输函数值为负值的部分在成像视场中处于同一深度平面内，所以可近似认为这部分传输函数值是一个相同常数。图 5.21 上中实线上有一个拐点 t_{inf}，此处函数导数突变，导致高偏物体边缘处出现明显边界。为了克服这个问题，可以使用多项式函数来

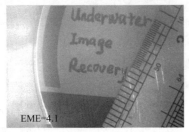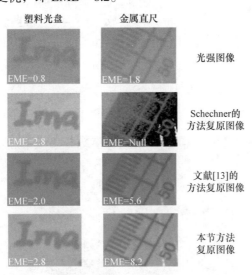

拟合曲线，使得拐点 t_{inf} 的导数连续、平滑变化，如图 5.21 中虚线所示。

图 5.22(a)为采用基于水下传输函数校正的偏振图像算法复原后的结果图 $L(x,y)$，可以看出相比图 5.19 中的强度图像，对比度得到了极大的增强，无论对应于高退偏度物体(塑料光盘)还是对应于低退偏度物体(金属直尺)，图像质量都有显著提升，图像 $L(x,y)$ 的 EME 提高到了 4.1。与文献[13]中的方法(即 5.3.4 节所介绍方法)，如图 5.22(b) 相比，本节方法的复原图像在视觉效果和 EME 评价函数值上均有显著优势。

(a) 本节算法复原图像　　　　(b) 文献[13]中算法复原图像

图 5.22　不同方法的水下偏振图像复原结果对比

在图 5.23 的细节放大视图中，可以看出在低退偏度物体(即具有高偏振度)区域 (金属直尺)，Schechner 的方法复原结果是错误的(复原区域为黑色)，虽然文献[13] 的方法可以实现一个相对良好的复原结果，即 EME = 5.6，但显然本节的复原方法 所得到的图像质量更优，即 EME = 8.2。

图 5.23　各图像复原方法的复原图像细节对比图

无论目标是高偏振度的物体还是低偏振度的物体，本节方法都能够显著提高 水下图像的成像质量，而 Schechner 的经典水下浑浊介质图像复原方法[1]可能会在高偏振度的物体区域复原失败。此外，与文献[13]提出的方法相比，本节方法有两个主要优点。

(1) 在不牺牲低偏目标图像复原质量的前提下，对高偏振度物体区域有更好的图像复原质量。

(2) 图像复原有较少的耗费时间。

5.2.6　在散射介质中非均匀光场下的偏振图像复原方法

在能见度较低的水下成像时，一般采用主动照明的方式。然而这种情况下光场分布是非均匀的，导致场景中粒子散射光的偏振度在全空间上分布不均。在过往的研究中，背向散射光的偏振度 P_{scat} 和背向散射强度 A_∞ 通常被假设为全局常数[36-38]，这就会使得非均匀光场中的复原图像质量变差。实际上，A_∞ 和 P_{scat} 的值取决于入射光的散射角以及光源相对于观察方向的位置[39]，因此在水下主动照明条件下，A_∞ 和 P_{scat} 会随着图像中像素坐标 (x, y) 的变化而变化。基于此，Hu 等[40]提出了一种在散射环境中非均匀光场下的偏振图像复原方法，利用背向散射光偏振度在空间的分布不均，通过对背景区域背向散射光偏振度的三维拟合，估计出水下成像条件本征参数的全空间分布，即成像视场中不同位置的 $P_{scat}(x, y)$ 和图像中不同位置的 $A_\infty(x, y)$，在场景的不同像素点位置进行图像复原。实验结果表明，当光场非均匀且目标物为低偏物体时，此方法可以克服背向散射光的偏振度和强度在空间分布不均匀所带来的问题，从而显著提高水下成像的质量。

根据式(5.12)可知，当 $\rho(x, y) \to \infty$ 时，$t(x, y) \to 0$。根据传统水下偏振成像物理模型中的方法[1,34,35]，分别使用成像场景中背景区域(没有目标物体)对应的像素值估计两个参数 A_∞ 和 P_{scat}。如图 5.24 所示，取 $I^\parallel(x, y)$ 和 $I^\perp(x, y)$ 中方框部分背景区域的像素平均值，分别等效于在 PSA 处于两个正交状态时测量得到的 $A_\infty^\parallel$ 和 $A_\infty^\perp$。因此，$A_\infty(x, y)$ 和 $P_{scat}(x, y)$ 可以由式(5.22)和式(5.23)得到。

(a) 水平偏振光强图　　　　　　　　　　　　(b) 垂直偏振光强图

图 5.24　通过旋转相机前的偏振分析装置 PSA，得到两种相互正交的偏振态 $I^\parallel$ 和 $I^\perp$ 的光强图
方框表示背景区域，用于估计远场背向散射强度

对已知背景区域 $A_\infty(x,y)$ 和 $P_{scat}(x,y)$ 的分布，利用外推法估算出整个成像空间中 $\hat{A}_\infty(x,y)$ 和 $\hat{P}_{scat}(x,y)$ 的分布。由于式(5.22)和式(5.23)计算得到的背景区域 $A_\infty(x,y)$ 和 $P_{scat}(x,y)$ 在空间上呈连续曲面状分布，因此采用多项式函数拟合估算得到全空间上 $\hat{A}_\infty(x,y)$ 和 $\hat{P}_{scat}(x,y)$ 分布。此多项式函数可以用以下公式表示：

$$\hat{A}_\infty^{(n_1)}(x,y) = \sum_{i,j=0}^{n_1} a_{ij} x^i y^j \qquad (5.35)$$

$$\hat{P}_{scat}^{(n_2)}(x,y) = \sum_{i,j=0}^{n_2} p_{ij} x^i y^j \qquad (5.36)$$

式(5.35)和式(5.36)是由多个交叉项组成的多项式函数，其中 (x,y) 表示图像中像素点的坐标，且该坐标值与 $A_\infty(x,y)$ 和 $P_{scat}(x,y)$ 有相对应的关系。n_1 和 n_2 是多项式函数的阶数，决定了曲面的形状。a_{ij} 和 p_{ij} 是多项式函数中各交叉项部分的系数，用于调整式(5.35)和式(5.36)中多项式函数在图像中各像素点的值，可通过最小二乘法使得背景区域的差分值 $\left\| A_\infty - \hat{A}_\infty^{(n_1)} \right\|^2$ 和 $\left\| P_{scat} - \hat{P}_{scat}^{(n_2)} \right\|^2$ 最小求得。以图像质量评价函数 EME 作为最优化的目标函数，对两个待定系数 n_1 和 n_2 的值进行全局搜索，当 EME 最大时得到的估算值 n_1 和 n_2 即为多项式函数的最优值。估算出参数 n_1, n_2, a_{ij} 和 p_{ij} 后，根据式(5.35)和式(5.36)求得在整个图像空间上 $A_\infty(x,y)$ 和 $P_{scat}(x,y)$。

由式(5-21)可知，在实际实验中若低估 $\hat{P}_{scat}(x,y)$，会导致水下传输函数 $t(x,y)$ 的值为负，进而导致物体反射光 $L(x,y)$ 的错误估计。因此可以通过利用略高于 1 的参数值 ε 将 $\hat{P}_{scat}^{(n_2)}(x,y)$ 修正为 $\varepsilon\hat{P}_{scat}^{(n_2)}(x,y)$ 来避免这一问题[1,34,35]。根据上述公式可以推得，物体反射光 $L(x,y)$ 和水下传输函数 $t(x,y)$ 为

$$L(x,y) = \frac{I(x,y) - \hat{A}_\infty^{(n_1)}(x,y)[1-t(x,y)]}{t(x,y)} \qquad (5.37)$$

$$t(x,y) = 1 - \frac{\Delta I(x,y)}{\varepsilon\hat{P}_{scat}^{(n_2)}(x,y)\hat{A}_\infty^{(n_1)}(x,y)} \qquad (5.38)$$

将表面写有文字和图案的塑料魔方作为被探测的物体，主动照明下系统获取的普通灰度图像如图 5.25 所示，图像质量评价函数 EME 为 0.37。显然，图像能见度非常低，场景信息衰减严重。

图 5.25　水下待测目标物的普通灰度图像

为了估计背向散射光强 $\hat{A}_\infty(x,y)$ 和背向散射光的偏振度 $\hat{P}_{\text{scat}}(x,y)$ 在整个图像空间上的分布值，需要利用图 5.26 所示的两个正交状态的偏振图像，选取图像中的背景区域(即没有目标物体的区域)获得 $A_\infty^\parallel(x,y)$ 和 $A_\infty^\perp(x,y)$。

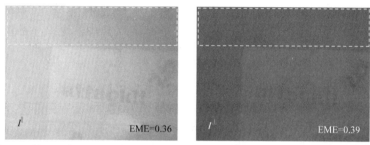

图 5.26　在 PSA 装置(可旋转偏振片)的两个正交状态下分别获取的正交偏振图像 $I^\parallel(x,y)$ 和 $I^\perp(x,y)$

从图 5.27 可以看出，背向散射光强度 $A_\infty(x,y)$ 范围在 0.67～0.87 之间，背向散射光的偏振度 $P_{\text{scat}}(x,y)$ 范围在 0.23～0.4 之间，由此可知 $I^\parallel(x,y)$ 和 $I^\perp(x,y)$ 在背景区域中的像素值并不是一个常数，其在背景区域中的分布非常不均匀。显然，A_∞ 和 P_{scat} 在成像空间上不能被视为全局常数，需要估计 $A_\infty(x,y)$ 和 $P_{\text{scat}}(x,y)$ 在整个成像空间中的分布。

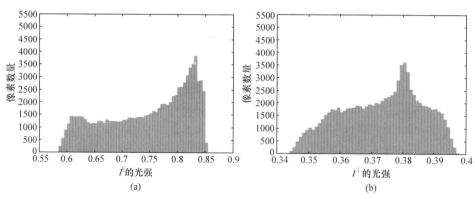

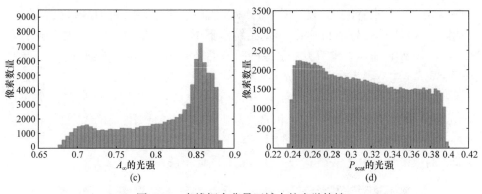

图 5.27　虚线框内背景区域中的光学特性

采用"GrabCut"的图像分割方法[41]在图 5.26 中识别出背景区域，将目标物体与背景区域之间边界分割，从而得到背景区域 $A_\infty^\parallel(x,y)$ 和 $A_\infty^\perp(x,y)$ 的分布值。基于式(5.35)和式(5.36)中背景区域 $A_\infty(x,y)$ 和 $P_{\text{scat}}(x,y)$ 的空间分布，可以通过多项式函数外推拟合得到全空间上 $A_\infty(x,y)$ 和 $P_{\text{scat}}(x,y)$ 的分布。为了得到最优的复原图像，需要找到图像 EME 最大时对应参数 n_1, n_2, ε 的最佳值。通过外推法拟合得到的 $A_\infty(x,y)$ 和 $P_{\text{scat}}(x,y)$ 在成像空间上的分布，如图 5.28 所示。

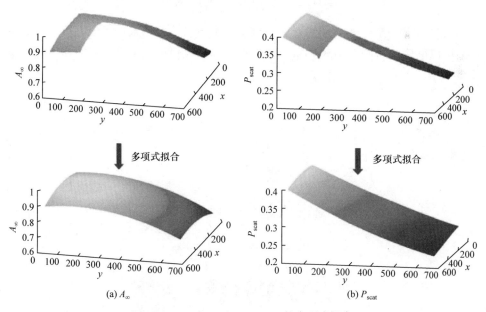

图 5.28　$A_\infty(x,y)$ 和 $P_{\text{scat}}(x,y)$ 的多项式拟合

图 5.29(a)为基于 $A_\infty(x,y)$ 和 $P_{\text{scat}}(x,y)$ 空间分布的复原图像 $L(x,y)$，图像的

EME 为 6.35。不难看出，此复原图像的细节信息得到了还原，并且变得更加清晰。在相同成像环境下，与 Schechner 等的传统水下偏振成像复原方法[1]的效果进行对比，如图 5.29(b)所示。本节方法复原的图像可以清晰地显示场景细节，具有更高的图像质量。这是因为在非均匀光照环境下，右侧背景区域的 $A_\infty(x, y)$ 和 $P_{\text{scat}}(x, y)$ 显著高于左侧目标物体区域的 $A_\infty(x, y)$ 和 $P_{\text{scat}}(x, y)$，如图 5.28 所示。如果用 Schechner 等的方法(假设参数 A_∞ 和 P_{scat} 为全局常量)复原图像，由于在目标物体区域对 $A_\infty(x, y)$ 和 $P_{\text{scat}}(x, y)$ 的错误估计，水下传输函数 $t(x, y)$ 可能被高估，因此散射粒子的散射光部分无法被充分去除，复原图像不够清晰。

(a) 本节方法复原图像   (b) Schechner等的方法复原图像

图 5.29   两种水下图像复原方法效果对比

如图 5.30 所示，对比选定区域的复原图像细节，显然本章方法的复原效果更好，可以彻底去除图像中的"白雾"，清晰地显示出目标物体在不同成像空间位置上的细节。

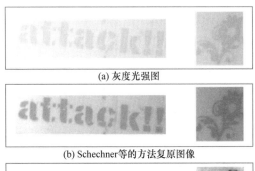

(a) 灰度光强图

(b) Schechner等的方法复原图像

(c) 本节方法复原图像

图 5.30   普通灰度图像和复原图像细节对比图

5.2.7　水下强散射环境中基于圆偏振光照明的图像联合复原方法

传统偏振成像复原方法[1,13,42]一般采用线偏振光作为主动照明光。线偏振光在散射介质中的偏振保持能力比较弱，在较强的散射介质中容易丧失偏振特性和丢失偏振信息，所以此种情况下图像复原效果受限。研究表明，圆偏振光在强散射介质中具有更好的保偏能力，对偏振特性和信息有着更为显著的"记忆效果"。Morgan 等[43]在 2000 年通过实验研究了线、圆和椭圆偏振光经过两层散射介质后的偏振特性，发现不同偏振光的偏振特性与散射介质及其厚度存在特定关系，通过圆偏振光在传播距离上的优势进而验证了其偏振记忆效应。此外，Laan 等[15,17]通过仿真和实验也验证了圆偏振光的偏振记忆效应。

圆偏振光的图像复原技术正是基于圆偏振光的偏振记忆效应，即"保偏"效果进行的。采用圆偏振光作为主动照明光，只接收散射介质中目标反射光的圆偏振光信号，结合传统的散射介质中偏振光学模型，实现强散射介质环境中的图像复原，有效抑制散射介质中的背景噪声，从而达到清晰成像的目的[16]。

典型的圆偏振光成像系统[44]是由激光器发出线偏振光，经过偏振调制装置变成圆偏振光后，通过扩束装置入射到散射介质中的探测目标上，入射光经过目标的反射以及散射介质的散射后，经过偏振分析装置解调，最终被电荷耦合元件(charge-coupled device，CCD)相机采集。然而，在圆偏振光主动照明的研究中，研究者往往忽略了对反射光组成的分析，仅将反射光作为一个整体计算总偏振度，进而估算散射光强、实现图像复原。实验研究发现，当圆偏振光作入射到物体上时，反射光是由线偏振光和圆偏振光两部分组成的。基于此，Hu 等[18]提出了一种在强散射介质中采用圆偏振光主动照明光的偏振图像复原方法。通过对散射光偏振态的分析，将其中的线偏振光和圆偏振光依次处理。计算成像场景中 Stokes 矢量所包含的圆偏振信息和线偏振信息，对采集的模糊图像进行基于线性偏振信息的图像复原，然后对处理后的图像进一步进行基于圆偏振信息的图像复原。此方法通过使用 Stokes 矢量的全部分量信息，将圆偏振信息和线性偏振信息二者相结合，极大地克服偏振信息在强散射介质中的衰减，有效抑制散射介质对物体反射光的调制，从而恢复出散射介质中物体的原始反射光强，实现了稠密浑浊的强散射介质中对目标图像的高质量复原。

基于散射介质中圆偏振光作为主动照明光的水下成像系统装置如图 5.31(a)所示。系统中采用 632.8 nm 波长的激光光源作为照明光源，空间滤波器和凸透镜组合成的扩束装置用于对激光束的准直和扩束，PSG 装置(由一个可旋转偏振片和四分之一波片组成)用于对激光束的起偏，使其产生一束右旋圆偏振光入射至水下散射介质中。场景中的反射光经由 PSA 装置(由一个可旋转偏振片和一个四分之一波片组成)调制后，被光电探测器探测。光电探测器采用具有 14 位灰度级的工业

CCD 相机(AVT Stingray F-033B)，像素大小为 492×656。

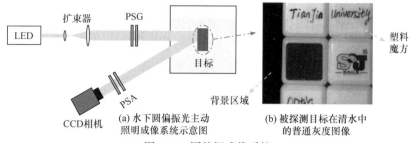

(a) 水下圆偏振光主动　　　　　　(b) 被探测目标在清水中
照明成像系统示意图　　　　　　　　的普通灰度图像

图 5.31　圆偏振成像系统

向透明水箱内的清水中加入适量牛奶，模拟水下浑浊的散射环境。实验中被探测目标选择带有文字的塑料魔方，表面经过钝抛光处理，属于高度退偏物体。将被探测目标浸没到透明水箱内的清水中，通过 CCD 相机拍摄到得到其在清水下的普通灰度图像，如图 5.32(b)所示。为充分体现出圆偏振光偏振记忆效应的优势，在清水中掺加足够浓度的牛奶，模拟浑浊水下的强散射介质环境。

在探测散射介质中目标时，探测器(CCD 相机)接收到的光可分为两部分。

(1) 物体反射光。其 Stokes 矢量为 $\boldsymbol{S}^{\mathrm{o}} = [S_0^{\mathrm{o}}, S_1^{\mathrm{o}}, S_2^{\mathrm{o}}, S_3^{\mathrm{o}}]^{\mathrm{T}}$，其中，$S_0^{\mathrm{o}}$ 为物体反射光的总光强，S_1^{o} 为水平和垂直两个方向线偏振光的光强差值，S_2^{o} 为 45° 和 135° 两个方向线偏振光的光强差值，S_3^{o} 为右旋圆偏振光与左旋圆偏振光的光强差值。在散射介质中传输时，这部分光由于散射粒子的吸收和散射发生衰减后的 Stokes 矢量 $S_0^{\mathrm{o}}(x,y)$ 表示为

$$S_0^{\mathrm{o}}(x,y) = L(x,y)t(x,y) \tag{5.39}$$

$$t(x,y) = \mathrm{e}^{-\beta(x,y)\rho(x,y)} \tag{5.40}$$

其中，(x,y) 表示图中像素的坐标；$L(x,y)$ 表示未经过散射粒子衰减的物体反射光的光强值；$t(x,y)$ 表示介质的透射率；参数 $\beta(x,y)$ 为衰减系数。

(2) 粒子散射进入探测器的光，称为背景光或背向散射光。其 Stokes 矢量为 $\boldsymbol{S}^{\mathrm{b}} = [S_0^{\mathrm{b}}, S_1^{\mathrm{b}}, S_2^{\mathrm{b}}, S_3^{\mathrm{b}}]^{\mathrm{T}}$。坐标 (x,y) 处像素的背景光的表达式为

$$S_0^{\mathrm{b}}(x,y) = A_\infty \left[1 - t(x,y)\right] \tag{5.41}$$

其中，A_∞ 对应于在散射介质中延伸到无穷远处的背向散射值。由此得到探测器接受到的光，其 Stokes 矢量 $\boldsymbol{S} = [S_0, S_1, S_2, S_3]^{\mathrm{T}}$：

$$\boldsymbol{S} = \boldsymbol{S}^{\mathrm{o}} + \boldsymbol{S}^{\mathrm{b}} = \begin{bmatrix} S_0^{\mathrm{o}} \\ S_1^{\mathrm{o}} \\ S_2^{\mathrm{o}} \\ S_3^{\mathrm{o}} \end{bmatrix} + \begin{bmatrix} S_0^{\mathrm{b}} \\ S_1^{\mathrm{b}} \\ S_2^{\mathrm{b}} \\ S_3^{\mathrm{b}} \end{bmatrix} \tag{5.42}$$

$$S_0(x,y) = S_0^{\mathrm{o}}(x,y) + S_0^{\mathrm{b}}(x,y) \tag{5.43}$$

其中，$S_0(x,y)$ 为探测器获取的总光强信息；$S_0^{\mathrm{o}}(x,y)$ 为物体反射光的光强信息；$S_0^{\mathrm{b}}(x,y)$ 为背景光的光强信息。

当采用圆偏振光作为主动照明光源照射浑浊介质中的目标物体时，光电探测器(CCD 相机)所接收到的反射光包含线性偏振光和圆偏振光两部分。因此，光电探测器接收光的 Stokes 矢量可以分解为线性偏振、圆偏振和非偏振三部分，具体表示为

$$S = S_{\text{l-polarized}} + S_{\text{c-polarized}} + S_{\text{unpolarized}}$$

$$= \begin{bmatrix} \sqrt{S_1^2 + S_2^2} \\ S_1 \\ S_2 \\ 0 \end{bmatrix} + \begin{bmatrix} S_3 \\ 0 \\ 0 \\ S_3 \end{bmatrix} + \begin{bmatrix} S_0 - \sqrt{S_1^2 + S_2^2} - S_3 \\ 0 \\ 0 \\ 0 \end{bmatrix} \tag{5.44}$$

其中，带有 l 和 c 下标的物理量分别对应于线性偏振光和圆偏振光。

线性偏振光的偏振度 P_1 和圆偏振光的偏振度 P_c 可以基于 Stokes 矢量计算，其计算公式如下：

$$P_1 = \frac{\sqrt{S_1^2 + S_2^2}}{S_0} \tag{5.45}$$

$$P_c = \frac{S_3}{S_0} \tag{5.46}$$

利用 Schechner 等[1,34,35]提出的传统偏振去雾模型，估计不同偏振态的背向散射光，对线偏振态和圆偏振态分步进行偏振图像的联合复原，可以充分地去除水下图像的"白雾"，得到清晰的复原图像。

首先估计背向散射光中线性偏振光部分，对偏振图像进行一次复原，去除具有线偏振特性的背向散射光。由于偏振成像场景中的目标物体为高退偏度物体，所以物体反射光的偏振度为 0，即物体反射光的偏振差分图像 $\Delta D(x,y) = 0$。此时只需要估算出背向散射光的光强 A_∞ 和背向散射光线偏振光部分的偏振度 $P_{\text{l\_scat}}$，即可实现基于线偏光的图像复原。根据图像中的背景区域来估计图像中的 A_∞ 和 $P_{\text{l\_scat}}$[45]：

$$A_\infty = \frac{1}{|\Omega|} \sum_{(x,y)\in\Omega} S_0(x,y) \tag{5.47}$$

$$P_{\text{l\_scat}} = \frac{1}{|\Omega|} \sum_{(x,y)\in\Omega} \left[\frac{\sqrt{[S_1(x,y)]^2 + [S_2(x,y)]^2}}{S_0(x,y)} \right] \tag{5.48}$$

其中，Ω 表示图像背景区域中像素的个数。

严格地说，如果在图像背景处选择不同的区域，相应 P_{1_scat} 的值就会稍有差异，导致在估计 P_{1_scat} 的值时存在误差，从而影响复原图像的结果。因此，采用略大于 1 的参数 ε_1 将背向散射光的线偏振光部分的偏振度 P_{1_scat} 修正为 $\varepsilon_1 P_{1\_scat}$。根据上述公式可知，线偏振光的背向散射光光强 $S_{0\_1}^{b}(x,y)$ 为

$$
\begin{aligned}
S_{0\_1}^{b}(x,y) &= \frac{\sqrt{[S_1^{b}(x,y)]^2 + [S_2^{b}(x,y)]^2}}{\varepsilon_1 P_{1\_scat}} \\
&= \frac{\sqrt{S_1^2(x,y) + S_2^2(x,y)}}{\varepsilon_1 P_{1\_scat}}
\end{aligned}
\tag{5.49}
$$

实际中，通常认为被探测目标是高退偏物体，并且在被动照明条件下或者主动照明情况下可以忽略物体反射光的偏振度，这就意味着 $S_1^{o} = S_2^{o} = S_3^{o} = 0$。根据式(5.42)可得 $S_1 = S_1^{b}, S_2 = S_2^{b}, S_3 = S_3^{b}$。

基于线偏振光部分的水下传输函数 $t_1(x,y)$ 和物体复原图像 $L_1(x,y)$ 为

$$
\begin{aligned}
t_1(x,y) &= 1 - \frac{\sqrt{S_1^2(x,y) + S_2^2(x,y)}}{\varepsilon_1 P_{1\_scat} A_\infty} \\
L_1(x,y) &= \frac{S_0(x,y) - A_\infty[1 - t_1(x,y)]}{t_1(x,y)}
\end{aligned}
\tag{5.50}
$$

接着对经过线偏复原后的图像进行基于圆偏振光的图像二次复原，去除具有圆偏振特性的背向散射光。考虑到由式(5.50)中计算出的线偏复原图像 $L_1(x,y)$ 中还存在一部分背向散射光，这一部分背向散射光属于部分圆偏振光，可以再次使用传统水下偏振去散射物理模型，利用圆偏振光的记忆效应对已复原的线偏图像 $L_1(x,y)$ 进行二次复原，以去除背向散射光中圆偏光部分。同样，需要估算背向散射光在无穷远处的光强 A_∞ 和背向散射光中圆偏振光部分的偏振度 P_{c_scat} 这两个全局参数。对于 A_∞，需要测量 $L_1(x,y)$ 图像中背景区域对应像素值，结合式(5.51)估算得到；而对于 P_{c_scat}，则可通过计算 $L_1(x,y)$ 图像中背景区域对应像素值和背景区域右旋圆偏振光与左旋圆偏振光的差值 S_3，利用式(5.52)估算得到。

$$
A_\infty = \frac{1}{|\Omega|} \sum_{(x,y)\in\Omega} L_1(x,y)
\tag{5.51}
$$

$$
P_{c\_scat} = \frac{1}{|\Omega|} \sum_{(x,y)\in\Omega} \left[\frac{S_3(x,y)}{L_1(x,y)} \right]
\tag{5.52}
$$

其中，Ω 表示图像背景区域中像素的个数。

对圆偏振光部分的修正也采用略大于 1 的参数 ε_c，将背向散射光的线偏振光

部分的偏振度 P_{c_scat} 修正为 $\varepsilon_c P_{c\_scat}$。背向散射光中的部分圆偏振光光强 $S_{0\_c}^b(x,y)$ 可由下式得到：

$$S_{0\_c}^b(x,y) = \frac{S_3^b(x,y)}{\varepsilon_c P_{c\_scat}} = \frac{S_3(x,y)}{\varepsilon_c P_{c\_scat}} \tag{5.53}$$

基于上述公式，可推导出基于圆偏振光的水下传输函数 $t_c(x,y)$ 和复原图像 $L_c(x,y)$ 如下：

$$t_c(x,y) = 1 - \frac{S_3}{\varepsilon_c P_{c\_scat} A_\infty}$$

$$L_c(x,y) = \frac{L_1(x,y) - A_\infty\left[1 - t_c(x,y)\right]}{t_c(x,y)} \tag{5.54}$$

根据式(5.50)和式(5.54)，通过结合圆偏振光和线偏振光的水下偏振图像复原方法，得到了最终复原图像 $L_c(x,y)$。上述复原方法的流程如图 5.32 所示。

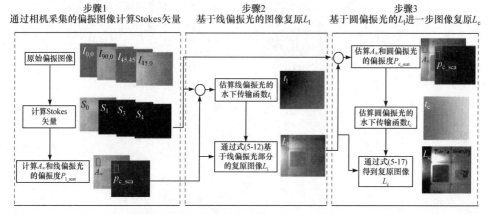

图 5.32　基于圆偏振光和线偏振光联合偏振图像复原方法流程图

本节实验中选取的被测目标物为高退偏度物体，因而可以忽略物体反射光的偏振度。为了获得四个 Stokes 参数 S_0, S_1, S_2, S_3，需要对 PSA 中的线性偏振片和四分之一波片的方向进行四次调制，并使用 CCD 相机采集光强图，如图 5.33 所示，基于此可以计算 Stokes 矢量的四个参数[46]。

图 5.34(a)中显示了浑浊水下目标场景的普通灰度图像，对应于计算所得的 Stokes 矢量中 S_0 分量。不难看出，图像的能见度较低，场景及被测目标边缘的细节信息损失严重。根据 Stokes 矢量，可以进一步计算得到背向散射光的线偏振度 P_{l_scat} 分布图和背向散射光的圆偏振光偏振度 P_{c_scat} 分布图，如图 5.34(b)和(c)所示。对图 5.34 中方框内的背景区域的像素值求平均，用来估算背向散射光在无穷远处的光强值 A_∞ 以及线偏振度和圆偏振度(P_{l_scat} 和 P_{c_scat})。

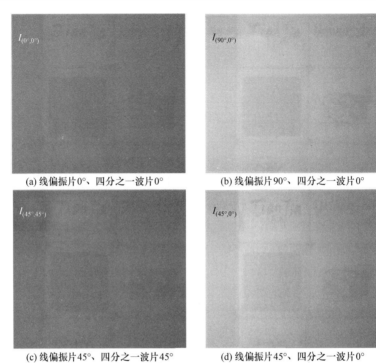

(a) 线偏振片 0°、四分之一波片 0°　　　　　(b) 线偏振片 90°、四分之一波片 0°

(c) 线偏振片 45°、四分之一波片 45°　　　　　(d) 线偏振片 45°、四分之一波片 0°

图 5.33　偏振片和波片在不同角度下采集的光强图像

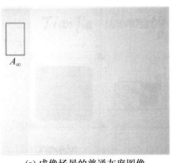

(a) 成像场景的普通灰度图像

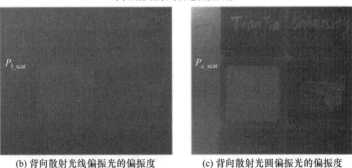

(b) 背向散射光线偏振光的偏振度　　　　　(c) 背向散射光圆偏振光的偏振度

图 5.34　浑浊水下图像的光强和偏振信息

需要注意的是，复原图像的质量和用于修正偏振度的两个关键参数 ε_1 和 ε_c 有关。以图像质量的评价函数 EME 为标准，对两个待定系数 ε_1 和 ε_c 的值进行优化，从而实现强散射介质中水下成像的图像质量最优化。采用步长迭代的方法对二者在 1~2 范围内进行全局搜索，迭代步长为 0.01，通过搜寻计算得到当复原图像质量最优时所对应的两个系数值。当 $\varepsilon_1 = 1.28$、$\varepsilon_c = 1.50$ 时，分别对应于基于线偏振光和基于圆偏振光的最优质复原图像。

在与 Schechner 等[1,34,35]的传统偏振去雾算法的复原效果对比实验中，将相同成像环境中的主动照明光源改为线偏振光，并利用 Schechner 等的偏振去雾算法进行图像复原，复原结果如图 5.35(c)所示。然而，由于忽略了物体反射光的偏振度，本节方法并不适合于复原低退偏物体，会导致目标区域复原像素值出现负值。

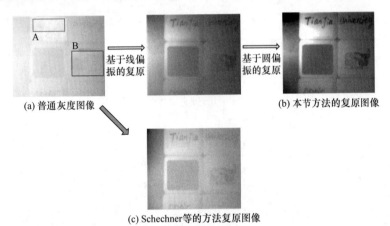

图 5.35　不同水下偏振图像复原方法的结果对比

在中等浓度和高浓度的乳浊介质中，本节方法也显著有效。图 5.36(a)给出了浑浊介质中场景的强度图像，可以看到图像的细节严重退化。图 5.36(b)为使用 Schechner 等方法复原得到的图像，图 5.36(c)为用本节方法的复原图像。可以看出，即使在散射介质浓度非常高的环境中，本节方法有着更优质的复原效果，可以更为清晰地复原出场景的细节。

对图 5.35(a)中 A 和 B 两个矩形区域进行放大，比较在低、中、高浓度的浑浊水体中，本节方法和 Schechner 方法的复原效果。细节对比图由图 5.37 所示，对于不同浓度下的散射介质环境中，本节方法所复原的不同区域的图像质量在视觉效果上均优于 Schechner 的方法。

使用 EME[13]和 Michelson 对比度[47]两个标准来定量评价不同浓度介质中的复原图像质量。EME 越高，Michelson 对比度越高，图像质量越高。从表 5.2 中所示的结果中可以看出，本节所述复原方法的 EME 和 Michelson 对比度的值更高，有着显著的优势。

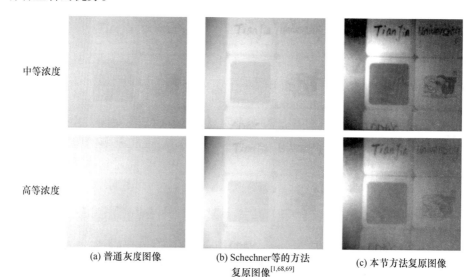

<table>
</table>

| | (a) 普通灰度图像 | (b) Schechner等的方法
复原图像[1,68,69] | (c) 本节方法复原图像 |

图 5.36　不同浓度乳浊介质中两种水下偏振图像复原方法结果对比

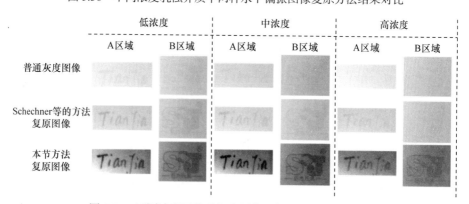

图 5.37　不同浓度下普通灰度图像和复原图像细节对比图

表 5.2　图 5.38 各区域细节对比

区域	方法	EME			Michelson 对比度/%		
		低浓度	中浓度	高浓度	低浓度	中浓度	高浓度
A	光强图	0.46	0.42	0.29	6.9	6.5	6.1
	Schechner 等的方法	1.52	1.27	0.92	14.5	14.1	11.2
	本节方法	8.59	6.56	4.95	72.9	63.9	52.3

续表

区域	方法	EME			Michelson 对比度/%		
		低浓度	中浓度	高浓度	低浓度	中浓度	高浓度
B	光强图	0.45	0.40	0.31	10.7	9.9	9.1
	Schechner 等的方法	0.81	0.66	0.58	12.9	12.4	10.6
	本节方法	3.64	3.41	3.09	44.1	40.7	34.1

　　此外，在具有不同偏振特性(不同材质、不同表面粗糙度等)的目标图像复原中(包括带有一些图案和文字的粗糙木板场景和非平坦立体塑料玩具场景)，该方法表现出了普适性，如图 5.38 所示。图 5.38(a)为粗糙木板在清水中的光强图像，(b)为浑浊的水中木板的光强图像，(c)为本节方法复原图像，(d)为 Schechner 等的方法复原图像，(e)为 PDI 方法复原图像，(f)为 Liang 等的方法复原图像，(g)为非平坦立体塑料玩具在清水中的光强图像，(h)为非平坦塑料玩具在浑浊水中的光强图像，(i)为本节方法复原图像，(j)为 Schechner 等方法复原图像，(k)为 PDI 方法复原图像，(l)为 Liang 等的方法复原图像。与其他几种在对比度优化方面具有代表性的偏振图像复原方法包括 PDI 方法[5]、Liang 等基于偏振角分布分析的方法[26]

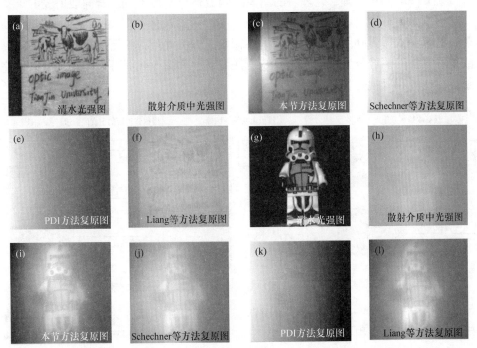

图 5.38　浑浊水体环境下木板和塑料玩具目标的图像复原结果

进行效果对比，本节方法表现出了显著优势，图像复原结果如图 5.38 所示。图 5.38(b)和(h)所示的原始光强图像的可见度非常低，场景中的细节退化非常严重。与其他几种方法相比，本节方法的复原图像在不同成像场景中的对比度都得到了极大提高，细节部分恢复得也更为清晰。

这种基于圆偏振光照明的联合图像复原方法，可以极大地克服偏振信息在散射介质中的衰减，特别是在稠密浑浊的强散射环境中，在提升复原图像的对比度和清晰度方面表现出显著的优势，有望推动偏振成像技术在高度雾霾环境、深海等各种极端散射环境中的广泛应用。

5.2.8　其他基于偏振模型的水下散射环境灰度图像复原方法

偏振复原方法还可以与传统的数字图像处理技术有机结合，有效解决高浓度散射介质下成像复原问题。通过对所测得的目标偏振信息加以数字化预处理，可显著减小在散射环境中背向散射的干扰,进一步提高成像清晰度和系统可视距离，更有利于对水下目标的识别与分析。

文献[19]的方法首次实现了数字图像处理技术与偏振技术的结合，在高浓度散射介质下具有突出的复原效果，拓展了偏振复原技术的适用范围，打开了偏振复原技术的新思路。该方法的流程图如图 5.39 所示,首先对某一偏振图像(例如 $I_\perp$)进行直方图均衡预处理，处理后的图像间涵盖整个 m 维空间，背向散射光的干扰一定程度上被抑制。对应的另一张偏振子图 $I_\perp$ 可通过偏振度关联得到。基于预处理后的正交偏振光强图，利用传统的偏振复原方法即可得到更清晰的复原图。高浓度场景下的图像复原结果及与传统方法的对比如图 5.40 所示。图像细节复原完整，对比度和可视化程度明显提升。

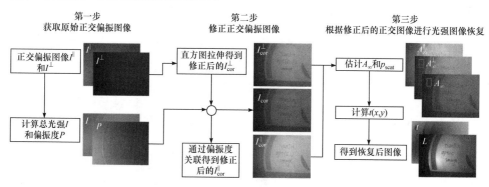

图 5.39　基于偏振相关型直方图均衡的水下图像复原方法流程图[19]

光学相关作为一种有效的光学识别技术，在目标复原与识别等领域具有独特优势。其利用光学相关方法(频域相关分析、运算等)实现目标图像与参考图像的相关，计算两者相似程度，并据此判断目标图像中的有效信息[20-23]。

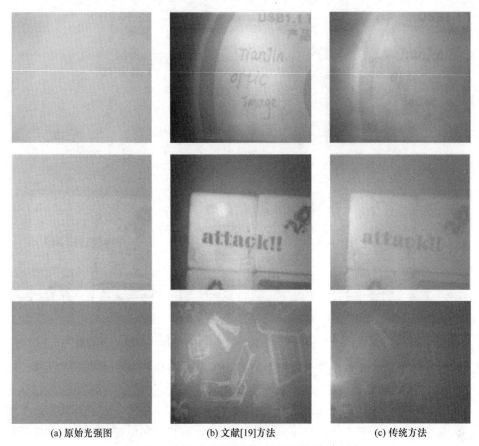

(a) 原始光强图   (b) 文献[19]方法   (c) 传统方法

图 5.40 高浓度水下散射介质复原效果对比图

文献[21]利用光学相关技术的特征优势,结合主动水下偏振成像技术的特点,将光学相关技术引入到水下偏振复原的方法。利用光学相关原理计算场景任意一组正交偏振图的相关性,并建立相关性和复原效果之间的关系,原理如图 5.41 所示。相关峰的形状与目标图像和参考图像间的相似度有关,相似度越高,相关峰形状越细长,相反,相关峰形状越扁平。由于主动水下偏振图像复原中理想的正交偏振子图分别对应场景中的光强最大和最小两种情况,其对应相似度最低。通过优化相关参数使得相关性最低,正交子图差异性最大实现探测效果的提升,进而实现高质量水下成像探测,实现了基于光学相关的偏振水下目标的识别和复原。

高浓度散射介质环境下,背向散射光和场景光在高浓度浑浊水体中退化过程存在显著差异,图像相关的方法可以有效表征背向散射光和场景光的信息相关程度,为计算场景光偏振度提供全局性的计算依据。文献[21]优化了传统的光学相关技术,引入了浑浊度的量化模型,实现了高浓度浑浊水下的偏振图像复原,如图 5.42 所示。

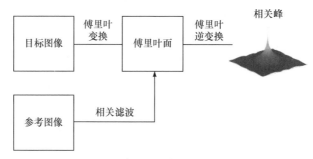

图 5.41　图像相关法原理[21]

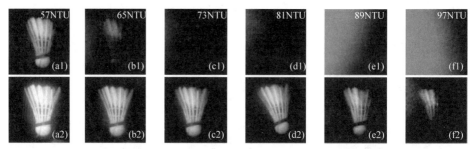

图 5.42　基于图像相关法的水下偏振复原技术在不同浑浊水体中的光强图和复原图[22]

本节主要介绍了基于偏振成像系统的水下灰度图像复原技术的基本原理、实现算法、存在的问题，并重点介绍了具有代表性的最新研究进展。水下散射微粒造成的背向散射光具有明显的部分偏振特性，因而相比于其他复原方法，基于偏振成像系统的水下图像复原技术从原理上可有效抑制背向散射光，分离物体光和散射光，实现成像清晰度的提升。且在高浓度散射介质环境下，通过主动偏振光照明，偏振复原技术能更大程度地抑制背向散射光，提升图像质量和系统可见度。此外，因算法简单快速、细节信息复原度高等特点，偏振复原技术被广泛应用于各种水下应用领域。

为了更全面地介绍基于偏振成像的水下图像复原技术的最新研究进展，本节将该技术分为基于偏振差分的复原技术和基于物理退化模型的偏振图像复原技术。偏振差分复原技术通过正交偏振图之间的共模抑制作用实现背景散射光的抑制，对于简单的水下目标识别有较好的效果，但对于低偏振度物体和复杂场景等，复原效果一般。基于物理退化模型的偏振水下复原技术根据主动光在散射介质环境中的部分偏振光特性，分离物体反射光和背向散射光，通过估计透过率和散射光强、反演退化模型实现场景复原。该类技术作为现有的主流偏振复原技术经过长期的发展和改进，理论和实验上均趋于成熟，适用于各类散射介质环境，且复原效果明显。

在今后的发展中，特高浓度散射介质环境下的图像复原，特别是包含高低偏振度物体的复杂水下场景图像复原仍然是亟待解决的关键问题。此外，如何更合理、有效、智能地将数字图像处理技术(如计算机视觉、神经网络、深度学习等)和基于偏振成像系统的物理方法相结合应用于水下图像复原，在高浓度散射环境下克服光学器件的限制，实现基于偏振成像系统的高质量、实时快速的动态图像复原仍是一个重要的发展方向。

5.2.9　基于偏振成像的水下图像色彩复原技术

在光的水下传播过程中，散射粒子会导致图像的对比度降低和细节信息丢失，且由于对不同波段的光散射和吸收的程度不一致，彩色成像通常会产生偏色效果。成像过程中，由于 RGB 通道间的光谱重叠，成像单元前端的拜尔阵列无法做到将各种颜色光的光强完全分开，所以在处理 RGB 图像时考虑串扰效应的影响是非常必要的。如果可以同时处理 RGB 三通道的光信息，就可更加有效地消除通道间串扰提升颜色复原的质量，从而进一步提高图像的恢复效果。

该复原方法从经典的物理退化模型出发，在考虑颜色通道间串扰效应的前提下，利用基于群体的全局优化算法 SCE(shuffled complex evolution)对光传播函数这一参数进行准确估计，从而达到对水下物体彩色成像时对比度提高与校正颜色失真的双重效果。为了验证提出的基于偏振成像的水下图像色彩复原技术的鲁棒性，在实验室中模拟了三种水体环境，分别是偏绿色的池塘水体、偏深蓝色的海洋水体以及偏黄褐色的泥沙水体。每一种水体对于光的散射与吸收作用的粒子有些许的差别。

处理结果证实此方法对于这三种水体彩色图像复原效果无论在视觉感受上还是图像质量量化评价指标上均具有独特的优越性。下面将按水下彩色偏振图像复原算法，使用串扰补偿的彩色偏振图像复原方法实验系统以及不同水体环境下基于串扰补偿的彩色偏振图像复原方法结果评价三个部分，使读者可以深入了解本方法的复原细节。

1. 水下彩色偏振图像复原算法

根据前述的物理退化模型，偏振灰度成像可以通过两张正交的灰度图像得到水下光信号的传播函数：

$$t(x,y)=1-\frac{I^{\|}(x,y)-I^{\perp}(x,y)}{A_{\infty}^{\|}-A_{\infty}^{\perp}} \tag{5.55}$$

其中，偏振片处于平行方向时探测器接收到的光强为 $I^{\|}(x,y)$；处于垂直方向时接收到的光强为 $I^{\perp}(x,y)$；$A_{\infty}^{\|}$ 与 $A_{\infty}^{\perp}$ 分别表示偏振片平行和垂直方向上无穷远处的

背向散射光强度。将这个公式扩展到彩色偏振成像领域,可以利用两张正交方向的彩色光强图得 RGB 通道未消串扰情况下所得的透射率:

$$\hat{t}_i(x,y)=1-\frac{I_i^{\parallel}(x,y)-I_i^{\perp}(x,y)}{{}_iA_\infty^{\parallel}-{}_iA_\infty^{\perp}}, \quad i \in [\text{R,G,B}] \tag{5.56}$$

该模型在灰度图像去散射和彩色图像各通道去散射具有很好的适用性,但是在讨论具有通道间串扰的彩色图像去散射的情况就会有一定的局限性,即无法准确地消除各通道的模糊情况。彩色相机各颜色通道间存在一定的感知波长重叠,探测到的光强信息可以表示为

$$I_i(x,y) = \int Q_i(\lambda)L(x,y,\lambda)t(x,y,\lambda) + Q_i(\lambda)A_\infty(\lambda)\left[1-t(x,y,\lambda)\right]\mathrm{d}\lambda \tag{5.57}$$

其中,$Q_i(\lambda)$ 表示相机对于波长 λ 的量子效率;$t(x,y,\lambda)$ 表示波长 λ 的透射率。基于此成像原理,如果分别对各颜色通道进行计算,那么在感知波长量子效率重叠的部分会导致重复计算,产生比较严重的色彩偏差现象。本方法通过优化算法得到图像复原效果最佳的大小为 3×3 的消串扰矩阵。即将直接估算出来的 $\hat{t}_i(x,y)$ 乘以一个大小为 3×3 矩阵 $\boldsymbol{T}$ 来实现 RGB 通道间串扰的消除:

$$\begin{bmatrix} t_{\text{R}}^{\text{c}}(x,y) \\ t_{\text{G}}^{\text{c}}(x,y) \\ t_{\text{B}}^{\text{c}}(x,y) \end{bmatrix} = \boldsymbol{T}\begin{bmatrix} \hat{t}_{\text{R}}(x,y) \\ \hat{t}_{\text{G}}(x,y) \\ \hat{t}_{\text{B}}(x,y) \end{bmatrix} = \begin{bmatrix} a_{11} & a_{12} & a_{13} \\ a_{21} & a_{22} & a_{23} \\ a_{31} & a_{32} & a_{33} \end{bmatrix}\begin{bmatrix} \hat{t}_{\text{R}}(x,y) \\ \hat{t}_{\text{G}}(x,y) \\ \hat{t}_{\text{B}}(x,y) \end{bmatrix} \tag{5.58}$$

其中,$t_i^{\text{c}}(x,y), i \in [\text{R,G,B}]$ 表示消除串扰后各颜色通道对光的传输函数,由此计算出消除串扰后目标物体的反射光强为

$$L_i^{\text{c}}(x,y) = \frac{I_i(x,y)-A_\infty^i\left[1-t_i^{\text{c}}(x,y)\right]}{t_i^{\text{c}}(x,y)}, \quad i \in [\text{R,G,B}] \tag{5.59}$$

搜寻消串扰矩阵 $\boldsymbol{T}$ 使用的是 SCE 优化方法。这种优化方法是由 Duan 等在构建概念性降雨模型进行参数评估时提出的一种基于复合体的全局搜索优化方法。它具有强大的搜索能力,可以避免陷入局部最优解。SCE 优化方法的基本思路如下。

步骤 1。确定复合体个数 p 以及每个复合体中样本点的个数 m,样本点总数为 $s = p \times m$。

步骤 2。在实数域随机生成所有 s 个样本点,并计算每一点的函数值 f_i。

步骤 3。将生成的样本点的函数值按照升序排列并按照

$$D = \{(x_i, f_i), i = 1, 2, \cdots, s\}$$

标准格式存储到数组 D 中。

步骤 4。将数组 D 划分为 p 个复合体，$A_1, A_2, \cdots, A_p$ 中每个复合体有 m 个样本点。

步骤 5。对每个复合体作 CCE(competitive complex evolution)算法操作，产生更新后的复合体。

步骤 6。对产生的新复合体按照每个样本点函数值升序排序，将结果按标准格式存储在数组 D 中。

步骤 7。若此时满足收敛条件则停止，不满足返回步骤 4 继续优化。

将其主体思想迁移到搜索消串扰矩阵的过程中。通过这种优化方法使目标函数 RGB 通道 EME 之和收敛到最大值，最终得到消串扰矩阵包含的九个元素。EME 是一种对图像细节进行评价的指标。图像局域灰度变化程度越大代表图像的细节信息越丰富，EME 越高。

通过 SCE 优化方法得到的消串扰矩阵结果为

$$T_{\mathrm{opt}} = \arg\max_{T}\left\{\sum_{i}\mathrm{EME}_i\right\}, \quad i \in [\mathrm{R,G,B}] \tag{5.60}$$

将优化矩阵 T_{opt} 代入式(5.58)和式(5.59)，通过逐步计算得出消串扰后的复原图像。本方法结合传统的散射介质物理退化模型，消除了 RGB 通道间成像过程中的串扰，同时实现了对各通道图像质量复原和颜色平衡，达到散射介质环境中的图像复原，获得更准确的目标物体反射光信息的目标。

2. 基于串扰补偿的彩色偏振图像复原方法实验系统

该系统主要依托含有 PSG 和 PSA 的分时主动式偏振成像方式并使用白光 LED 光源及彩色相机实现场景主动照明与图像采集。基于串扰补偿的彩色偏振图像复原方法实验系统由图 5.43 所示。

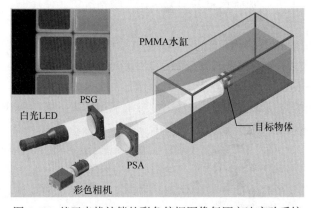

图 5.43　基于串扰补偿的彩色偏振图像复原方法实验系统

实验系统使用的光源是一种宽光谱白光 LED，其归一化光强随波长关系如图 5.44 示。利用 PSG 对白光 LED 产生的照明光进行起偏，产生线偏振光，该偏振产生器由单片起偏方向为水平方向(即与光学平台平行的方向)的偏振片组成。再经水中粒子散射和吸收作用的信息经 PSA 进行检偏后被彩色相机采集。

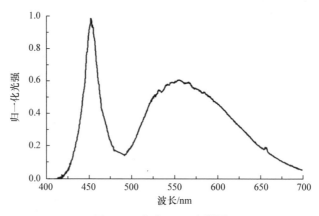

图 5.44　白光 LED 光谱图

使用的彩色相机是 14 位数字彩色 CCD 相机(型号为 AVT Stingray F-033C)，分辨率为 492×656。由于拜尔阵列透过的光波具有一定的光谱范围，波长透过范围有一定的重叠部分。因此，当波长处于光谱重叠部分的光束透过拜尔滤波片被感光单元探测时，这束光的强度将在该感光单元组合的 RGB 通道中均有一定的分布。而且这个分布的权重与滤波片的种类和光波长范围密不可分。为解决此问题，需要首先获取三个通道的波长与量子效率关系曲线，以便准确获得对应波长的 RGB 值。

其 RGB 通道的量子效应与波长关系如图 5.45 所示，可以明显看出彩色相机成像时会有很明显的感知波长重叠部分。在实验系统中，使用的目标物体是塑料魔方。图 5.46(a)展示了模拟海洋水体环境对目标物体成像结果，图像 RGB 通道的 EME 分别为 0.86，0.67，0.55。图 5.46(b)展示了未模拟自然条件下的水体环境，即空气中成像效果。其色彩饱和度高，各色块间颜色界限清晰。由于模拟水体环境成像结果的 EME 远远低于空气中 RGB 图像的 EME(3.41，3.48，5.23)，可以认为该成像环境中物体对比度较差。因此，对水下物体进行彩色成像，拍摄场景的细节严重退化，色彩明显失真，图像质量下降。

在实验系统中，使用聚甲基丙烯酸甲酯(polymethyl methacrylate，PMMA)材料制成的水缸进行水下环境的模拟。模拟方法使用在水缸中加入清水，再滴入牛奶与彩色墨水来模拟具有散射粒子作用，各波长不同程度被散射与吸收的水下真实环境。同时，为了模拟出各种复杂水下情况，可以通过调整牛奶粒子的浓度、

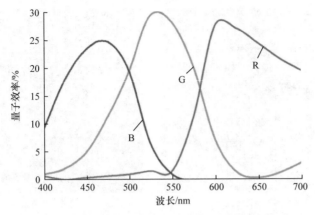

图 5.45　彩色相机颜色通道的量子效率与感知波长关系

(a) 模拟海洋水体

(b) 空气中

图 5.46　不同场景下的成像结果

墨水的颜色与浓度开展对不同水下环境的研究。此外，为了更加接近自然环境中真实水下场景，实验需要对散射粒子的浓度进行精确控制，使得复原时选择的背景区域近乎完全为背向散射光。

通过电机控制 PSA 旋转控制其偏振态，在实验中得到了偏振方向正交的两张光强图信息 $I^{\perp}$ 与 $I^{\parallel}$，如图 5.47 所示。其中方框内的区域是用来估计彩色图像无穷远后向散射光的强度 $A_{\infty}^{\parallel}$ 与 $A_{\infty}^{\perp}$。

3. 不同水体环境下基于串扰补偿的彩色偏振图像复原方法结果评价

第一种模拟的水下环境为深蓝色的海水，通过在水缸中加入牛奶和蓝色墨水后搅拌均匀，模拟深海中相关粒子对光信息的散射与吸收作用。根据 5.2.9 节彩色偏振图像复原算法进行迭代，得到消串扰矩阵 T_{opt}。同时为了对这一优化方法严

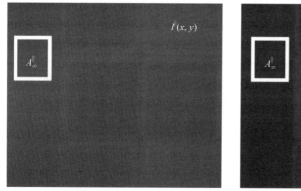
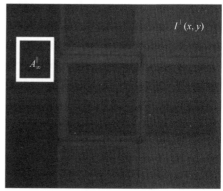

(a) 水平偏振态光强图　　　　　　　　　　(b) 垂直偏振态光强图

图 5.47　偏振方向正交的两张光强图

谨性进行论证，记录了使用 SCE 优化过程中优化目标函数与迭代次数的变化曲线，如图 5.48 所示。

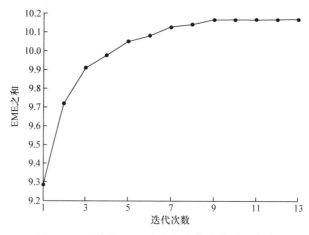

图 5.48　三通道 EME 之和与迭代次数关系曲线

随着迭代次数的逐渐增加，三通道 EME 之和逐渐收敛至一最大值，此时停止优化，得到模拟深蓝色水下环境的消串扰矩阵为

$$T_{\text{blue}}=\begin{bmatrix} 0.63 & 0.16 & 0 \\ 0.06 & 0.57 & 0.13 \\ 0.02 & 0.16 & 0.59 \end{bmatrix} \tag{5.61}$$

观察得到的消串扰矩阵，非对角线元素的非零值证明成像过程中存在颜色通道间的串扰现象。同时还可以得出相邻通道间的串扰现象更为严重的结论。以消串扰矩阵的最后一行为例进行说明，观察 a_{33}, a_{32} 与 a_{31} 的具体数值可以发现，绿色

通道对蓝色通道的串扰相比红色通道对蓝色通道来说更为严重。

　　为了更加清晰地对比未消串扰，消除串扰，深蓝色水体以及空气中图像质量的差异，可以绘制出 RGB 坐标下点云及其投影图，如图 5.49 所示。图 5.49(b)(d)与(e)(g)相比，未消串扰复原图像整体偏蓝，色差较大且对比度较低。未消串扰的点云图 RGB 通道分布较为集中产生较严重的串扰现象。图 5.49(g)与(h)相比，复原方法点云图的分散程度接近目标物体放置在空气中拍摄点云图的分散程度。无论是肉眼观察还是点云图的分散程度均可证明提出的复原方法将目标物体的颜色色块更加明显地区分开。

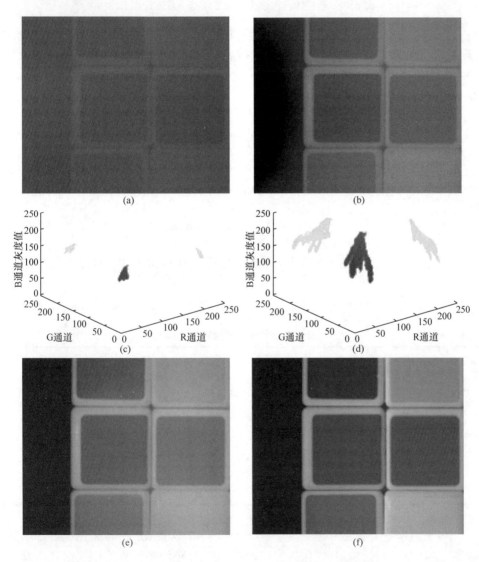

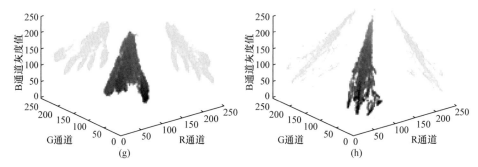

图 5.49　蓝色浑浊水体中图像复原结果及图像点云图

为了进一步对复原图像质量进行量化评价，将采用 PSNR 对复原图像质量进行评价。PSNR 是一种基于对应点像素值的误差评价指标，可以衡量复原图像与空气场景参考图像相似度，单位为 dB。其值越大，复原图像的图像质量越高。峰值信噪比的表达式为

$$PSNR = 10 \times \log_{10}\left(\frac{MAX_I^2}{MSE}\right) \tag{5.62}$$

其中，MAX_I 为图像像素的最大值。MSE 意义是图像中每一点与估计值之差的二次方均值，其值越小，复原图像的 PSNR 越高。MSE 的表达式为

$$MSE = \frac{1}{mn}\sum_{i=0}^{m-1}\sum_{j=0}^{n-1}[I(i,j)-K(i,j)]^2 \tag{5.63}$$

其中，(i,j) 是像素为 $m \times n$ 图像中的某个像素的行列坐标；I 和 K 分别代表复原图像与空气场景下的参考图像。

据此，分别计算出三种情况下图像的 PSNR 与 EME，并汇总于表 5.3 中。

表 5.3　模拟深蓝色水体图像的 EME 与 PSNR

方法	EME			PSNR		
	R 通道	G 通道	B 通道	R 通道	G 通道	B 通道
水下原始图像	0.86	0.67	0.55	14.7	14.9	9.2
未消串扰	1.89	1.53	1.87	18.9	17.9	10.3
本方法	3.08	2.75	4.34	23.4	20.8	21.4

与未消串扰复原效果相比，本方法的 PSNR 与 EME 在各颜色通道都明显提高。本方法通过 SCE 优化搜寻消串扰矩阵对光传播函数的精准估计，基本

消除各通道间的相互串扰。图像复原效果达到了对比度增强与颜色校正的双重效果。

　　现实情况的水下环境情况复杂，由于所含化学物质的不同，水体呈现出不同的颜色。为此，本方法也模拟了绿色的池塘水体以及偏黄褐色的含泥沙水体，来证实在不同的水体情况下的鲁棒性。分析方法与深蓝色水体类似，首先给出优化过程的迭代曲线，如图 5.50 所示。

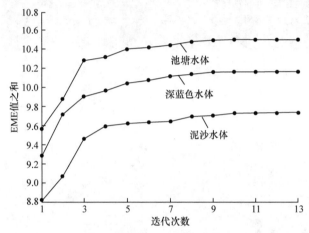

图 5.50　三种水下情况的 RGB 通道 EME 之和与迭代次数关系曲线

　　池塘水体、泥沙水体与深蓝色水体曲线变化走势是基本一致的，即首先不断上升，随着迭代次数的增加趋近于三通道 EME 之和的最大值。这时停止优化，得到池塘水体与泥沙水体的消串扰矩阵

$$T_{green}=\begin{bmatrix} 0.61 & 0.15 & 0 \\ 0.09 & 0.59 & 0.06 \\ 0.01 & 0.14 & 0.62 \end{bmatrix}, \quad T_{yellow}=\begin{bmatrix} 0.65 & 0.12 & 0 \\ 0.11 & 0.56 & 0.03 \\ 0.05 & 0.11 & 0.56 \end{bmatrix} \quad (5.64)$$

　　类似地，观察得到的消串扰矩阵，非主对角元素各项也证明了各通道间相互串扰且相邻通道串扰更加明显的结论。为了更加清晰地对比未消串扰，消除串扰，池塘水体、泥沙水体以及空气中图像质量的差异，可以绘制出 RGB 坐标下点云及其投影图，如图 5.51 所示。

　　图 5.51(b)和(j)图像整体偏绿色，偏黄色且对比度较低，说明水体的颜色对成像质量影响是比较严重的。类似于深蓝色水体情况的分析方法，同样把各图的全部像素点分别描绘在 RGB 空间中。在模拟池塘水体情况下，与图 5.51(e)和(f)相比，图 5.51(g)的点分布更加分散并且与图 5.51(h)点云分布情况更加类似，证实使用本方法复原的魔方色块颜色可以更加容易被人眼分辨,各个色块边界更加清晰,

颜色保真度更高。在模拟泥沙水体情况下，也可以在图 5.51(k)和(o)中观察到本方法的优越性。类似地，对泥沙水体与池塘水体图像质量进行量化评价，图像 RGB 通道的 EME 和 PSNR 被展示在表 5.4 中。

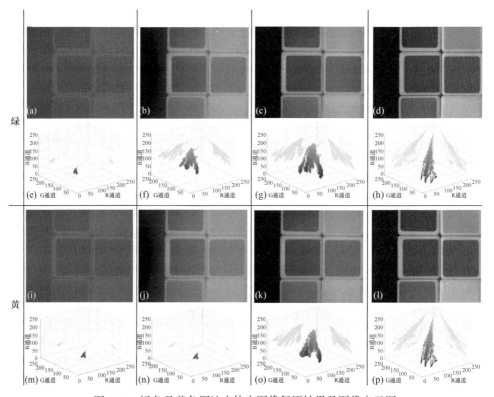

图 5.51　绿色及黄色浑浊水体中图像复原结果及图像点云图
(a) 绿色浑浊水下原始图像；(b) 未消除串扰方法的复原结果；(c) 本方法的复原效果；(d) 空气中的场景图像；(e)、(f)、(g)、(h) 分别是(a)、(b)、(c)、(d) 的 RGB 空间点云图；(i) 黄褐色浑浊水下原始图像；(j) 未消除串扰方法的复原结果；(k) 本方法的复原效果；(l) 空气中的场景图像；(m)、(n)、(o)、(p) 分别是(i)、(j)、(k)、(l) 的 RGB 空间点云图

将本方法得到的复原图像 EME 与 PSNR 与水下原始图像和未消串扰复原图像的相关值进行对比，明显可以看出本方法的 RGB 通道两项图像质量评价指标均高于其他图像。这表明本方法可以获得具有更高图像对比度以及颜色保真度的复原图像。

经过对于图 5.49、图 5.51 和表 5.3、表 5.4 的全面分析，可以得出结论：本方法复原图像可达到更好的成像质量(EME 较大)和更小的颜色失真程度(PSNR 较大)。综上所述，模拟自然界中三种水体环境都证实本方法的优越性，这充分说明所提出的水下图像考虑通道间串扰去散射方法的鲁棒性。

表 5.4　模拟绿色和黄褐色水下图像 RGB 三通道的 EME 与 PSNR

水况	方法	EME			PSNR		
		R 通道	G 通道	B 通道	R 通道	G 通道	B 通道
绿色	原始图像	0.68	0.58	0.62	15.7	10.9	12.8
	未消串扰	2.03	1.55	1.92	20.2	14.7	15.7
	已消串扰	3.05	3.97	3.49	23.8	23.5	18.5
黄褐色	原始图像	0.67	0.60	0.74	11.6	11.8	14.5
	未消串扰	1.51	1.33	1.91	17.0	15.4	15.5
	已消串扰	3.48	3.27	2.99	23.2	22.2	18.9

5.2.10　基于直方图衰减先验和偏振模型的水下图像色彩复原技术

实际上，探测器前的偏振片可以部分过滤反散射光，但一些不必要的散射光在正交图像中仍然存在，导致压缩强度图像的灰度范围。而且，在真实的水下环境中，其颜色严重失真，限制了水下彩色图像质量的提高。为了解决这一问题，天津大学的偏振处理实验室提出了一种新的基于局部直方图处理的偏振复原模型——切尾直方图拉伸，可在增强图像对比度的同时减少颜色失真[48]。

1. 基于切尾直方图拉伸的水下图像色彩复原技术

考虑到粒子的背向散射光是部分偏振光，Schechner 等[1,35]首次提出的基于偏振光的去散射方法被认为是一种提高成像质量的有效方法。文献[19]在 Schechner 的方法的基础上，提出了一种结合计算机视觉和偏振分析方法，该方法对于稠密散射介质的灰度图像复原具有显著的性能。然而，在水下彩色成像方面，现有粒子对三个通道(R、G、B)的吸收散射程度不同，三个通道的直方图分布也不同，且具有特殊的衰减先验。此外，在这种情况下，三个通道的直方图分布可能比较宽。其他学者基于传统直方图拉伸的方法在增强图像对比度方面的性能非常有限，在颜色恢复方面效果也较差。

通过研究自然图像的直方图分布与水下图像的差异，文献[49]发现水下彩色图像在 RGB 通道的直方图两侧都有小尾巴，占据了很大的灰度空间。这使得有用的目标信息被限制在较小的空间内，极大地限制了图像质量的增强。实际上，水体通常呈绿色或蓝色；但根据地点、季节、时间和环境条件的不同，水下颜色可以是黄色、棕色等。为了研究浑浊水体对直方图分布的影响，文献[50]～[54]研究了五个数据集，包括一些自然图像和水下图像，给出了相应的平均直方图分布，如图 5.52 所示。

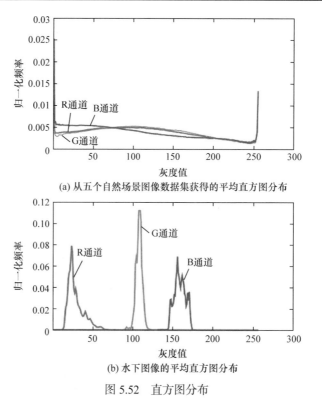

(a) 从五个自然场景图像数据集获得的平均直方图分布

(b) 水下图像的平均直方图分布

图 5.52　直方图分布

从图 5.52 可以看出，自然图像和水下图像的直方图分布有很大的不同。从自然图像的直方图分布可以看出，自然图像直方图的三个通道都更广泛和均匀地分布于整个直方图空间，然而在水下图像的直方图中三个通道都出现了偏移(B 通道集中在灰度值更高的部分，其次是 G 通道和 R 通道)，这导致水体出现不同的颜色。更重要的是，在 RGB 通道的直方图两侧，大量的空间被较少且无用的像素所占用。虽然直方图很宽，但是有用的信息被限制在更小的空间内，这限制了直方图拉伸的性能。

为了打破这种限制并进一步提升水下图像质量，局部直方图处理方法如下：

$$I_{\text{cut-tail}}^{c}(\boldsymbol{X}) = \begin{cases} 0, & \dfrac{I^{c}(\boldsymbol{X}) - L^{c}}{U^{c} - L^{c}} \leqslant 0 \\[3mm] \dfrac{I^{c}(\boldsymbol{X}) - L^{c}}{U^{c} - L^{c}}, & 0 < \dfrac{I^{c}(\boldsymbol{X}) - L^{c}}{U^{c} - L^{c}} < 1 \\[3mm] 1, & \dfrac{I^{c}(\boldsymbol{X}) - L^{c}}{U^{c} - L^{c}} \geqslant 1 \end{cases} \tag{5.65}$$

其中，L^{c} 和 U^{c} 是指切尾直方图拉伸的下边界和上边界，$c \in \{\text{R,G,B}\}$ 为 R、G、B

三个颜色通道。它们是选择尾部的截取位置并裁剪 0.1%的像素来确定的。基于式(5.65)中的局部直方图处理有两个主要优点。

(1) 与传统的全局直方图拉伸相比，局部直方图拉伸方法可以进一步增强有用信息的直方图空间，从而增强相应的细节对比度。

(2) 通过裁剪尾部和拉伸直方图，将 RGB 通道的直方图还原到像素值空间的相似位置。粒子吸收和散射的差异所引起的位移可以得到补偿。因此，可以在一定程度上解决颜色失真问题。

图 5.53 为相应的算法流程图。

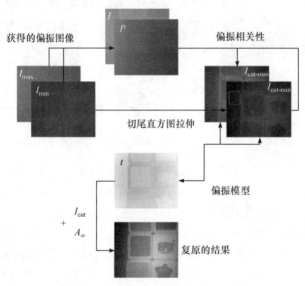

图 5.53　切尾直方图拉伸方法流程图

2. 实验结果

探测器是一台彩色相机(AVT Stingray F-033C)，像素数为 656 × 492，分辨率为 8 位。实验采用一个白光发光二极管来产生主动照明光，光源后面有一个线偏振器产生线偏振光，在彩色相机(AVT Stingray F-033C)前面有一个可旋转的线偏振器作为检偏器。采用一个透明的 PMMA 容器(体积为 60cm × 25cm × 25cm)装满水，将清水与不同浓度的牛奶混合，使其浑浊来模拟真实的水下环境。此外，为了模拟真实的水体颜色，还在牛奶和水的混合溶液中加入彩色墨水，产生不同的颜色，如蓝色墨水，绿色墨水等。

目标物体是一个彩色塑料魔方，将其浸泡在掺入牛奶的浑浊水质中。为了验证该方法的有效性和优越性，本节方法还将其与现有的一些方法，包括暗通道先验[55]、对比度增强去雾[56]、限制对比度自适应直方图均衡[57]、谢克纳的偏振去雾[1,35]和全局拉伸[19]方法进行了比较，以证明两种方法的结合优于基于计算机视觉或基于偏振模型的方法，进一步说明了切尾直方图拉伸方法在水下图像恢复方面的优势。相应的实验结果如图 5.54 所示。

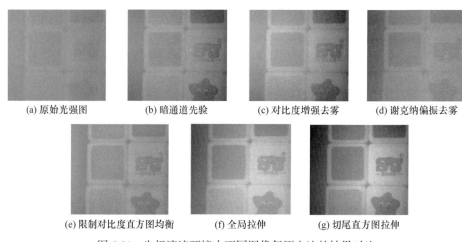

　　(a) 原始光强图　　　　　(b) 暗通道先验　　　　　(c) 对比度增强去雾　　　　(d) 谢克纳偏振去雾

　　　(e) 限制对比度直方图均衡　　　　(f) 全局拉伸　　　　(g) 切尾直方图拉伸

图 5.54　牛奶溶液环境中不同图像复原方法的结果对比

从图 5.54 可以看出，切尾直方图拉伸处理后的图像对比度最高，色彩校正效果最好，图像的像素在三个通道上分布更加均匀，而其他方法的像素分布都集中在某一个通道上，这说明切尾直方图拉伸方法的颜色校正效果更好。

为了更清晰地显示图像的细节，图 5.55 展示了原始强度图像的两个细节的放大图，以及通过暗通道先验、对比度增强去雾、谢克纳偏振去雾、全局拉伸和切尾直方图拉伸复原的图像。从图 5.55 可以看出，切尾直方图拉伸对处理不同区域的效果优于其他方法。谢克纳偏振去雾方法和对比度增强去雾方法的结果均有明显的色差。尽管暗通道先验方法和全局拉伸的方法在颜色上表现较好，但在恢复的结果中图像对比度仍然较低，致使细节区域无法清楚分辨。

原始光强图　　暗通道先验　　对比度增强去雾　　谢克纳偏振去雾　　全局拉伸　　切尾直方图拉伸

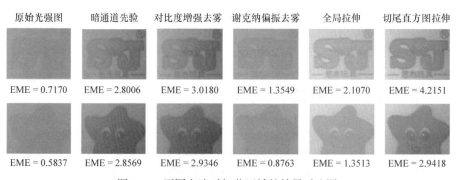

EME = 0.7170　EME = 2.8006　EME = 3.0180　EME = 1.3549　EME = 2.1070　EME = 4.2151

EME = 0.5837　EME = 2.8569　EME = 2.9346　EME = 0.8763　EME = 1.3513　EME = 2.9418

图 5.55　不同方法对细节区域的效果对比图

此外，本节方法还引入了 EME 来量化图像的质量[13,14]。EME 越高，图像质量越高。将这些图像转换为灰度，计算每个区域的 EME，如图 5.55 所示。可以看出，切尾直方图拉伸方法的 EME 高于其他方法，这说明本节方法恢复的细节质量更好，恢复的信息更详细。

为了进一步验证切尾直方图拉伸方法的有效性和优势，使用无参考的空间域图像质量评估(BRISQUE)算法[58]、EME[13,14]、自然图像质量评价器(natural image quality evaluator，NIQE)[59]和熵[60]等评价指标对图像质量进行评价。BRISQUE 提取局部归一化亮度信号的逐点统计信息，并基于与自然图像模型的测量偏差来测量图像的自然程度[92]。EME 表征的是图像局部区域的灰度变化程度[14]。NIQE 是基于一个简单的空间域自然场景统计模型构建的统计特征的"质量感知"集合[59]。熵从信息论的角度反映了图像信息的丰富性[60]。EME 或熵越高，BRISQUE 或 NIQE 越低，表明图像质量越高。不同方法得到的复原图像的定量比较如表 5.5 所示。

表 5.5　图 5.54 中不同方法的复原图像定量比较

方法	BRISQUE	EME	NIQE	熵
原始光强图	44.95	0.55	9.01	5.14
暗通道先验	37.10	3.05	5.11	6.28
对比度增强去雾	35.64	2.11	5.14	6.76
限制对比度直方图均衡	38.75	1.59	5.38	5.69
谢克纳偏振去雾	37.71	1.10	6.73	6.23
全局拉伸	37.53	1.69	5.47	7.14
切尾直方图拉伸	35.99	3.73	4.55	7.14

从表 5.5 可以看出，切尾直方图拉伸方法复原的图像的 EME 和熵最高，而 NIQE 最低，说明切尾直方图拉伸方法的效果优于其他方法。结果表明，切尾直方图拉伸方法是目前水下图像对比度增强和颜色校正方法中最理想的方法。

水下图像通常呈现高比例的蓝色，其次是绿色和红色。因此，大多数水下图像呈现蓝色或绿色。由于蓝色和绿色是主要的颜色通道，为了使实验更符合真实情况，除了牛奶之外，该实验还混合了绿色和蓝色的墨水来模拟水下环境。

图 5.56 为切尾直方图拉伸与现有的暗通道先验[55]、对比度增强去雾[56]、谢克纳偏振去雾[1,35]限制对比度直方图均衡[57]和全局拉伸[19]等方法的效果比较。在绿色和蓝色墨水的水下环境中，蓝色和绿色是形成整体图像色彩的两个主导色彩通道。切尾直方图拉伸方法的像素分布扩展到其他两个通道。这说明该方法在色彩校正方面的性能更好。

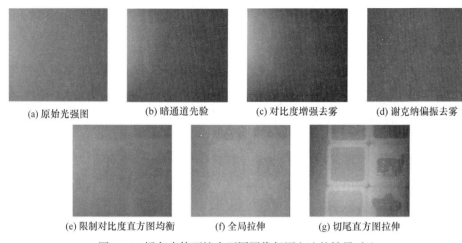

(a) 原始光强图　　　(b) 暗通道先验　　　(c) 对比度增强去雾　　　(d) 谢克纳偏振去雾

(e) 限制对比度直方图均衡　　　(f) 全局拉伸　　　(g) 切尾直方图拉伸

图 5.56　绿色水体环境中不同图像复原方法的结果对比

　　另外，在牛奶和墨水环境下，不同方法的水下复原图像定量比较见表 5.6。从表 5.6 的结果可以看出，本节方法的 EME 和熵最高，而 NIQE 和 BRISQUE 最低。这说明本节方法性能优于其他方法，在水下图像对比度增强和颜色校正方法上比其他方法有明显的改善。

表 5.6　图 5.56 中不同方法的复原图像定量比较

方法	BRISQUE	EME	NIQE	熵
原始光强图	44.77	0.71	10.03	6.09
暗通道先验	43.17	2.26	6.38	6.15
对比度增强去雾	33.12	2.72	5.94	6.61
限制对比度直方图均衡	39.10	1.56	6.62	5.97
谢克纳偏振去雾	45.02	1.04	7.90	4.12
全局拉伸	40.33	1.82	7.09	5.42
切尾直方图拉伸	29.40	4.51	4.44	7.00

　　基于直方图衰减先验和偏振模型的水下彩色图像复原技术，借鉴水下彩色成像直方图的特点和偏振滤波的优点，可以显著增强图像对比度，在一定程度上纠正颜色失真。对不同浓度和不同颜色的混浊水体进行实验，验证了该方法的有效性和优越性。除了这些现有的场景，本节方法也可以扩展到水下应用，如自主水下航行器和远程操作的航行器[61]。

5.2.11　基于深度学习的水下偏振图像复原技术

　　相比于传统光学成像技术，偏振成像技术增加了光波偏振这一信息维度，在水下环境中仍能获取较好的成像质量，同时对于外表相似但材质不同的目标，偏振成像技术可以有效地识别。尽管偏振成像技术有许多优势，但是在复杂散射环境下仍不能建立准确的数学模型。因此在较高浓度浑浊水下，仅依靠偏振成像技术进行图像复原效果较为有限。

近年来，深度学习快速发展，解决了计算成像领域的诸多难题[62-71]。深度学习主要依靠数据驱动，可以用来弥补偏振成像技术这种主要靠物理驱动方法的不足。在水下环境中使用偏振成像技术进行图像复原时，由于数学模型不够准确，研究人员需要根据现有知识和以往经验，对不同的水下成像场景设计不同的成像方案，而深度学习可以将这种"经验"和"知识"包含在测得的样本数据中，并通过大量的数据来训练神经网络模型，得到测量值和真实值之间的映射关系，可大大提高水下偏振图像复原的通用性。因此将深度学习技术与偏振成像技术相结合用于水下图像复原将会有很大的研究价值。将深度学习技术引入水下偏振成像领域，可以帮助解决水下成像中的许多复杂问题，具有很大的研究价值。

用深度学习解决水下偏振图像复原问题时，其基本步骤包括获取数据集、构建神经网络、训练神经网络和测试神经网络四个部分。获取数据即是获取网络训练所需要的数据，一般包括测量值与真实值两部分。构建网络即是构建测量值和真实值之间的神经网络结构。训练网络即是训练网络参数，通过大量数据的训练让最终的网络模型能够模拟出测量值到真实值之间的映射关系。测试网络即是分析网络性能和图像复原效果，验证网络是否符合预期结果。

1. 偏振图像数据集的获取

为了获取不同类型的网络训练样本，需要搭建水下偏振成像系统用于偏振数据的采集，分时偏振成像系统的信噪比较高，偏振片的消光比也更好，因此获取的偏振信息也更加准确。水下分时偏振成像系统主要由光源、PSG、待测目标、PSA、成像探测器组成。如图 5.57 所示，该成像系统中的 PSG 和 PSA 均是单一标准偏振片，实验中所使用的光源是一种波长为 632.8 nm 的氦氖激光器，光源经过扩束和准直后，透过 PSG 变成偏振光照射到水下目标场景中，以增强目标场景的偏振信息[3]。其中 PSG 是偏振方向为水平方向的起偏器，因此照射目标场景上的光为水平线偏振光。对于目标场景反射的光强，先经过 PSA 调制后再被成像探测器接收，并经过计算机处理后即可获取到图像信息。

完成搭建水下偏振成像系统后，便可以开始采集偏振图像数据。实验中为避免加入牛奶搅拌时导致样本位置发生变动，在进行数据采集时将样本紧贴玻璃缸后壁放置。首先往玻璃缸里加入固定量的清水，将相机调焦清晰后开始进行图像采集：如果使用的是水下分时偏振成像系统，需要调节 PSA 分别采集 0°, 45°, 90° 三幅偏振图像；如果使用的是分焦平面偏振相机，则可以在对焦清晰后一次性采

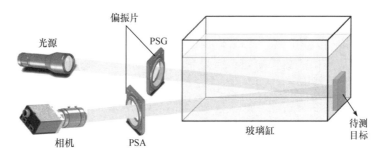

图 5.57　水下分时偏振成像装置示意图

集 0°, 45°, 90°三幅偏振图像。完成清水下的图像采集后，需往清水中加入适量牛奶并搅拌均匀，重复之前步骤采集牛奶溶液下的模糊图像。

这里将清水下采集的偏振图像作为网络训练的标签图像，即最终图像复原的参考图像，将在牛奶溶液下采集的模糊偏振图像作为输入图像，同一组样本对应的图像称为一对偏振数据。为方便叙述，下文将牛奶溶液下采集的模糊图像和在清水下采集的清晰图像分别简称为原始图像和清晰图像，将三幅原始偏振图像分别记作 $I_0^{\text{in}}(x,y)$，$I_{45}^{\text{in}}(x,y)$，$I_{90}^{\text{in}}(x,y)$，将三幅清晰偏振图像分别记为 $I_0^{\text{GT}}(x,y)$，$I_{45}^{\text{GT}}(x,y)$，$I_{90}^{\text{GT}}(x,y)$。另外由于网络是对光强图像进行复原，因此还需要知道原始光强图像和清晰光强图像，这里分别记为 $I_{\text{Raw}}(x,y)$，$I_{\text{GT}}(x,y)$，光强图像和偏振图像的关系如下：

$$\begin{cases} I_{\text{Raw}}(x,y) = I_0^{\text{in}}(x,y) + I_{90}^{\text{in}}(x,y) \\ I_{\text{GT}}(x,y) = I_0^{\text{GT}}(x,y) + I_{90}^{\text{GT}}(x,y) \end{cases} \tag{5.66}$$

为了保证每组数据的参考图像和输入图像场景完全一致、没有像素错位的问题，每采集一对偏振数据后都需要将用过的浑浊牛奶溶液倒掉，换其他样品后重新加水、加牛奶进行下一对偏振数据的采集。使用水下分时偏振成像系统采集图像时需要手动调节 PSA 的角度并分别进行保存图像，整个图像采集过程较为烦琐，为提高实验效率并大量采集数据，这里主要通过分焦平面偏振相机进行水下偏振图像采集，分时偏振成像系统作为补充使用。

深度学习技术主要靠数据驱动，因此需要大量的数据集来训练网络模型，实验中一共采集了 150 组偏振图像，其中 140 组是利用分焦平面偏振相机采集得到，另有 10 组使用水下分时偏振成像系统采集得到。在网络训练前需要将数据集分为训练集、验证集和测试集，分别用来训练神经网络、调节网络超参数、验证网络复原效果。实验中将 150 组数据集按照 6：1：3 的比例随机分出 90 组图像作为训练集、15 组图像作为验证集、45 组图像作为测试集。图 5.58 展示了其中一组数据对的光强图像效果对比。

根据图中光强图像以及其局部放大图的对比可以看出，原始光强图像相比清晰图像似乎蒙上了一层"白雾"。这是由于浑浊水中散射粒子使入射光散射产生了很强的背向散射光，同时使物体反射光衰减变弱，导致目标细节不够清晰。从图 5.58(b)中的横线位置的灰度值变化趋势中可以看出，清晰光强图细节分明，灰度值变化趋势明显，而原始图的平均光强明显更高，灰度值变化趋势不够明显，这也是过强的背向散射光所引起的。

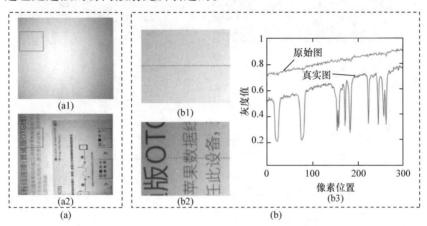

图 5.58　某组数据对的光强图像对比

(a1), (a2)分别表示原始光强图和清晰光强图；(b1), (b2)分别表示(a)中图像局部放大图；(b3)为图中虚线位置的灰度值变化趋势

下面继续对上组数据的偏振信息进行分析，DoLP 和 AoP 是部分线偏振光最基本的两个属性，也是本实验中最关注的两个偏振信息。图 5.59 是原始偏振图像和清晰偏振图像的 DoLP 和 AoP 对比，其中图(a)和图(b)分别表示清晰偏振数据和原始偏振数据的 DoLP 图像，图(c)和图(d)分别表示它们的 AoP 图像。从图中二者之间的对比可以看出，浑浊水下目标反射光的偏振信息衰减非常明显，尤其是原始 AoP 图像中，几乎完全看不到物体反射光。这是因为在浑浊水中，探测器接收到的偏振光的主要来自散射粒子引起部分偏振光，而且物体反射光衰减后偏振分量很低，因此在 AoP 图像中背向散射光占了非常高的比重，可以认为原始数据的 AoP 图像主要表示背向散射光的偏振角特性。

从上面的分析可以看出，水下散射环境对目标成像影响巨大，除了光强图像的对比度严重降低，目标反射光的偏振信息也衰减明显，偏振成分主要来自背向散射光。因此偏振复原网络要考虑光强图像的同时还要兼顾到偏振信息，通过训练网络模型发现背向散射光的分布规律，进而做到更好的图像复原。

2. 构建水下灰度偏振图像复原神经网络

为了能同时兼顾到光强信息和偏振信息，搭建的神经网络采用偏振图像作为

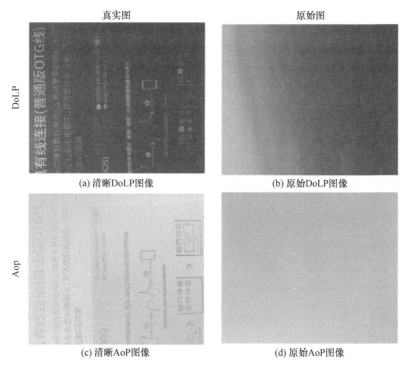

图 5.59　清晰图像和原始图像的偏振信息对比

网络输入，清晰光强图像作为网络训练的参考图像。该网络以残差密集网络[7]为基础，结合偏振数据的特点对网络结构做了部分优化，可以直接通过偏振图像进行光强图像的复原，以下称之为偏振密集连接网络或偏振网络。作为对比，实验中也将单一光强图像进行输入对网络进行训练，其他网络结构与偏振密集连接网络保持一致，主要用来检验偏振信息的对图像复原效果的贡献。构建神经网络主要包括网络整体架构和设计损失函数两部分。

　　网络整体架构如图 5.60 所示。除去网络输入和网络输出部分，网络的整体架构主要由三个部分组成，分别是浅层特征提取模块 SFE、残差密集连接模块 RDB 以及密集特征融合模块 DFF。其中，RDB 是网络的主要组成部分，该模块在结构上综合了残差网络和密集连接网络，可以有效利用这两者的优势，能够充分挖掘不同层次的输入特征，进而可以对输入到网络的偏振信息进行有效利用。下面将根据在网络中的先后顺序依次介绍这三个模块内部结构，需要注意的是，每个模块的输入数据都是上个模块的输出结果。

　　1) 浅层特征提取模块

　　浅层特征提取模块主要包括两个卷积(conv)层，对输入的偏振图像的特征进行初步提取。为方便叙述，这里将输入网络三幅偏振图像记作 I_{in}，将通过第一层

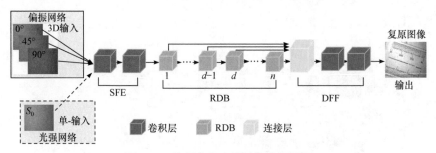

图 5.60　偏振密集连接网络结构框架

卷积神经网络输出的数据记为 $I_{\text{in},1}$，将通过第二层卷积神经网络输出的数据记为 $I_{\text{in},2}$，则两次输出结果的表达式如下所示：

$$\begin{cases} I_{\text{in},1} = W_{\text{SFE1}}\left(I_{\text{in}}\right) \\ I_{\text{in},2} = W_{\text{SFE2}}\left(I_{\text{in},1}\right) \end{cases} \tag{5.67}$$

其中，$W_{\text{SFE1}}(\cdot)$，$W_{\text{SFE2}}(\cdot)$ 分别为浅层特征提取模块中的第一层和第二层卷积运算操作。通过两次卷积操作对偏振图像进行特征提取，最终输出的 $I_{\text{in},2}$ 共有 G_0 个特征图，包含了原始偏振图像的所有信息，为下一步的操作奠定了基础。

2) 残差密集连接模块

在搭建的偏振密集连接网络中，共有 n 个残差密集连接模块 RDB，每个 RDB 的输入数据都是前一个 RDB 的输出结果，其中，第一个 RDB 的输入为浅层特征提取模块的输出结果。这种层层串联的方式可以对原输入数据的特征进行逐步分层提取，同时每个 RDB 内部都是一个独立的残差密集连接网络，因此每个 RDB 可以得到不同的特征信息。与浅层特征提取模块保持一致，每个 RDB 输出的特征图个数设置为 G_0。这里将第一个 RDB 的输入记为 F_0 (即上文提到的 $I_{\text{in},2}$)，第 d 个 RDB 输出结果记为 F_d，则有

$$F_d = H_{\text{RDB},d}\left(F_{d-1}\right) \tag{5.68}$$

其中，$H_{\text{RDB},d}(\cdot)$ 为第 d 个 RDB 的运算操作，则根据递推关系可以得到经过 n 个 RDB 后得到的 F_n 为

$$F_n = H_{\text{RDB},n}\left(H_{\text{RDB},n-1}\left(\cdots\left(H_{\text{RDB},1}\left(F_0\right)\right)\right)\right) \tag{5.69}$$

RDB 内部结构如图 5.61 所示，首先是 m 个密集连接的网络单元，每个网络单元由卷积层和激活函数组成，实验使用的激活函数为线性整流函数(ReLU)，这些网络单元的输出结果可以认为是一些局部特征，然后通过一个级联(concat)层和一个 1×1 的卷积层将密集连接的输出结果进行局部特征融合，最后再通过局部残差学习得到输出结果。下面将以第 d 个 RDB 为例，分步讲解整个 RDB 的运算

操作 $H_{\mathrm{RDB},d}(\cdot)$ 。

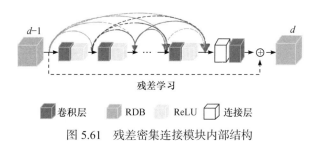

图 5.61　残差密集连接模块内部结构

首先将第 d 个 RDB 下第 c 个网络单元的输出结果设为 $F_{d,c}$ ，由于第一个网络单元的输入为上一个 RDB 模块的输出，则根据网络结构可得：

$$F_{d,c} = \sigma(W_{d,c}([F_{d-1}, F_{d,1}, F_{d,2}, \cdots, F_{d,c-1}])) \tag{5.70}$$

其中，$[F_{d-1}, F_{d,1}, F_{d,2}, \cdots, F_{d,c-1}]$ 表示第 d 个 RDB 下前 c 个网络的单元的输入的串联操作；$W_{d,c}(\cdot)$ ，$\sigma(\cdot)$ 分别表示第 c 个网络单元的卷积操作和 ReLU 激活函数。RDB 中每个网络单元输出 G 个特征图，则输入到第 c 个网络单元的特征图个数应该为 $G_0 + G(c-1)$ ，故整个密集连接总共可得到的 $G_0 + Gm$ 个特征图，同时可以看出这种网络结构不仅可以保留上一个 RDB 的输出特征，还能保留当前 RDB 内各个网络单元的输出特征。

对于密集连接得到的 $G_0 + Gm$ 个特征图，如果直接将结果作为下一个 RDB 的输入，会造成网络参数的快速增加，进而降低网络训练的速度。因此实验中通过局部特征融合的方式，即先通过一个级联层将前面的特征图拼接在一起，再通过一个 1×1 的卷积层实现数据降维，最终将输出的特征图固定为 G_0 个，与上一个RDB 输出的特征图个数保持一致。若将上述局部特征融合运算操作定义为 $H_{d,\mathrm{LFF}}(\cdot)$ ，则局部特征融合后的输出结果可以通过下式表示：

$$F_{d,\mathrm{LFF}} = H_{d,\mathrm{LFF}}([F_{d-1}, F_{d,1}, F_{d,2}, \cdots, F_{d,m-1}, F_{d,m}]) \tag{5.71}$$

尽管可以通过密集连接的方式缓解特征退化问题，但过多的特征图会降低网络的训练速度，因此在 RDB 模块的最后添加了局部残差学习，通过一个直接映射可以有效地网络保留累积的特征，加快网络训练速度。因此，当前(第 d 个)RDB的最终输出结果可以表示为

$$F_d = F_{d-1} + F_{d,\mathrm{LFF}} \tag{5.72}$$

3) 密集特征融合模块

在偏振密集连接网络的最后，使用了密集特征融合的结构对上一部分中 n 个残差密集模块所产生的 $G_0 \times n$ 个特征图进行融合。这里所使用的 GFF 共包括两个部分。

第一部分的内部结构与 LFF 类似，首先通过一个级联层将将前面的特征图拼接在一起，再通过一个 1×1 的卷积层对数据降维，将最终输出的特征图个数固定为 G_0，输出结果 F_{GFF} 如下所示：

$$F_{GFF} = H_{GFF}([F_1, F_2, \cdots, F_{n-1}, F_n]) \tag{5.73}$$

其中，$[F_1, F_2, \cdots, F_{n-1}, F_n]$ 表示 n 个 RDB 所输出结果的串联操作；$H_{GFF}(\bullet)$ 则表示全局特征融合中第一部分的运算操作。全局特征融合的第二部分则是通过一个卷积层将上一步输出的 G_0 个特征图融合在一起，得到一幅三通道的预测图像，即网络最终输出的复原后图像。若将最后一层的卷积运算操作使用 $W_{GFF}(\bullet)$ 表示，则最终网络输出的图像 I_{out} 可以通过下式表示：

$$I_{out} = W_{GFF}(F_{GFF}) \tag{5.74}$$

在神经网络训练中，损失函数(loss function)对整个网络的优化有着导向性的作用，因此针对不同的神经网络应当选择合适的损失函数类型，并设计符合自身网络特点的损失函数。损失函数是将随机变量的取值映射为一个非负实数来表示事件"损失"的函数，可以用来衡量误差。在神经网络中，损失函数起着至关重要的作用，它可以计算样本之间的误差，显示预测的目标函数和真实值之间的差值。在网络训练时，可以通过将损失函数最小化，实现对网络模型的参数估计(parametric estimation)，使模型收敛并减少预测值的误差。因此损失函数的不同会对网络模型训练带来很大的影响，在图像复原这类回归问题上，神经网络中经常使用的损失函数分为 L_1 损失函数和 L_2 损失函数两大类。

L_1 损失函数和 L_2 损失函数都可以用来反映回归问题中预测值 $\hat{Y}_i$ 和真实值 Y_i 之间的差异。其中，L_1 损失函数表达式如下：

$$\text{Loss\_}L_{1=} = \frac{1}{N} \sum_{i=1}^{N} |\hat{Y}_i - Y_i| \tag{5.75}$$

其中，N 表示每批次训练中的数据对的个数；i 表示第几个数据对。从式(5.75)可以看出，L_1 损失函数表示预测值和真实值之差的绝对值的平均值，这种方式对数据差异并不敏感，因此在有异常值存在时，有利于使模型保持稳定。但此函数在 0 处不可导，会出现梯度反复跳动的问题。L_2 损失函数则表示差值平方和的均值，为反向求导方便，一般会用 2N 为底，其表达式如下所示：

$$\text{Loss\_}L_2 = \frac{1}{2N} \sum_{i=1}^{N} (\hat{Y}_i - Y_i)^2 \tag{5.76}$$

与 L_1 损失函数相比，L_2 损失函数通过平方放大了预测值和真实值之间的差值，因此对数据更加敏感，会对偏离真实值的输出给出较大的惩罚。另外，L_2 损失函数处处可导，有利于计算误差梯度。

在偏振密集连接网络中，网络输出是包含 0°, 45°, 90° 偏振信息的复原图像，因此可以根据网络输出直接求得光强图像和 DoLP 图像、AoP 图像。为了网络同时兼顾偏振信息和光强信息，使网络能够更好地利用偏振信息实现光强图像进行复原，在偏振网络中设计的损失函数包括光强损失和偏振损失两部分。光强损失直接关系到最终的光强图像复原结果，它表示的是网络预测的光强图像和真实光强图像之间的差异，其表达式如下所示：

$$L_{\text{Inten}} = \frac{1}{2N} \sum_{i=1}^{N} \left\| I_{\text{Pred},i} - I_{\text{GT},i} \right\|_{\text{F}}^{2} \tag{5.77}$$

其中，$I_{\text{Pred},i}$，$I_{\text{GT},i}$ 分别表示每批次中第 i 个预测的光强图像和与之对应的参考图像；$\|\bullet\|_{\text{F}}$ 表示 Frobenius 范数，主要是为了求图像(二维数组)间的均方差。

偏振损失则是为了使网络对偏振信息进行充分的利用，通过限制偏振信息使复原的光强图像更加符合真实情况。偏振损失包含了 DoLP 损失和 AoP 损失，其表达式如下所示：

$$L_{\text{Polar}} = \frac{1}{2N} \sum_{i=1}^{N} \left(\left\| \text{DoLP}_{\text{Pred},i} - \text{DoLP}_{\text{GT},i} \right\|_{\text{F}}^{2} + \lambda \left\| \text{AoP}_{\text{Pred},i} - \text{AoP}_{\text{GT},i} \right\|_{\text{F}}^{2} \right) \tag{5.78}$$

其中，λ 表示损失函数的权重参数，可以根据训练结果手动赋值。由于各损失之间的数量级可能有差异，增加一个手动可调的权重参数可以将各损失调整到同一量级，以维持各损失之间的平衡，使损失函数能同步下降并收敛。

对于神经网络中总损失函数的求取，实验中在增加一个手动可调的权重参数 λ_0 的同时，还使用了可以实时更新的权重参数 w_{Polar} 和 w_{Inten}，对损失函数的权重进行自适应调整，其表达式如下所示：

$$L_{\text{Total}} = w_{\text{Inten}} L_{\text{Inten}} + w_{\text{Polar}} \lambda_0 L_{\text{Polar}} \tag{5.79}$$

其中，w_{Polar}，w_{Inten} 会随着训练过程每轮更新一次，根据当前的损失函数的变化而改变，其更新公式如下：

$$\begin{cases} w_{\text{Inten}} = L_{\text{Inten}} / (L_{\text{Inten}} + \lambda_0 L_{\text{Polar}}) \\ w_{\text{Polar}} = \lambda_0 L_{\text{Polar}} / (L_{\text{Inten}} + \lambda_0 L_{\text{Polar}}) \end{cases} \tag{5.80}$$

在偏振网络中，手动调节的权重参数和自动更新的权重参数发挥着不同的作用：前者可以根据学习任务的重要程度，依据经验进行赋值，数值越低对应损失的学习任务越不重要；后者通过自适应调节，不断调整损失权重，最终将损失的比例关系稳定下来，使偏振损失按固定的比例随光强损失的同步下降。这种结合的方式可以很好地调整网络的优化方向，保证光强复原主学习任务进行的同时，通过偏振损失加以约束，使最终的复原结果更加符合真实的情况。

3. 训练神经网络

在进行网络训练前，首先需要对数据集中的训练样本集进行预处理，并配置用于训练的环境。在训练时要选择合适的网络参数初始化方式和网络优化器，最后根据训练情况对网络的超参数进行设置和调节。

1) 训练数据集的预处理

为了扩充训练数据集，同时通过减小图像尺寸以提高计算机的处理速度，进而提高网络训练的速度，需要将所有训练样本裁剪为分辨率为 64 × 64 的小图，裁剪步长为 32 个像素值，这样可以将训练样本对扩充至 10 万组以上。另外，在每一轮训练时，通过设置一个随机函数对数据进行反转和旋转操作，使每轮训练的数据集都有所不同，进而更充分地利用数据集。

2) 网络训练的环境配置

在实验主要利用 GPU 对神经网络进行加速训练，需要在训练网络前对计算机的软硬件进行配置，实验环境如表 5.7 所示。

表 5.7　网络训练的环境配置

器件	配置
CPU，内存	Intel Core i7-8700，32G
GPU，显存	Nvidia GTX 2080Ti，11G
操作系统	Ubuntu 16.04
网络框架	TensorFlow1.9
编程语言	Python3.6.2

3) 网络参数的初始化

一般来说，网络参数的初始化很大程度地影响到网络的收敛效果，进而会直接影响到网络最终的性能，一个好的初始化方式能达到事半功倍的效果，而初始化方式不好则会影响到训练过程，甚至会导致训练失败。本网络使用的是 MSRA 初始化方法[43,44]，这种参数初始化方式为每个参数进行独立采样，初始化结果服从高斯分布的较小随机数，可以有效缓解梯度消失或梯度爆炸问题，适合用在 ReLU 激活函数中。

4) 网络优化器

网络优化器是基于随机梯度下降的优化算法。随机梯度下降可以最小化网络的损失函数，但固定更新全部权重参数可能会使网络陷入局部最优，达不到最好的训练效果。本网络使用的是 Adam(adaptive moment estimation)优化器[72]对网络参数的更新，它能够很好地处理稀疏梯度和非平稳目标，计算高效。Adam 优化器可以自适应计算每个参数的学习率，进而对各参数的学习率动态调整，使网络中各个参数可以更加稳定地更新。

5) 网络超参数的设置

网络中还有一些需要预先设置的超参数，这些参数不能通过训练网络自动更新，需要根据经验或者网络训练情况手动调节，这些参数设置如下。

(1) 网络学习率初始化为 5×10^{-5}，学习衰减率为 0.6，衰减周期为 4 轮。

(2) 网络使用 Mini-batch 方式进行训练，每批次的值设置为 32。

(3) 浅层特征提取和每个 RDB 输出的特征图 G_0 为 64，RDB 内部每个卷积核个数 G 为 32。

4. 实验结果分析

为了定量地评价图像的复原效果，目前已经提出了许多图像评价函数。有些评价函数需要真实图像作为参考，通过计算待评价图像与参考图像之间的差异判断图像的复原效果，这类图像质量评价方法中，最有代表性的是 PSNR 和 SSIM。此外，还有一些不要参考图像的评价函数，可以直接根据待评价图像的结构和对比度直接评价图像的特点，这里主要介绍 IC 和 EME 两种评价方法。

1) 与单一光强网络结果对比

深度学习技术可以在只有光强图像对的情况下，通过大量的训练建立起模糊光强图像和清晰图像的映射关系，实现模糊图像的复原。水下散射环境使得背向散射光具有很强的偏振成分，因此使用偏振成像技术采集灰度偏振图像可以增加信息的维度，再结合深度学习方法可以实现对偏振信息的充分挖掘，为神经网络进行图像的复原提供更多的信息。

为了验证神经网络中偏振成像技术对浑浊水下图像复原的贡献，实验中在搭建偏振密集连接网络的同时，还构建了光强密集连接的神经网络作为对比，以下分别称为偏振网络和光强网络。其中，偏振网络使用偏振图像数据集作为网络输入，而光强网络仅采用光强图像数据集作为网络输入，即两种网络只有训练数据集的差异，在网络结构和其他参数上二者完全保持一致。在两种网络完成训练后使用相同数据集进行测试，网络复原效果如图 5.62 所示。其中，图(a)和图(b)分别为原始光强图像和清晰光强图像，图(c)和图(d)分别为使用偏振网络和光强网络的复原结果，第二行是第一行方框的局部放大图。

对比偏振网络和光强网络的复原结果可以看出，使用偏振网络复原的光强图像更加清晰，在视觉上明显好于使用光强网络的复原结果。从局部放大图中可以

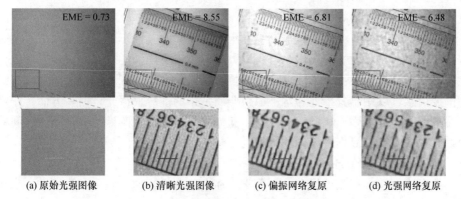

(a) 原始光强图像　　(b) 清晰光强图像　　(c) 偏振网络复原　　(d) 光强网络复原

图 5.62　偏振网络和光强网络复原结果对比

发现光强网络复原的尺子刻度有些地方已经失真了，而偏振网络复原的尺子刻度更加接近参考图像，复原效果更好。通过图像质量评价函数 EME 对四幅图效果进行定量分析，结果显示，相比较原始图像，两种网络均实现了图像质量的大幅提升，但偏振网络对图像质量提升得更高。为进一步对比复原效果，图 5.63 展示了四个局部放大图中横线区域光强值变化趋势。

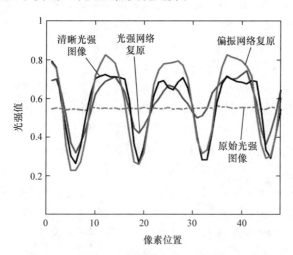

图 5.63　局部放大图中横线区域的光强值变化趋势

对比四幅图中相同区域的光强值变化趋势可以发现，原始图像的灰度值变化趋势非常小，说明原始图像中目标信息已经被压缩到一个很窄的范围内，经过偏振网络复原后曲线变化趋势大幅度地提高，并且总体上大于光强网络的波动曲线，这说明了偏振网络的复原结果有更高的图像对比度。另外，偏振网络复原结果与参考图像的光强值变化曲线非常接近，说明复原图像与参考图像更加符合，这一点同样好于光强网络的复原结果。

根据上面的分析可知，偏振网络在水下图像复原上优于单一光强网络，说明偏振成像技术与深度学习技术结合可以大幅提升水下图像的成像质量。二者结合能够发挥各自的优势：一方面偏振成像技术可以获取更多维度的图像信息，得到的偏振信息可以用于分析浑浊水下散射介质带来的部分偏振光；另一方面，深度学习可以充分地利用输入的偏振信息，建立水下模糊偏振图像与清晰图像之间的映射关系，大幅度提高最终复原图像的质量。

2) 与传统图像复原方法对比

偏振成像技术有效地提升了深度学习在水下图像复原的效果，为了进一步验证偏振网络的优越性，需要与一些传统的图像方法进行对比。在解决水下散射环境中图像质量降低这个问题上，目前已有多种图像复原方法，这些方法主要分为两类：一类是基于数字图像处理的方式，主要是利用各种算法或先验估计实现图像质量的提升，其中比较有代表性的是 He 的暗通道先验的方法[55]。另一类是利用偏振成像技术在物理层次实现图像的复原，通过分析计算得到散射粒子带来的部分偏振光，这类方法中比较有代表性是 Liang 等利用偏振角、偏振度等参数实现目标光强的复原[26]。He 和 Liang 的方法是两种表现较好的传统散射环境中图像复原方法。在浑浊水下，这两种方法都可以很好地去除背景光的影响，很大程度上提升了水下环境中图像的质量。接下来将以这两种方法作为参考，对比分析偏振网络对浑浊水下图像的复原效果。

图 5.64 展示了三种方法的图像复原结果，其中图(a)为原始光强图像，图(b)为偏振网络的复原结果，图(c)和图(d)分别为 Liang 和 He 方法的复原结果，中间一列分别为四幅图像的局部放大图。从图中可以看出，两种的传统的图像复原结果在都在一定程度上提升了水下图像的对比度，一些本来看不到的细节经过复原后可以看到，从 EME 的大幅提高中也说明了这一点。其中，Liang 方法的复原结果亮度更加均匀，而 He 的方法中出现了局部过亮的情况，这也是偏振成像技术去散射的优势所在。在视觉上两种方法的结果看起来都似乎还有一层"白雾"没有去除干净，相比之下，偏振网络的复原结果将背景光去除得更加彻底，视觉上远清晰于两种传统的复原方法。通过对比复原图像的 EME 可以看出，偏振网络的结果明显高于其他两种方法，即偏振网络复原的图像质量最高。通过对比四幅图像局部放大图的细节信息可以发现，两种传统方法可以将几乎看不到的图像信息复原为能看到的水平，但不能清晰展现具体细节，而通偏振网络则可以直接将原始水下图像复原到能看清的水平，复原效果明显更好。

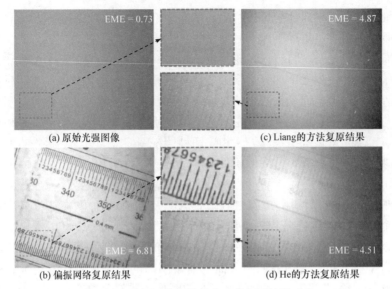

图 5.64 偏振网络和传统方法的复原结果对比

为了进一步验证偏振网络的优越性，实验采集了其他两组高浓度浑浊水下的灰度偏振图像，并使用依次使用这三种方法对所采集的图像进行复原。图 5.65 为这两个场景下各种方法的复原结果，其中，第一列图(a)为原始光强图像，第二列图(b)~第四列图(d)分别为偏振网络、Liang 方法以及 He 方法的复原结果。从这

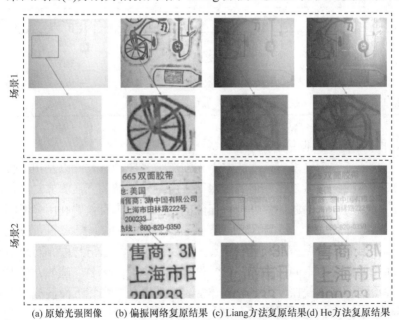

(a) 原始光强图像　(b) 偏振网络复原结果　(c) Liang方法复原结果　(d) He方法复原结果

图 5.65 不同场景下各种方法的复原结果对比

两个场景的复原效果对比中可以看出，偏振网络的复原结果明显要比两种传统方法的复原结果更好，更加干净彻底地去除了影响图像质量的背向散射光，图像清晰度最高。在场景 1 "自行车车轮"中，偏振网络复原结果的细节清晰，图像对比度明显最高。场景 2 中部分文字细节也可以看出，两种传统方法需要仔细观察才能看清文字内容，而偏振网络的复原结果可以很容易看清文字内容。可见在较高浓度的浑浊水下，传统复原方法对水下图像质量提升有限，整体复原效果不如偏振网络。说明偏振网络复原方法相比两种传统图像复原方法在高浓度水下有较大的优势，仍可以显著提升图像质量。

　　为了更加准确分析各种方法复原图像的提升效果，需要对各个图像复原方法做客观评价。这里使用 IC、EME、PSNR、SSIM 四种图像评价方法定量地评估两个场景中图像提升程度，结果如表 5.8 所示。从表中可以看出，在两个场景下偏振网络复原结果在四种图像质量评价指标上都获得了最好的评价结果，尤其是在 PSNR 和 SSIM 两方面，偏振网络的复原结果提升更大，这也说明了该方法复原结果最接近真实的水下的图像，质量最高。总体来说，在高浓度浑浊水下，偏振网络进行图像复原确实要优于传统图像复原方法，这也是偏振网络的优势所在。

表 5.8　不同图像复原方法的结果比较

评价标准	Liang 方法		He 方法		本方法	
	场景 1	场景 2	场景 1	场景 2	场景 1	场景 2
IC	0.65	0.83	0.59	0.75	0.82	0.85
EME	4.86	5.17	5.63	6.81	9.10	8.07
PSNR	12.62	13.97	12.15	13.66	20.52	15.49
SSIM	0.36	0.39	0.31	0.31	0.77	0.66

3) 水下成像中偏振信息的复原

　　以上验证了偏振网络对于浑浊水下光强图像复原的有效性以及相比较其他复原方法的优越性，即可以很好地实现水下灰度偏振图像的光强图像复原，但是由于神经网络只对输入的偏振信息进行充分的利用，并未有效地利用参考图像的偏振信息，因此训练的网络模型不能很好地复原目标相应的偏振信息。在浑浊水下，获取目标反射光的偏振信息有着重要意义，偏振信息反映了目标的部分本质特性，对于表面相似但材质不同的物体，可通过偏振信息加以区分。例如，根据物体的退偏特性不同，利用偏振度图像可以非常容易地区分光强相近而偏振度不同的目标，因此水下偏振信息的复原具有很大的研究价值。

　　在偏振网络中，损失函数包含偏振损失和光强损失两部分，提高偏振损失的权重可以使网络预测的偏振信息更加准确。在进行偏振信息复原时，网络同时使用清水下的光强图像以及由清水下偏振图像求得 DoLP 图像和 AoP 图像作为参考图像，以浑浊水下的三幅偏振图像作为网络输入，在网络训练中将偏振损失的权重参数取为 0.5，网络的其他参数保持不变。在网络完成训练后，通过输入测试集的偏振数据，网络模型可以同时复原光强图像以及 DoLP 图像和 AoP 图像，复原结果如图 5.66 所示，图中分别展示了光强图像复原效果及其局部放大图、光强图像灰度值变化趋势、DoLP 图像以及 AoP 图像复原效果。由图可知，该网络很好地兼顾了光强信息和偏振信息的同时复原。从光强复原图像中可以看出，复原后图中文字较为清晰地显现了出来，图像质量有明显提高，细节也更加清晰可见。从灰度值变化曲线中也可以看出，复原前灰度值变化曲线很不明显，而复原后的变化曲线较复原前变化十分剧烈，这说明了图像对比度的显著提高。对比复原前后的 DoLP 图像和 AoP 图像，可以看到复原后图像质量提高明显，许多复原前看不见的细节经过复原后都变得清晰可见。尤其是 AoP 图像，复原前看不到任何有效的目标信息，而复原后则能较为清晰地看到目标的 AoP 细节。可见该网络可明显地提升水下偏振信息的复原质量。

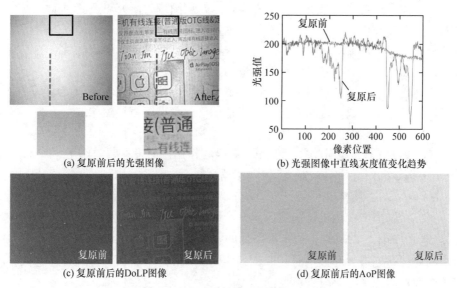

(a) 复原前后的光强图像　　　　　　(b) 光强图像中直线灰度值变化趋势

(c) 复原前后的DoLP图像　　　　　　(d) 复原前后的AoP图像

图 5.66　水下偏振信息的复原效果

　　通过上面的分析可以看出，尽管原始光强图像中还有图像轮廓信息隐约可见，但 DoLP 图像和 AoP 图像中均已很难看到目标反射光的偏振信息。这是因为探测器接收到的偏振光主要来自背向散射光，这些背景光的偏振分量将目标反射光的偏振分量压缩到一个很小的范围内，所以看到的原始 DoLP 图像和 AoP 图像主要体现的是背景光的偏振信息，图像整体浮动不大，看不到目标细节。在经过偏振网络复原后，背景光被有效地抑制，目标的偏振信息显示了出来，复原后的 DoLP 图像和 AoP 图像较为清晰显示了目标的轮廓和细节。可见偏振网络可以很好地去除背向散射光，使目标反射光真实地展示出来，包括目标反射光所包含的偏振信息，因此本网络可以同时复原光强信息和偏振信息。

5.3　大气散射介质下的偏振成像技术

5.3.1　基于偏振角的偏振度联合估计的偏振图像复原技术

随着污染的日益严重和环境的逐渐恶化，雾霾等不良气象环境正呈现出影响范围广、持续时间长和浓度大等特点。雾霾天气不仅可对人体健康造成很大的伤害，而且对室外光学成像监测具有致命的影响，重雾霾天气甚至可以使光学探测系统致盲。在雾霾天气影响下，光学成像系统的能见度和所采集图像对比度均大幅降低，难以对图像中的信息进行有效的处理和分析。因此，如何恢复并提高雾霾气象条件下的光学成像质量，即去雾技术，逐渐成为研究热点。目前，去雾技术主要分为两大类：①图像处理去雾技术，通过对光学系统采集的图像进行增强或复原操作，提高图像的质量；②光学去雾技术，通过对光学成像系统的改造和成像算法的优化，减小雾霾对成像质量的影响。

最早在 2003 年，以色列的 Schechner 等[1]提出的偏振光学成像复原算法是较为成熟的偏振差分成像复原方法。为了适用于此模型，偏振图像的差分去雾技术采用了以下三个假设：

(1) 假设散射介质对物体反射光只有吸收作用，而没有散射作用。

(2) 假设散射介质对入射光只有单次散射。

(3) 假设目标物体的反射光为完全非偏振光，而大气散射光为部分偏振光。

实际场景中，在相机镜头前放置一个线偏振片，用来检测天空光中的偏振光部分。旋转偏振片的过程中所采集图像的明暗变化如图 5.67 曲线所示。其中当图像中的光强达到最大和最小时获取到相应的图像，记作 $I^{\parallel}$ 和 $I^{\perp}$。通过对这两张相互正交偏振图像进行差分计算便能够得到较为清晰的复原图像。

偏振差分成像去雾的基础模型和技术在提出后的多年里，经过优化和完善后已经成为一种相对成熟的图像去雾技术。文献[34]讨论了偏振差分成像去雾中部分重要参数的估计基本依赖于天空区域的选择。该文献同时讨论了如何选取天空区域，并且认为接近图 5.68(a)中白色直线的天空区域计算得到的相应参数会更加精确。图 5.68(b)为此方法去雾得到的图像复原效果图。

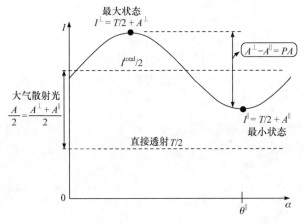

图 5.67　探测的光强与线偏振片角度的关系

(a) 光强图

(b) 偏振复原图

图 5.68　复原效果对比图

基于 Stokes 矢量的偏振去雾技术与偏振差分成像去雾技术的不同点在于后者只能通过差分图像得到偏振度信息，而前者不仅可以获得偏振度信息，还可以获得偏振角信息，而偏振角信息对去雾模型中关键参数的精确估算起着非常重要的作用。

被动偏振成像去雾技术仅考虑天空光线偏振的影响，因此这里的 Stokes 矢量实际上指的是线 Stokes 矢量。想要获得 Stokes 矢量，必须探测不同偏振旋转角的 3 幅或 4 幅图像(例如 0°、60° 和 120°，或者 0°、45° 和 90°)。这里以 4 幅图像为例来说明基于 Stokes 矢量的偏振去雾技术过程。首先，采集偏振方向分别为 0°, 45°, 90° 和 135° 的 4 幅图像，如图 5.69 所示。分别记作 $I(0)$、$I(45)$、$I(90)$ 和 $I(135)$，则 Stokes 矢量可表示为

$$\begin{cases} S_0 = I(0) + I(90) \\ S_1 = I(0) - I(90) \\ S_2 = I(45) - I(135) \end{cases} \quad (5.81)$$

其中，S_0 是场景的总光强，即 I；S_1 是水平方向和垂直方向的强度差；S_2 是 45°和 135°方向的强度差。

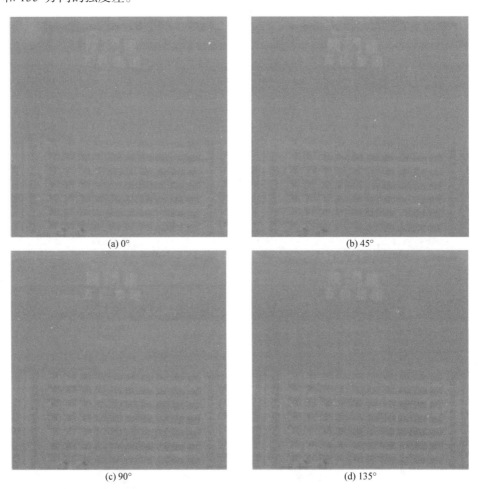

(a) 0°　　　　　　　　　　　　(b) 45°

(c) 90°　　　　　　　　　　　　(d) 135°

图 5.69　偏振片旋转 0°, 45°, 90°和 135°的 4 幅图像[26]

根据式(5.81)，可计算得到偏振度 P 和偏振角 θ 分别为

$$\begin{cases} P = \dfrac{\sqrt{S_1^2 + S_2^2}}{S_0} \\ \theta = \dfrac{1}{2}\arctan\dfrac{S_2}{S_1} \end{cases} \quad (5.82)$$

可以发现偏振度与总强度 S_0 有关，而偏振角与 S_0 无关。在雾霾气象条件下，直接透射光的偏振信息是很微弱的，即使部分区域的直接透射光偏振信息较强，也属于局部信息。从全局变量的角度出发，直接透射光主要存在于 S_0 中，对 S_1 和 S_2 影响很小，也就是说用偏振角来进行天空光的估算可以最大限度地抑制直接透射光的影响。根据式(5.82)计算图像每一像素点的偏振角值，选择出现概率最大的偏振角值作为天空光偏振角 θ_A。从满足天空光偏振角的像素中计算偏振度，选取最大值为天空光偏振度 P_A。

然后，定义 0°采集角度方向为 x 轴，90°采集角度方向为 y 轴，则天空光偏振角与采集角度之间的关系如图 5.70 所示。图中，E_{Ax}^P 和 E_{Ay}^P 分别表示在 0°和 90°时采集到的天空光电场强度，E_{Ax} 表示天空光电场强度。从图中可以得到电场强度之间的关系，从而可以获得天空光强偏振部分(A_P)之间的关系。0°和 90°方向采集到的天空光强偏振部分分别可以表示为 $I(0)-S_0(1-P)/2$ 和 $I(90)-S_0(1-P)/2$。

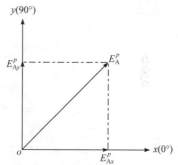

图 5.70　天空光偏振角与采集角度之间的关系

基于此，可以得到天空光强的偏振部分为

$$A_P = \frac{I(0)-S_0(1-P)/2}{\cos^2\theta_A} = \frac{I(90)-S_0(1-P)/2}{\sin^2\theta_A} \tag{5.83}$$

进而，可以根据 $A = A_P/P_A$，得到各像素点的天空光强。

最后，在估算无穷远处天空光强时，为了消除天空区域限制，采用了一种近似的方法。对式(5.83)进行形式上的变换，得

$$I = A_\infty + (L - A_\infty)\exp(-\beta z) \tag{5.84}$$

可以看出，当距离 z 无穷远或 $cL = A_\infty$ 时，$vI = A_\infty$，即在没有天空背景(z 不是无穷远时)的情况下，仍然可以估算无穷远处天空光强。同样从强度与偏振角的关系出发，0°采集的图像 $I(0)$ 可以表示为

$$
\begin{aligned}
I(0) = {} & P_A A_\infty \cos^2\theta_A + \frac{1-P_A}{2}A_\infty \\
& + \left[\frac{L}{2} - \left(P_A A_\infty \cos^2\theta_A + \frac{1-P_A}{2}A_\infty\right)\right]\exp(-\beta z)
\end{aligned}
\tag{5.85}
$$

假设图像中每一像素点的 z 都趋于无穷，则从式(5.85)可以推导图像中每一像素点的 $A_\infty(x,y)$ 为

$$A_{\infty}(x,y) = \frac{2I(0)}{1 + P_{A}\cos^{2}\theta} \tag{5.86}$$

对于雾霾图像而言，只有当 $I = A_{\infty}$ 时，上面的假设才成立，因此将式(5.86)计算出的 $A_{\infty}(x,y)$ 与原图像强度进行对比，当二者近似相等时，对应假设成立，该点计算得到的强度即为无穷远处天空光强。该估算方案在无论有无天空背景的雾霾图像中都适用，但在有天空背景的图像中，可以结合暗通道先验原理自动判断天空背景以简化去雾算法。

根据 Stokes 矢量估算出的天空光强和无穷远处天空光强，可以得到去雾图像，如图 5.71 所示。

图 5.71　去雾处理后的效果图像

众所周知，相机的量子噪声会对相机采集图像的强度值有一定的影响。该影响对偏振度的计算影响较小，但会对偏振角的计算产生较严重的影响。文献[26]详细地分析了该影响，并提出了一种邻域平均滤波的方案，以减少量子噪声的影响，天空区域图像的偏振角概率分布结果如图 5.72 所示。从图中可以看出，对天空区域而言，滤波前和滤波后的偏振角最大概率处基本一致，但是滤波后的计算结果受量子噪声影响更小，计算得到的偏振角值更精确。

文献[26]将基于 Stokes 矢量的偏振成像去雾技术与基于偏振差分的偏振成像去雾技术进行了对比，发现前者在去雾图像对比度复原方面更好。另外，基于 Stokes 矢量的偏振去雾技术在能见度提升方面也具有一定的优势，对于彩色图像偏振去雾而言，能见度可提升 70%以上；对于硅基探测器的可见光-近红外融合偏振去雾而言，能见度可提升一倍以上[25]。图 5.73 所示为可见光-近红外融合偏振去雾实验效果。

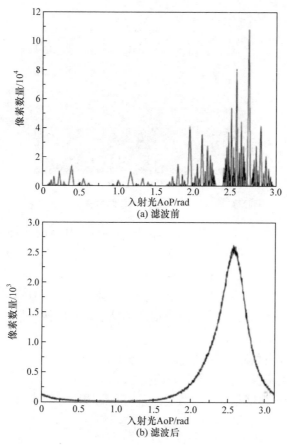

(a) 滤波前

(b) 滤波后

图 5.72　天空区域图像的偏振角概率分布[30]

5.3.2　基于单幅图的"伪偏振"图像复原技术

　　传统的偏振去雾算法和模型必须通过获取两个正交偏振态下的光强图方能实现，对硬件条件有很大的要求。这样极大限制了偏振去雾算法在实际中的应用。

(a) 雾霾成像

(b) 可见光偏振去雾效果

(c) 可见光-近红外融合偏振去雾效果

图 5.73 可见光-近红外融合偏振去雾实验效果

实际情况中，散射介质(浑浊液体，雾霾等)对物体具有一定的光强度和偏振度调制作用。由于现实场景中的大多物体不具有起偏特性，场景中的偏振特性大多来源于散射介质，如果用偏振度简单刻画这种偏振特性，背景处的偏振度略高于物体处，且在物体处的偏振度具有近似无差异性，即近似是一个常数。基于这一假设，天津大学的偏振成像课题组提出了基于单幅图像采集的偏振图像去雾技术，包括两个重要部分[29]。

(1) 正交偏振分解得到两幅正交偏振态下的子图。

(2) 根据正交偏振子图进行差分偏振复原。

假设场景的偏振度是一个常数 P，原始光强图可分解为两个正交偏振子图：

$$\begin{cases} I^{\parallel}(\boldsymbol{X}) = \dfrac{1+P}{2} I(\boldsymbol{X}) \\ I^{\perp}(\boldsymbol{X}) = \dfrac{1-P}{2} I(\boldsymbol{X}) \end{cases} \tag{5.87}$$

但背景处的偏振度略高于其他物体区域，因此在背景区域的 P_{scat} 可通过一个大于 1 的因子调整：

$$P_{\text{scat}} = \varepsilon P \tag{5.88}$$

基于正交偏振子图，根据传统的偏振复原方法即可得到清晰的去雾复原图。在实际雾霾天气下的场景，该方法有十分出色的效果，如图 5.74 和图 5.75 所示，

(a) 场景1

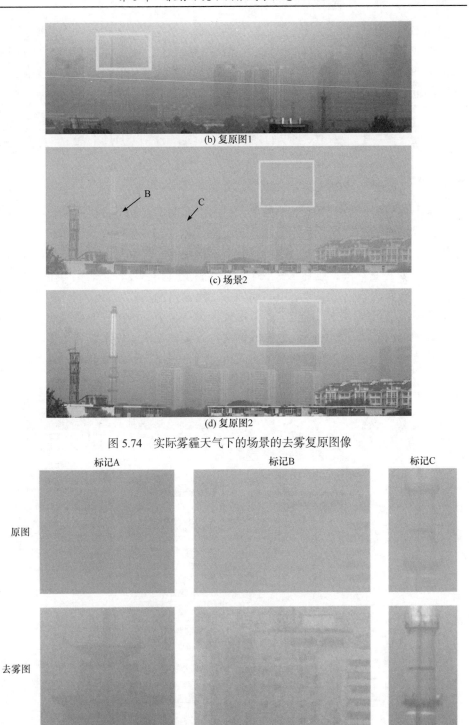

(b) 复原图1

(c) 场景2

(d) 复原图2

图 5.74　实际雾霾天气下的场景的去雾复原图像

图 5.75　对图 5.74 中标记的细节的去雾效果的放大图

原始光强图中矩形框部分几乎看不到任何信息，根据该算法得到去雾复原图中可以清晰地辨识图像内容，同时场景的色彩信息有很好的保持。且根据图 5.74 和 5.75 中标记的细节的去雾效果的放大图可以看出，该算法可以有效地恢复含雾图像的细节部分，对于微弱的图像信息亦具有良好的复原效果。

5.4　去散射偏振成像系统工程应用研究

5.4.1　水下偏振成像系统

水下偏振成像系统由水下拍摄单元、水下照明单元和上位机控制显示单元三部分组成，如图 5.76 所示。水下拍摄单元涉及耐压舱、偏振成像设备、相机调焦系统和水下连接器。在耐压舱结构设计上，选用端面静密封，在水于系统接触的位置放置 O 型密封圈，达到水密效果；在材料上选择密度较小的铝合金，外部硬质氧化，从而达到在海水中使用的要求；拍摄窗口选用蓝宝石玻璃，在抵抗高水压的环境下尽可能地提高透光率。偏振成像设备是水下偏振成像系统的核心，采用分时型偏振成像和分焦平面偏振成像两种方案。相机调焦系统利用步进电机带动凸轮传动，使得整个调焦系统结构简单、运行平稳，且价格低廉。水下连接器

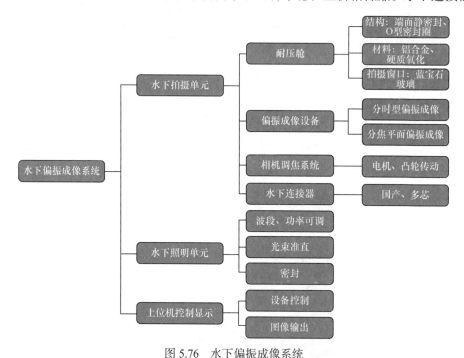

图 5.76　水下偏振成像系统

选用国产成熟的水下连接器，便于采购。水下照明单元利用大功率可调 LED，可根据水质、拍摄距离调节照明光波段和功率。上位机操作软件实现人机交互，对设备参数设置和图像处理显示。

　　水下偏振成像系统工程化样机如图 5.77 所示，其视场角为 37°×50°(可根据客户的应用及要求设计)，工作水深可达 3000 米(可根据客户的应用及要求设计)，可实现手动或自动变焦；图像采集后通过连接器传输到水下铠装线缆，最后上传到上位机，做进一步处理；水密连接器分两组，实现信号与电源驱动分离，减少信号干扰；上位机利用 Labview 软件实现对水下偏振成像系统的控制、处理和显示，内置偏振图像去雾算法，可实现实时图像去雾。软件为模块化设计，分为系统校准模块、采集模块、控制模块、偏振图像输出模块、去雾成像模块。软件的人机交互界面友好，鲁棒性强，非专业人员经过简单培训即可操作。该系统经过湖试、海试，水下偏振成像系统去散射效果良好，性能稳定，可很好地完成水下偏振成像任务，在测试中水下可视距离达到 8.5 倍的衰减长度，最高帧率 24 帧/秒，具备工程应用的要求。

图 5.77　水下偏振成像系统样机实物图

　　图 5.78 为该水下偏振成像系统软件界面示意图。软件界面的左侧为相机采集系统，用来控制相机的参数，包括相机的帧率、曝光时间等。相机采集系统的右侧为原始图像的显示窗口，下侧为图片储存功能，可以选择单张采集图像或连续采集图像，以满足不同实际应用场景的需求。软件的右侧为其他图像的显示，包括去雾前图像、去雾后图像、偏振度以及偏振角的显示窗口。通过该软件，可以实现水下偏振图像和后续算法处理图像的显示功能，以及图像的保存功能。

5.4.2　水下偏振成像系统池试

　　为了验证该水下偏振成像系统的实际性能，在室内的水池中进行了测试。水

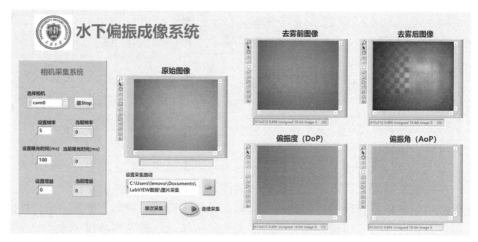

图 5.78　水下偏振成像系统软件界面图

池的尺寸为 7 m × 3 m × 3 m，具体的实验场景图如图 5.79 所示。先向水池加水，实验水体的体积为 7 m × 3 m × 2.75 m。随后将偏振相机密封于水密仓中，置于水下 2 m；将待测目标板位于距相机一定的距离处，并调整相机和目标板位置使目标板成像于相机视野中间；将偏振片粘贴在绿光 LED 光源前提供主动偏振照明，使偏振光均匀照射在待测目标板上以提供主动照明，同时拉开所有窗帘让自然光照射进来，并开启室内所有白光灯管来模拟自然光。图 5.79(c)所示的衰减仪用来测量该水体环境下实际的衰减距离。

(a) 实验水池场景图　　　　　(b) 目标板及实验装置　　　　　(c) 衰减仪

图 5.79　水下偏振成像系统池试场景图

在布置场景后，调整相机和目标板位置使目标板成像于相机视野中间，之后向水池中加入 1500mL 牛奶并搅拌均匀用来提供中浓度散射介质的偏振成像，再移动待测目标板位置，将目标板分别置于距离偏振相机 5.0 米、4.5 米、4.0 米、3.5 米、3.0 米等位置处，拍摄浑浊水体环境下的偏振图像。在获取对应的浑浊水下的偏振图像后，通过偏振复原算法得到对应的水下偏振复原图像，如图 5.80 所示。图 5.80(a)为成像距离 5 米中浓度下的光强图像和对应的偏振复原图像，图 5.80(b)为成像距离 4.5 米中浓度下的光强图像和对应的偏振复原图像。从光强图像可以看出，整体图像的对比度很低，目标板的细节已经分辨不清，甚至在 5 米成像距离处已经较难看到目标板，这表明在该浓度下，水下环境对成像系统造成很大影响，普通的成像系统已经无法分辨目标。

光强图像　　　　　　　　　　　　　　偏振复原图像

(a) 成像距离5米中浓度下的光强图像和对应的偏振复原图像

光强图像　　　　　　　　　　　　　　偏振复原图像

(b) 成像距离4.5米中浓度下的光强图像和对应的偏振复原图像

图 5.80　不同成像距离下的偏振复原效果对比图

从偏振复原图像可以看出，相较于原始光强图像，整体图像的对比度提升很大，目标板上的斑点以及黑白块可以较为清晰地分辨。尤其对于第三行的黑白块来说，在原始光强图像中由于受介质和光照的影响，该区域的信息几乎和背景融为一体，但在复原图像中，可以清晰地看到该区域和背景之间有较明显的灰度差异，表明该水下偏振成像系统在提高水下成像距离上的优势。

5.4.3　水下偏振成像系统海试

尽管池试能一定程度上模拟水下散射环境，但无法真实还原水下环境。因此，我们在渤海海域进行了实地海试，实验场景如图 5.81 所示。将偏振相机密封于水密仓中，置于水下 3 米位置处；然后将待测目标板位于距相机一定距离处，并调整相机和目标板位置使目标板成像于相机视野中间；最后将偏振片粘贴在白光 LED 光源前提供主动偏振照明，并使偏振光均匀照射在待测目标板上面。

图 5.81　水下偏振成像系统海试场景图

在布置场景后，将目标板分别置于距离偏振相机 3.0 米、2.5 米、2.0 米、1.5 米、1.0 米等位置处，拍摄真实海水环境下的偏振图像。值得注意的是，由于拍摄时间为下午且实验水体上方被实验船所遮挡，故环境所提供的自然光照度相比于池试远远不足，同时由于潮汐作用，海水中的杂质漂浮在目标板和偏振相机之间，因此在偏振相机距离目标板大于 3 米处，海水水体相比更加浑浊，整体图像的亮度很低，导致该次海试成像距离低于上述池试。

在获取对应的海水水下的偏振图像后，通过偏振复原算法得到对应的水下偏振复原图像，如图 5.82 所示。图 5.82(a)为 3 米距离时间为 14：00 的原始光强图像和偏振复原图像；图 5.82(b)为 2.5 米距离时间为 15：30 的原始光强图像和偏振复原图像。从图中可以看出，和池试的原始光强图像相似，海试的原始光强图像的对比度很低，几乎无法分辨具体的场景细节信息。偏振复原算法能够较好地恢复图像细节信息，目标几乎能被完全复原出来。值得注意的是，图 5.82(b)为 15：30 拍摄得到的光强图像，尽管目标板距离成像相机更近，但由于自然光照不足，得到的光强图像比 14：00 拍摄到的图像更加难以分辨，这也表明了在实际海试中光照条件对实际成像效果的影响。从上述结果可以看出，该偏振成像技术以及复

光强图像   偏振复原图像

(a) 成像距离3米处的光强图像和对应的偏振复原图像

光强图像   偏振复原图像

(b)成像距离2.5米处的光强图像和对应的偏振复原图像

图 5.82   不同成像距离下偏振复原效果对比图

原算法可以显著提升图像的对比度和可视距离，在不同条件下对目标样本都有较好的复原能力。

5.4.4　偏振去雾成像系统工程应用

　　为了验证该偏振成像系统在大气条件下的去雾能力，我们在湖边的瞭望塔上搭建偏振成像系统，并采集了湖面水雾条件和雾霾条件下的偏振图像，其中水雾条件下的目标物为湖面上的浮标。经偏振去雾算法处理后，水面气雾条件下的实验结果如图 5.83 所示。从图中可以看出，有雾光强图像的对比度很低，目标物的细节无法分辨。经偏振复原算法处理后，整体图像的对比度提升很大，能够清晰地观察水面浮标的细节信息，同时也能较好地复原该图像的背景信息、水面的波纹，大大提高了湖面水雾条件下成像系统的可视距离。

(a) 光强图像　　　　　　　　　　　　(b) 偏振复原图像

图 5.83　水面气雾环境下的光强图像和对应的偏振复原图像

　　此外，为了进一步验证该偏振成像系统在雾霾条件下的去雾能力，我们也在瞭望塔上测试了实际雾霾条件下的偏振图像复原效果，相对应的结果如图 5.84 所

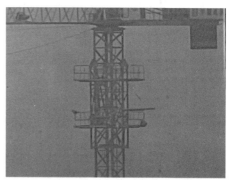

(a)场景1光强图像　　　　　　　　　(b)场景1偏振复原图像

(c) 场景2光强图像　　　　　　　　　　　(d) 场景2偏振复原图像

图 5.84　大气雾霾环境下不同场景的光强图像和对应的偏振复原图像

示。从对应的光强图像和偏振复原图像可以看出，经偏振复原算法处理后两幅图像的对比度提升较大，图 5.84(a)所示的吊车可以清晰地看出，右上角的字也可以分辨。除此之外，如图 5.84(b)所示，图像的细节信息也能较容易地分辨出来。由此可以证明该偏振成像系统及偏振复原算法对大气条件下含雾图像的去雾能力，其能够针对不同场景下进行图像复原，并取得较好的成像效果。

参 考 文 献

[1] Schechner Y Y, Karpel N. Recovery of underwater visibility and structure by polarization analysis[J]. Journal of Oceanic Engineering, 2005, 30(3): 570-587.

[2] Schechner Y Y, Karpel N. Clear underwater vision[C]//Proceedings of the IEEE Computer Society Conference on Computer Vision and Pattern Recognition, Washington D.C., 2004.

[3] 管今哥, 朱京平, 田恒, 等. 基于 Stokes 矢量的实时偏振差分水下成像研究. 物理学报, 2015, 64(22): 224203.

[4] Rowe M P, Pugh E N, Tyo J S, et al. Polarization-difference imaging: A biologically inspired technique for observation through scattering media[J]. Optics Letters, 1995, 20(6):608-610.

[5] Tyo J S, Rowe M P, Pugh E N. Target detection in optically scattering media by polarization-difference imaging[J]. Applied Optics, 1996, 35(11): 1855-1870.

[6] Liang J, Zhang W, Ren L, et al. Polarimetric dehazing method for visibility improvement based on visible and infrared image fusion[J]. Applied Optics, 2016, 55(29): 8221-8226.

[7] Chiou T H, Kleinlogel S,Cronin T,et al. Circular polarization vision in a stomatopod crustacean[J]. Current Biology, 2008, 18(6): 429-434.

[8] Yoav Y S, Srinivasa G N. Polarization-based vision through haze[J]. Applied Optics, 2003, 42(3): 511-525.

[9] 高隽, 毕冉, 赵录建, 等. 利用偏振信息的雾天图像全局最优重构[J]. 光学精密工程, 2017, 25(8): 2212-2220.

[10] Zhang W, Liang J, Ju H, et al. A robust haze-removal scheme in polarimetric dehazing imaging based on automatic identification of sky region[J]. Optics & Laser Technology, 2016, 86:

145-151.

[11] 张家民, 时东锋, 黄见, 等. 全 Stokes 偏振关联成像技术研究[J]. 红外与激光工程, 2018, 47(6): 624001.

[12] Cariou J, Jeune B L, Lotrian J, et al. Polarization effects of seawater and underwater targets[J]. Applied Optics, 1990, 29(11): 1689-1695.

[13] Huang B, Liu T, Hu H, et al. Underwater image recovery considering polarization effects of objects[J]. Optics Express, 2016, 24(9): 9826-9838.

[14] Hu H, Zhao L, Huang B, et al. Enhancing visibility of polarimetric underwater image by transmittance correction[J]. IEEE Photonics Journal, 2017, 9(3): 1-10.

[15] Laan J D V D, Scrymgeour D A, Kemme S A, et al. Increasing detection range and minimizing polarization mixing with circularly polarized light through scattering environments[C]// Conference on Polarization: Measurement, Analysis, and Remote Sensing XI, Baltimore, 2014.

[16] Ni X H, Alfano R R. Time-resolved backscattering of circularly and linearly polarized light in a turbid medium[J]. Optics Letters, 2004, 29(23): 2773-2775.

[17] Laan J, Scrymgeour D A, Kemme S A, et al. Detection range enhancement using circularly polarized light in scattering environments for infrared wavelengths[J]. Applied Optics, 2015, 54(9): 2266-2274.

[18] Hu H, Zhao L, Li X, et al. Polarimetric image recovery in turbid media employing circularly polarized light[J]. Optics Express, 2018, 26(19): 25047-25059.

[19] Li X, Hu H, Zhao L, et al. Polarimetric image recovery method combining histogram stretching for underwater imaging[J]. Scientific Reports, 2018, 8(1):12430.

[20] Dubreuil M, Delrot P, Leonard I, et al. Exploring underwater target detection by imaging polarimetry and correlation techniques[J]. Applied Optics, 2013, 52(5): 997-1005.

[21] Liu F, Han P, Wei Y, et al. Deeply seeing through highly turbid water by active polarization imaging[J]. Optics Letters, 2018, 43(20): 4903-4906.

[22] Kocak D M, Dalgleish F R, Caimi F M, et al. A focus on recent developments and trends in underwater imaging[J]. Marine Technology Society Journal, 2008, 42(1): 52-67.

[23] Bonin F, Burguera A, Oliver G. Imaging systems for advanced underwater vehicles[J]. Journal of Maritime Research, 2011, 8(1): 65.

[24] Andreou A G, Kalayjian Z K. Polarization imaging: Principles and integrated polarimeters[J]. IEEE Sensors Journal, 2002, 2(6): 566-576.

[25] Liang J, Ren L, Ju H, et al. Visibility enhancement of hazy images based on a universal polarimetric imaging method[J]. Journal of Applied Physics, 2014, 116(17): 1-6.

[26] Liang J, Ren L, Ju H, et al. Polarimetric dehazing method for dense haze removal based on distribution analysis of angle of polarization[J]. Optics Express, 2015, 23(20): 26146.

[27] Namer E, Schechner Y Y. Advanced visibility improvement based on polarization filtered images[C]//Polarization Science and Remote Sensing II, San Diego, 2005.

[28] 赵长霞, 段锦, 王欣欣, 等. 3 个任意角度与 2 个正交角度偏振图像复原实验比较[J]. 激光与光电子学进展, 2015, 52(10): 101005.

[29] Li X, Hu H, Zhao L, et al. Pseudo-polarimetric method for dense haze removal[J]. IEEE

Photonics Journal, 2019, 11(1): 1-11.

[30] Morris P A, Aspden R S, Bell J E C, et al. Imaging with a small number of photons[J]. Nature communications, 2015, 6(1): 1-6.

[31] Roy N, Vallières A, St-Germain D, et al. Novel approach to characterize and compare the performance of night vision systems in representative illumination conditions[C]//Infrared Imaging Systems: Design, Analysis, Modeling, and Testing XXVII, Baltimore, 2016.

[32] 全向前, 陈祥子, 全永前, 等. 深海光学照明与成像系统分析及进展[J]. 中国光学, 2018, 11(2): 153-165.

[33] Sabbah S, Shashar N. Light polarization under water near sunrise[J]. JOSA A. 2007; 24(7): 2049-2056.

[34] Schechner Y Y, Narasimhan S G, Nayar S K. Instant dehazing of images using polarization[C]// IEEE Computer Society Conference on Computer Vision and Pattern Recognition, Kauai, 2001.

[35] Schechner Y Y, Narasimhan S G, Nayar S K. Polarization-based vision through haze[J]. Applied Optics, 2003, 42(3): 511-525.

[36] Pierangelo A, Benali A, Antonelli M R, et al. Ex-vivo characterization of human colon cancer by Mueller polarimetric imaging[J]. Optics Express, 2011, 19(2): 1582-1593.

[37] Tyo J S, Goldstein D L, Chenault D B, et al. Review of passive imaging polarimetry for remote sensing applications[J]. Applied Optics, 2006, 45(22): 5453-5469.

[38] Waterman T H. Polarization of marine light fields and animal orientation[J]. Physica A: Statistical Mechanics and its Applications, 1988, 925:431-437.

[39] Gedzelman S D. Atmospheric optics in art[J]. Applied Optics, 1991, 30: 3514-3522.

[40] Hu H, Zhao L, Li X, et al. Underwater image recovery under the non-uniform optical field based on polarimetric imaging[J]. IEEE Photonics Journal, 2018, (1): 11.

[41] Rother C, Kolmogorov V, Blake A. GrabCut-interactive foreground extraction using iterated graph cuts[J]. ACM Transactions on Graphics, 2004, 23: 309-314.

[42] 黄柄菁. 复杂环境下偏振成像对比度优化技术的研究[D]. 天津: 天津大学, 2016.

[43] Morgan S, Ridgway M. Polarization properties of light backscattered from a two-layer scattering medium[J]. Optics Express, 2000, 7(12): 395-402.

[44] Nothdurft R, Yao G. Applying the polarization memory effect in polarization-gated subsurface imaging[J]. Optics Express, 2006, 14(11): 4656-4661.

[45] Fang S, Xia X S, Huo X, et al. Image dehazing using polarization effects of objects and airlight[J]. Optics Express, 2014, 22(16): 19523-19537.

[46] Goldstein D H. Polarized Light[M]. Boca Raton: Taylor & Francis, 2010.

[47] Winkler S. Issues in vision modeling for perceptual video quality assessment[J]. Signal Process, 1999, 78(2), 231-252.

[48] Hu H, Qi P, Li X, et al. Underwater imaging enhancement based on a polarization filter and histogram attenuation prior[J]. Journal of Physics D: Applied Physics, 2021, 54(17): 175102.

[49] Li C, Guo J, Cong R, et al. Underwater image enhancement by dehazing with minimum information loss and histogram distribution Prior[J]. IEEE Transactions on Image Processing, 2016, (99): 11.

[50] Shao H, Svoboda T, Gool L V. ZuBuD ± Zurich buildings database for image based recognition[J]. Technical Report, 2003, 260(20): 6-8.

[51] Wang J, Markert K, Everingham M. Learning models for object recognition from natural language descriptions[C]//British Machine Vision Conference, London, 2009.

[52] Wah C, Branson S, Welinder P, et al. The Caltech-UCSD birds-200-2011 dataset[R]. Pasadena: California Institute of Technology, 2011.

[53] Geisler W S, Perry J S. Statistics for optimal point prediction in natural images[J]. Journal of Vision, 2011, 11(12):14.

[54] Oliva A, Torralba A. Modeling the shape of the scene: A holistic representation of the spatial envelope[J]. International Journal of Computer Vision, 2001, 42(3): 145-175.

[55] He K, Jian S, Lu G, et al. Single image haze removal using dark channel prior[J]. IEEE Transactions on Pattern Analysis & Machine Intelligence, 2011, 33(12): 2341-2353.

[56] Kim J H, Jang W D, Sim J Y, et al. Optimized contrast enhancement for real-time image and video dehazing[J]. Journal of Visual Communication and Image Representation, 2013, 24(3): 410-425.

[57] Reza A M. Realization of the contrast limited adaptive histogram equalization(CLAHE)for real-time image enhancement [J]. Journal of VlSI Signal Processing Systems for Signal Image & Video Technology, 2004, 38(1): 35-44.

[58] Mittal A, Moorthy A K, Bovik A C. No-reference image quality assessment in the spatial domain[J]. IEEE Transactions on Image Processing, 2012, 21(12): 4695.

[59] Mittal A, Soundararajan R, Bovik A C. Making a "completely blind" image quality analyzer [J]. IEEE Signal Processing Letters, 2013, 20(3): 209-212.

[60] Coifman R R, Wickerhauser M V. Entropy-based algorithms for best basis selection[J]. IEEE Transactions on Information Theory, 1992, 38(2): 713-718.

[61] Bryson M, Johnson-Roberson M, Pizarro O, et al. True color correction of autonomous underwater vehicle imagery[J]. Journal of Field Robotics, 2016, 33(6): 853-874.

[62] Bland-Hawthorn J, Bryant J, Robertson G, et al. Hexabundles: Imaging fiber arrays for low-light astronomical applications[J]. Optics Express, 2011, 19(3): 2649-2661.

[63] Dillavou S, Rubinstein S M, Kolinski J M. The virtual frame technique: Ultrafast imaging with any camera[J]. Optics Express, 2019, 27(6): 8112-8120.

[64] Land E H, McCann J J. Lightness and Retinex theory[J]. JOSA, 1971, 61(1)：1-11.

[65] Hines G, Rahman Z, Jobson D, et al. Single-scale Retinex using digital signal processors[C]// Global Signal Processing Expo and Conference, Santa Clara, 2004.

[66] Rahman Z, Jobson D J, Woodell G A. Multi-scale Retinex for color image enhancement[C]// Proceedings of 3rd IEEE International Conference on Image Processing, Lausanne, 1996.

[67] Zhang S, Zeng P, Luo X, et al. Multi-scale Retinex with color restoration and detail compensation[J]. Journal of Xi'an Jiaotong University, 2012, 46(4): 32-37.

[68] Dabov K, Foi A, Katkovnik V, et al. Image denoising by sparse 3-D transform-domain collaborative filtering[J]. IEEE Transactions on image processing, 2007, 16(8): 2080-2095.

[69] Dabov K, Foi A, Katkovnik V, et al. Color image denoising via sparse 3D collaborative filtering

with grouping constraint in luminance-chrominance space[C]//IEEE International Conference on Image Processing, San Antonio, 2007.

[70] Tibbs A B, Daly I M, Roberts N W, et al. Denoising imaging polarimetry by adapted BM3D method[J]. Journal of the Optical Society of America A, 2018, 35(4): 690-701.

[71] Zhang Y, Tian Y, Kong Y, et al. Residual dense network for image restoration[J]. IEEE Transactions on Pattern Analysis and Machine Intelligence, 2021, 43(7): 2480-2495.

[72] Kingma D P, Ba J. Adam: A method for stochastic optimization[C]//International Conference on Learning Representations, San Diego, 2015.

第6章 总结与展望

偏振是电磁波的四大基本参数之一，虽然偏振光学的发展历史已有 350 余年，但与光强、波长、相位这三大基本参数相比，偏振光学的发展程度和应用范围还具有一定的差距。例如，E. H. Adelson 和 J. R. Bergen 在 20 世纪末的一篇论文中给出了光场的全光函数(plenoptic function)形式，简单来说，光场描述空间中任意一点向任意方向的光线的强度，而完整描述光场的全光函数是个 7 维函数，如图 6.1 所示，包含任意一点的位置(x, y, z)、任意方向(极坐标中的θ, ϕ)、波长(λ)和时间(t)。其中忽视了偏振这一基本信息。偏振信息包含多个维度，如果在全光函数中完善偏振信息的表达和描述，将可以使得全光函数的维度实现显著提升，这将是光场理论的重要发展方向。

图 6.1　全光函数的示意图

基于偏振信息的获取和处理，本质上可以加深对目标特性(目标的材质、结构特征、表面特性等)的理解，也可以有效减小光线传播环境中的干扰因素，因而在目标探测、遥感、、伪装目标识别、透雾成像、水下成像、透窗成像、表面特性检测、光学通信、天文观测、晶体光学、应力检测、光纤传感等领域具有独特的优势和广泛应用。

偏振光学技术的两大核心为偏振信息的测量和偏振信息的处理。在偏振信息的测量方面，更高的测量精度和更全面的偏振信息获取是主要的发展方向。其中，在提升偏振信息测量精度方面，改进偏振测量系统的标定方法、测量手段和偏振信息的估算方法，抑制噪声和系统误差对偏振信息测量精度的影响，是主要的发展方向。在更全面的偏振信息测量方面，目前诸多类型的偏振测量系统对于若干偏振信息的获取不全，尤其是对于圆偏振和相位延迟相关的偏振参数获取不全。因此，革新偏振测量系统的测量方式，发展新型的偏振测量和成像探测器件(例如基于超材料、微液晶阵列的偏振成像探测器件)，也是重要的发展方向。

在偏振信息处理方面，以成像为需求的偏振信息处理是主要方向。其中复杂成像环境是偏振成像优越性体现的主要领域，也是偏振成像技术的重要发展方向之一。在散射、微光、强反射等复杂成像环境下，光线在传输过程中会受到多种机制的调制和干扰，这使得所探测物场的形貌等特征在测量所得的空间偏振信息中不能直接体现，如图 6.2 所示。因此，在复杂环境下，对测量所得的偏振信息进行合理化处理对于获得理想的成像探测效果具有决定性作用。考虑成像环境的特征及物体的偏振特性，了解不同环境下的偏振成像机理，并以此为依据对偏振信息进行合理处理，是寻求该环境下偏振图像质量提升的有效切入点。现有偏振成像技术通过偏振成像系统获取场景的偏振信息，并通过对偏振信息的处理，在散射、微光、强反射等复杂环境的多种应用中展现出诸多无法比拟优势。然而，现有的偏振成像技术仍然具有很大的提升空间，尤其是在复杂环境下，偏振成像的理论和技术研究并不充分和完备。如何在综合考虑探测环境特征的基础上，最有效、充分地利用测量所得的偏振信息，实现偏振成像探测效果的提升，仍然是有待深入和充分研究的关键问题。

(a) 雾霾　　　　　　　　　　(b) 沙尘　　　　　　　　　　(c) 水下

(d) 微光　　　　　　　　　　(e) 强反射　　　　　　　　　　(f) 伪装

图 6.2　典型的复杂成像环境

近年来，深度学习技术在光学成像领域表现优越，不但解决了计算成像领域诸多传统方法无法解决的难题，还在信息获取能力、成像功能、核心性能指标上都获得了显著提升。深度学习具有强大的自特征提取和学习能力，善于通过大量的样本训练，归纳输入信号和真值之间的映射关系，尤其对于多维度的复杂信号处理，具有独特优势。偏振信息包含多个参数，且多个偏振参数之间还具有相关性，这种多维、相互关联的信号处理问题，正适合使用深度学习。作者团队针对散射、微光等复杂成像环境，在基于深度学习的偏振成像技术方面开展了开拓性研究，验证了基于深度学习的偏振成像技术在偏振信息处理及成像质量提升方面具有显著的优势。随着人工智能技术和偏振成像关键器件等相关领域的协同发展，偏振成像技术在复杂成像环境的各种应用中将发挥更显著的作用。

　　此外，偏振成像技术还可以和能够获取其他光学信息(相位、光谱、红外热辐射等)的成像手段相结合，形成红外偏振成像、光谱偏振成像等一系列技术，实现多类光学信息的协同式成像探测，基于更丰富的光学信息维度，实现成像探测质量的提升和成像探测功能的拓展。

　　从另一个方面来看，偏振是电磁波的基本特性，而电磁波包含了无线电波、太赫兹波、红外线、可见光、紫外线、X射线等多个不同的波段，如图6.3所示。目前的偏振成像技术及应用大多基于可见光波段和红外波段，将偏振成像技术的探测波长拓展至其他波段，将有望实现新的功能和应用。

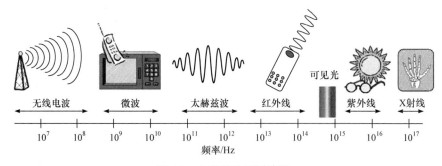

图 6.3　电磁波的不同波段

　　总之，偏振探测是一个历久弥新的领域，相信随着信息技术、光电子器件、材料科学技术等相关领域的发展，以及我国在国防、海洋、遥感、先进材料等重大领域需求的增长，偏振探测技术将会迎来发展的高峰。